碳酸盐岩缝洞型油藏描述及
开发技术丛书 | 卷九

碳酸盐岩缝洞型油藏
单井注氮气提高采收率技术

胡文革 刘学利 陈 勇 郭 臣 等著

中国石油大学出版社
CHINA UNIVERSITY OF PETROLEUM PRESS

山东·青岛

图书在版编目(CIP)数据

碳酸盐岩缝洞型油藏单井注氮气提高采收率技术/
胡文革等著. --青岛:中国石油大学出版社,2021.10
（碳酸盐岩缝洞型油藏描述及开发技术丛书；卷九）
ISBN 978-7-5636-6955-4

Ⅰ. ①碳… Ⅱ. ①胡… Ⅲ. ①碳酸盐岩油气藏—提高
采收率—研究 Ⅳ. ①TE344

中国版本图书馆 CIP 数据核字(2020)第 265038 号

书　　名：碳酸盐岩缝洞型油藏单井注氮气提高采收率技术
　　　　　TANSUANYANYAN FENGDONGXING YOUCANG DANJING ZHUDANQI TIGAO CAISHOULV JISHU
著　　者：胡文革　刘学利　陈　勇　郭　臣　等
责任编辑：岳为超(电话　0532-86981532)
封面设计：悟本设计　张　洋
出 版 者：中国石油大学出版社
　　　　　（地址：山东省青岛市黄岛区长江西路 66 号　邮编：266580)
网　　址：http://cbs.upc.edu.cn
电子邮箱：shiyoujiaoyu@126.com
排 版 者：青岛乐道视觉创意设计有限公司
印 刷 者：青岛北琪精密制造有限公司
发 行 者：中国石油大学出版社(电话　0532-86981531,86983437)
开　　本：787 mm×1 092 mm　1/16
印　　张：12.75
字　　数：311 千字
版印次：2021 年 10 月第 1 版　2021 年 10 月第 1 次印刷
书　　号：ISBN 978-7-5636-6955-4
定　　价：130.00 元

丛书前言

　　塔河油田位于我国新疆塔里木盆地，于 1997 年被发现，经过 20 多年的开发，已建成年产原油 $737×10^4$ t(包括碳酸盐岩缝洞型油藏、碎屑岩油藏等)的特大型油田。塔河油田已成为我国油气增储上产的主阵地之一，是我国"稳定东部、发展西部"的重要能源战略支撑。

　　塔河油田碳酸盐岩缝洞型油藏是一类超深、以缝洞为储集体的特殊类型油藏，与常规碎屑岩油藏和裂缝型油藏有本质区别。这类油藏开发的主要特征：一是油藏埋藏深(5 000～7 000 m)，具有高温高盐的特点；二是储集空间特征尺度大，且非均质性极强，储集空间既有大型溶洞，又有溶蚀孔隙和不同尺度的裂缝，其中大型洞穴是最主要的储集空间，裂缝是主要的连通通道；三是油藏流体流动符合管流-渗流耦合流动特征，常规油藏工程理论和方法适用性差；四是油藏产量递减快，与国内外类似油藏相比采收率偏低；五是以缝洞单元为开发单元，其类型多样，不同类型缝洞单元的开发模式也不同。此类油藏的描述和开发没有现成技术和管理经验可以借鉴，属于世界级开发难题。

　　中国石油化工股份有限公司西北油田分公司开发科研团队，以国家 973 计划项目"碳酸盐岩缝洞型油藏开采机理及提高采收率基础研究"以及"十二五""十三五"国家科技重大专项"塔里木盆地大型碳酸盐岩油气田开发示范工程""塔里木盆地碳酸盐岩油气田提高采收率关键技术示范工程"等为依托，历时十余年创建了断溶体油藏开发理论与技术，实现了缝洞型油藏描述与开发技术的重大突破，为塔河油田的科学、高效开发提供了理论依据和技术支撑。在上述科学研究、技术开发和生产实践所获得的科技成果的基础上，科研团队凝练提升并精心撰写了"碳酸盐岩缝洞型油藏描述及开发技术丛书"。

　　该丛书共十卷，既有理论创新，又有实用技术。其中，卷一、卷二分别介绍了塔里木盆地古生界碳酸盐岩断溶体油藏认识及开发实践、碳酸盐岩古河道岩溶型缝洞结构表征技术;卷三、卷四、卷五分别介绍了碳酸盐岩缝洞型油藏试井解释方法研究与应用、高产井预警技术与现场实践、油藏连通性分析与评价技术;卷六、卷七、卷八、卷九分别介绍了碳酸盐岩缝洞型油藏开发实验物理模拟技术、改善水驱开发技术、能量变化曲线特征与应用、单井注氮气提高采收率技术;卷十介绍了碳酸盐岩缝洞型油藏实用油藏工程新方法。

上述成果集中体现了该领域理论研究和技术开发的现状、研究前沿和发展趋势,推动了塔河油田的科学高效开发,填补了缝洞型油藏开发相关领域的空白,为保障国家能源安全、拓展海外资源领域提供了重要技术支撑。

随着国内外海相碳酸盐岩油气勘探的深入发展,越来越多的碳酸盐岩缝洞型油气藏将不断被发现并投入开发。希望该丛书的出版能够促进碳酸盐岩缝洞型油气藏勘探开发的科技进步和高效生产。

前　言

　　塔河油田奥陶系油藏是至今世界上规模最大的碳酸盐岩缝洞型油藏,其探明石油地质储量 13.6×10^8 t,年产原油超过 550×10^4 t,经过 20 多年的开发,已成为我国油气增储上产的主阵地之一,为实现我国"稳定东部、发展西部"的石油能源接替提供了战略支撑。

　　塔河油田碳酸盐岩缝洞型油藏类型极其特殊,完全不同于陆相砂岩油藏和已发现的国内外海相碳酸盐岩油藏,具有以下特征:一是油藏埋藏深(5 000～7 000 m),具有高温高盐的特点;二是储集空间特征尺度大,且非均质性极强,储集空间既有大型溶洞,又有溶蚀孔隙和不同尺度的裂缝,其中大型洞穴是最主要的储集空间,裂缝是主要的连通通道;三是油藏流体流动符合管流-渗流耦合流动特征,常规油藏工程理论和方法适用性差;四是油藏产量递减快,与国内外类似油藏相比采收率偏低;五是以缝洞单元为开发单元,其类型多样,不同类型缝洞单元的开发模式也不同。总之,塔河油田碳酸盐岩缝洞型油藏特征的复杂性决定了其提高采收率没有可借鉴的先例和经验。

　　碳酸盐岩缝洞型油藏注水替油开发后期主要存在四个方面的问题:一是随着注水替油轮次的增加,吨油耗水率越来越大,注水替油效果逐渐变差甚至失效;二是注水后期高含水,低产低效井越来越多,占总井数的比例越来越大;三是注水替油后期缝洞型油藏采油速度低,自然递减快,采收率普遍偏低;四是注水替油后期剩余油分布规律和规模不清楚,缺乏针对性的提高采收率方法。面对这类特殊类型油藏提高采收率的挑战,现场专业技术人员依托国家重大专项和示范工程,联合相关科研院所及高校,大胆实践、勇于探索,创造性地提出了注氮气提高采收率的想法并付诸实践,采用室内物理模拟、油藏数值模拟、油藏动态分析方法相结合的思路,从油藏描述和剩余油研究开始,深化注气机理认识,研究注氮气方案设计和效果评价方法,形成了涵盖剩余油描述、注氮气机理、注氮气技术政策、效果评价和现场实践的原创性成果，形成了一整套较完整的注氮气提高采收率技术，推动了碳酸盐岩缝洞型油藏开发理论与技术的进步。

本书系统总结了 2012 年以来塔河油田碳酸盐岩缝洞型油藏单井注氮气开发理论和实践经验，统揽了近 10 年的注氮气提高采收率技术研究成果。本书内容不但具有理论原创性，而且具有很强的实用性、操作性和指导性，形成了一套较完善的缝洞型油藏提高采收率理论方法。本书共分 6 章，第 1 章简要介绍塔河油田缝洞型油藏地质特征、注水开发后期存在的问题以及注氮气的提出；第 2 章主要介绍缝洞型油藏单井注水后剩余油分布模式；第 3 章从室内物理模拟和数值模拟两个方面阐述缝洞型油藏单井注氮气机理；第 4 章主要介绍单井注氮气参数设计及优化，涵盖单井注氮气选井原则、注氮气时机及方式研究，以及注气量、注气周期、合理产液量等注氮气技术政策；第 5 章主要介绍缝洞型油藏注氮气效果评价技术；第 6 章主要介绍缝洞型油藏单井注氮气矿场实践。

本书各章节撰写分工如下：第 1 章由胡文革、刘学利、谭涛撰写；第 2 章由陈勇、刘学利、解慧、李小波撰写；第 3 章由惠健、郭臣、窦莲撰写；第 4 章由谭涛、窦莲、谢爽、彭小龙撰写；第 5 章由杨占红、陈勇、郭臣、陈园园、邓鹏撰写；第 6 章由郭臣、刘学利、杨占红撰写。全书由胡文革、刘学利、谭涛统稿并定稿。本书在撰写过程中，得到了中国石油化工股份有限公司西北油田分公司领导与专家以及西南石油大学的大力支持，同时参阅和引用了大量的前人研究成果，在此一并表示衷心的感谢！

塔河油田碳酸盐岩缝洞型油藏开发时间较短，注气开发技术及开发理论还处在不断发展完善中，加之作者水平有限，书中错误之处在所难免，敬请广大读者批评指正！

目　录

第 1 章 概　述

塔河油田位于新疆轮台县与库车县交界处,东北方向距轮台县城约 50 km,西北方向距库车县城约 70 km,地处天山南麓、塔里木盆地塔克拉玛干沙漠北缘,距塔里木河北 10~20 km,为塔里木河冲积平原,地势较为平坦,海拔高度 940 m 左右。

1.1　塔河油田缝洞型油藏地质特征

1.1.1　地层特征

塔河油田自上而下地层发育比较齐全,从下古生界开始,发育奥陶系、石炭系、二叠系、三叠系、侏罗系、白垩系、古近系、新近系及第四系,其中奥陶系是塔河油田的主力地层,可分为上统、中统、下统,自下而上发育蓬莱坝组(O_1p)、鹰山组($O_{1-2}y$)、一间房组(O_2yj)、恰尔巴克组(O_3q)、良里塔格组(O_3l)、桑塔木组(O_3s),油层主要位于鹰山组和一间房组。

鹰山组岩性为黄灰色泥微晶灰岩、亮晶砂屑灰岩及藻屑灰岩。一间房组为浅灰色砂屑泥晶灰岩、生物屑泥晶灰岩、亮晶生物屑灰岩。上覆地层恰尔巴克组分为两段,上段岩性主要为紫红色泥质灰岩及瘤状泥灰岩夹暗棕色灰质泥岩,下段主要为灰色、棕红色泥微晶灰岩,最下部为绿灰色泥质条带。

1.1.2　构造特征

1) 构造特征

沙雅隆起位于塔里木盆地北部,是北部坳陷与库车坳陷之间呈 EW 向展布的古隆起,东部以库鲁克塔格断隆过渡,西部以喀拉玉尔滚断裂、柯吐尔断裂与阿瓦提坳陷相隔,北部以索格当他乌—温宿北—亚南断裂带为界,南部呈斜坡向北部坳陷过渡,东西长 480 km,南北宽 70~110 km,面积 3.66×10^4 km²。下古生界呈现隆坳的构造特征,大体划分为沙西凸起、哈拉哈塘凹陷、阿克库勒凸起、草湖凹陷、库尔勒鼻凸和雅克拉断凸 6 个二级构造单元。

阿克库勒凸起为下古生界奥陶系碳酸盐岩大型褶皱-侵蚀型潜山,潜山四周倾伏呈背斜形态,顶部受断层复杂化,显示近东西向的断裂组合分布特征,凸起可划分为北部斜坡、阿克库木断垒、中部平台、阿克库勒断垒和南部斜坡5个区,塔河油田位于南部斜坡区西部。

阿克库勒凸起先后经历了加里东中期、海西期、印支—燕山期及喜马拉雅期等多期构造运动,下面对这几期期构造运动的特点进行阐述。

(1)加里东期构造运动。

加里东早期,阿克库勒凸起处于伸展作用下的拉张盆地演化背景,发育 EW,NNE 和 NW 向三组基底正断裂。晚寒武世—中奥陶世,加里东早期整个塔里木盆地处于相对稳定的碳酸盐台地沉积期。阿克库勒地区寒武系—奥陶系残留厚度自南向北变薄(部分原因是上奥陶统变薄),已有水下隆起显示。同时受早期拉张背景影响,在阿克库勒的北部、中部和南部分别发育不同方向的早期正断裂(轮台、艾丁北、阿克库木、阿克库勒、塔河南深部等),其平面组合特征与库满拗拉槽的边界断裂具有良好的一致性,可见其是相同应力场的产物,并且与槽边断裂类似,其对早期寒武系—早奥陶统的发育均具有一定的控制作用。

早奥陶世末,塔里木克拉通周缘由大陆伸展环境向聚敛构造背景转变,阿克库勒凸起早期正断裂停止发育,且塔河油田北部露出水面,中奥陶统一间房组顶部遭受微弱剥蚀;晚奥陶世末,具有继承性活动的一些早期正断层开始反转逆冲,晚奥陶世良里塔格组沉积末期,受加里东中期Ⅱ幕影响,地壳再度抬升,地震剖面上 O_3s 和 O_3l 间 T_7^2 界面之上的上超现象清晰可见,艾丁—于奇地区已经为隆起高部位,阿克库勒凸起格架已经开始形成,整体西北高、东南低,向东南倾伏的斜坡形态更加明显(图1-1);加里东中期Ⅲ幕,在近 SN 向弱挤压应力场作用下,早期正断裂大规模反转逆冲,同时在牧场北、艾丁、兰尕和塔河主体部位发育 NNW 向、NNE 向两组断裂,沙雅隆起开始形成隆坳交替的构造格局,研究区西北地区遭受大范围剥蚀,艾丁—于奇地区上奥陶统剥蚀殆尽,可见阿克库勒凸起已具鼻凸雏形,整体北部抬升,向西南倾伏。

加里东晚期为持续时间较长的稳定沉积阶段,构造形变微弱,新生断裂不多,仅在研究区西部发育少数 EW,NW 和近 SN 向断裂,同时抬升幅度小,继续保持宽缓鼻凸形态,整体为南低北高,志留纪海侵沉积的地层在鼻凸上超覆于奥陶系之上。

(2)海西期构造运动。

中泥盆世末的海西早期运动是阿克库勒地区最重要的一次构造运动,在 NW—SE 向区域压扭应力作用下,早期断裂继承性活动,轮台断裂带、阿克库木断裂带逆冲幅度较大,累计上冲幅度达 4 000 m,同时发育的次级 NE 向褶皱作用形成一系列 NE 向的纵张断裂和裂缝成为这一时期断裂活动的主要特点。受其影响,阿克库勒区域发育成一 NE 向展布、向 SW 方向倾伏的具鞍部特征的大型鼻状凸起,凸起最高部位在 LX4—YQ4—LG9—S65 一线,向西向东南依次降低,并且在阿克库勒、阿克库木断裂附近形成明显的断控高隆区(图1-2)。同时,在长期的抬升暴露过程中由于风化剥蚀强烈,鼻凸与北部高凸出现在塔里木盆地内第一次准平原化过程中,凸起大部分地区普遍缺失志留—泥盆系及上奥陶统,中奥陶统也遭受了不同程度的剥蚀,总剥蚀量为 0~1 000 m。研究区北部的艾丁地区、塔河主体及于奇东地区是剥蚀量较大的区带,其中最大剥蚀厚度(大于 600 m)位于 T_6^0,T_7^0 和 T_7^2 的尖灭线叠合部位,并且剥蚀了 200 m 厚的中、下奥陶统,总体剥蚀程度东强西弱,残留地层呈裙带状围绕鼻凸马蹄形展布。另外,构造运动所形成的古地貌高差大,受大范围暴露剥蚀的影响,奥陶系碳酸盐岩岩溶普遍发育,沿着一系列 NE 向的纵向断裂和裂缝形成岩溶高地、斜坡、谷地与众多溶蚀残丘古地貌景观和地下溶蚀缝洞系统,有利于后期岩溶缝洞型储层的发育和海西期油藏的形成。

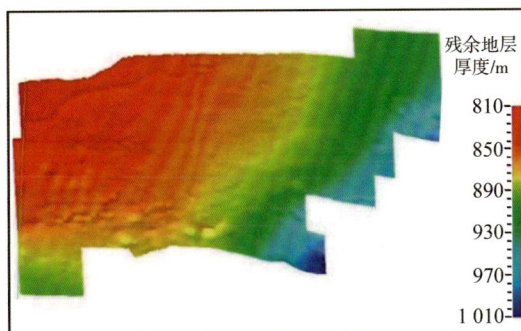

图 1-1 加里东中期 II 幕 T_7^4 古侵蚀面构造图

图 1-2 海西早期 T_7^4 古侵蚀面构造图

海西晚期运动是影响阿克库勒凸起重要的一次构造运动,海西晚期也是断裂活动的主要时期之一。研究区受南天山造山带崛起的影响,阿克库勒凸起乃至整个沙雅隆起再次强烈抬升隆起,在总体上继承海西早期"北高南低,发育一个向西南倾覆、NE 向延伸的大型鼻状古构造"面貌的基础上,西南倾覆的鼻状凸起向北收敛(图 1-3),隆起高部位逐渐向于奇东地区移动,研究区地层产状有进一步向单斜变化的趋势。同时,在南北向挤压作用下研究区断裂活动强烈,部分加里东中期—海西早期运动中形成的断裂再次活动,轮台断裂活动非常强烈,轮台断裂南侧 SN 向的压应力在轮台断裂西翼产生部分剪切分量,从而在研究区产生 NW—SE 向的左行压扭应力。这使得近 EW 向的阿克库木断裂、阿克库勒断裂继承性发育,形成了一系列近 EW 向断垒构造带及背斜构造带,艾丁北地区艾丁西 2 号断裂再次活动,该断裂中南端在短暂拉张应力背景下形成正断层,北段受轮台断裂影响或由于斜向倾滑作用产生翘倾,断层上盘小幅逆冲,形成逆断裂。同时,南部石炭系膏盐体发生第一次塑性上拱,形成盐边正断层。石炭—二叠系以及北部的中下奥陶统均遭受不同程度的剥蚀,剥蚀厚度在 $150\sim700$ m 之间,剥蚀厚度较大的区域为 LN1 附近 EW 向 2 条大断层(阿克库勒、阿克库木断层)所夹持的断隆地区,达 $500\sim650$ m,而往南剥蚀厚度较均匀且厚度较小,反映阿克库勒凸起海西晚期剥蚀强度北强南弱的特征。另外,处于暴露或浅埋藏状态的北部奥陶系碳酸盐岩再一次接受大气降水作用,是古岩溶作用的又一重要时期。

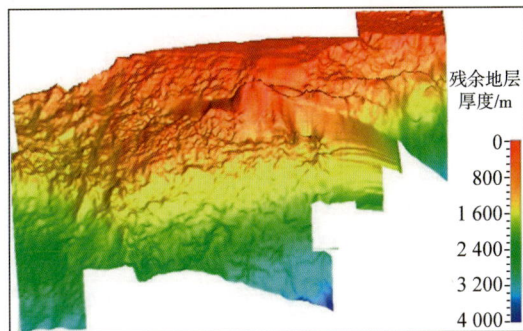

图 1-3 海西晚期 T_7^4 古侵蚀面构造图

（3）印支—燕山期构造运动。

印支—燕山期构造运动为海西晚期运动的继承性发展，以稳定的升降为特征。印支期阿克库勒凸起受到 NE—SW 向挤压应力场作用，鼻状凸起整体依然体现北高南低的斜坡形态，但是鼻状凸起隆升范围逐步缩小（图 1-4），宏观上主要呈现了一组"X"形共轭剪切断裂带及 NW 向、NNW 向低幅度挤压背斜，研究区西部的左行雁行断裂带及研究区中部的右行雁行正断裂带体现了局部剪切作用和区域引张作用。在燕山期，整体南升北降的翘倾作用开始，阿克库勒凸起则主要表现为夷平作用，在 SW—NE 向挤压应力作用下形成南部 NE 向张扭性断裂，断距不大，但多成对、成群出现，且轮台断裂由北向南逆冲逐渐停止，表现出东强西弱的特点。另外，在南部和中西部膏盐发育地区，受差异压实盐体上拱的影响，发育盐边、盐丘正断裂，控制着局部构造的发育，对后期三叠系、侏罗系的油气运移具有重要的垂向通道作用。

（4）喜马拉雅期构造运动。

阿克库勒凸起白垩系至古近系略呈北厚南薄特征，虽然变化幅度不大，但反映出燕山晚期至喜马拉雅早期研究区早期北高南低的构造面貌已开始发生根本改变。喜马拉雅晚期，库车前陆盆地沉降中心向塔里木盆地腹地迁移（新近系北厚南薄），前陆坳陷急剧沉降，轮台断裂再次发生反转，形成第四系正断层，以北部沉降、南部抬升为特征，使古构造面貌再一次发生了倾覆性的变化，即阿克库勒凸起由早期北高南低的构造面貌转变为南高北低的北倾单斜构造格局（图 1-5）。奥陶系—寒武系为复背斜构造形态，奥陶系顶面古鼻凸成为主轴向 NE 和 SW 倾没的大型凸起，原来已成藏的油气随着圈闭条件的改变沿运移通道、输导层运移调整，重新成藏。

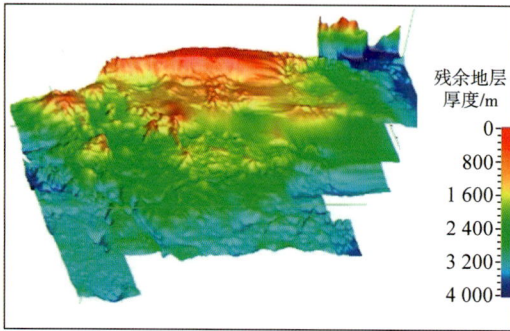

图 1-4　燕山早期 T_7^4 古侵蚀面构造图

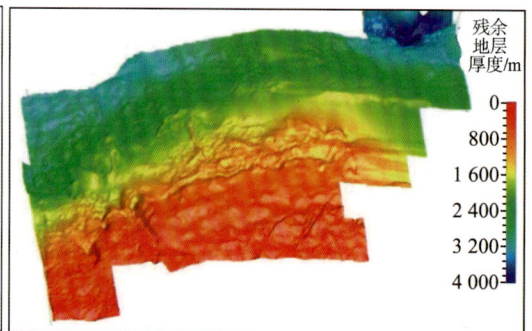

图 1-5　喜马拉雅晚期 T_7^4 古侵蚀面构造图

2）断裂系统特征

在上述构造演化背景下，多期构造运动的隆升、挤压等作用造就了多种多样的深大断裂体系及其伴生的构造形态，形成了一系列不同级别、多期叠加、规模不等的断裂系统。这些构造运动于不同时期对包括研究区在内的盆地的不同位置产生了不同程度的改造，其中加里东中期、海西早期构造运动对研究区的岩溶发育的影响占主导地位。

（1）加里东期断裂特征。

加里东早期处于伸展的拉张背景，塔北地区与南部满加尔凹陷连成一体的盆地—斜坡沉积区，阿克库勒地区发育一系列基底正断裂，断裂走向可分为 EW 向、NNE 向和 NW 向3组。

早奥陶世末的加里东中期运动中,塔里木克拉通周缘由大陆伸展环境向聚敛构造环境转变,盆地性质由被动大陆边缘背景下的拉张型盆地向挤压型盆地转变,但是受应力传递限制,塔北地区的早期断裂在加里东中期早幕(加里东中期Ⅰ幕)时虽然体现出应力状态的反转,由拉张变为挤压背景,正断裂停止发育,但是仅有少量断裂发生小规模反转。

晚奥陶世良里塔格组沉积期,构造运动再度活跃,又一次地壳抬升(加里东中期Ⅱ幕),受 SW 向挤压作用,发育近等间距分布的 SW 向压扭性古断裂,对寒武系—中奥陶统形成错断,终止于 T_7^4 界面,形成近 SN 向(如可果东断裂、艾协克深部断裂)以及近 EW 向的共轭压扭性断层、裂缝组合,为加里东中期与其后(海西期)岩溶发育创造了条件。

加里东晚期,新生断裂不多,仅发育少数 EW 向、NW 向和近 SN 向断裂,其余为加里东早中期形成断裂的继承性发展。

（2）海西期断裂特征。

海西期构造运动对奥陶系碳酸盐岩成藏影响最大,自泥盆纪起的海西早期在 NW—SE 向压扭应力的作用下,鼻状凸起进一步发育,并发育阿克库勒、阿克库木等近 EW 走向的背冲断裂及与之相配套的 NE 和 NW 向剪切断裂。

海西中—晚期运动使该凸起长期抬升出露水面,断裂活动加剧,该区域受近 SN 向主应力的挤压作用,在大型构造鼻状凸起上叠加形成一系列逆冲断块和局部构造褶皱。同时,海西期的剧烈隆升运动使凸起长期暴露并遭受风化剥蚀和大气淡水淋滤溶蚀作用,形成大量岩溶缝洞储集体。

总体而言,塔北地区奥陶系发育的断裂体系主要为弱走滑性质,具有断距小、产状陡的特征,加之后期的岩溶改造,造成断裂解释组合难度大。目前基于托甫台北、十区西、十区东高精度三维地震资料,采用模型正演与反射特征分析、精细相干与蚂蚁体追踪技术,以及结构张量属性、力学性质分析等方法,对塔河地区的断裂进行了断裂再解释。研究表明,在塔河主体区、十区、十二区、托甫台区、跃协区等地区发现了大量的弱走滑断裂体系,构造样式以花状、雁列式、平行高陡断裂构造为主。与典型走滑断裂相比,塔河油田奥陶系断裂在层系面上断距很小,且由于挤压应力的存在,一般断裂体系在风化面附近难以识别。从解释结果来看,断裂发育具有以下特征:① 断裂体系主体走向为 NE—NNE 和 NW—NNW,研究区北部发育近 EW 向和近 SN 向断裂,但断裂规模总体较小;② NNE 与 NNW 向断裂主要呈"棋盘格"状、"X"形剪切状分布;③ 断裂产状近直立,断面在同一断裂带上有产状的变化,伴生构造发育程度弱。

1.1.3　岩溶发育特征

塔河油田北部地区由于多期的构造运动,形成阿克库勒凸起与多幕次隆升,构造变形强烈,加之大气淡水下渗、溶蚀与流动,在下奥陶统 T_7^4 顶界面(部分为上奥陶统顶界面)形成大量岩溶残丘、岩溶丘丛,构造类型以岩溶残丘(丛)、断块残丘(丛)为主。

前人研究认为,阿克库勒凸起主要发生三期岩溶作用:加里东中期岩溶、海西早期岩溶、海西晚期岩溶。从塔河油田北部地区地层发育来看,中—上奥陶统覆盖区主要发育加里东中期、海西早期两期岩溶作用,而在中—上奥陶统剥蚀区则三期岩溶作用均有发育。

1）加里东中期岩溶

如图 1-6 所示，加里东中期Ⅰ幕即中奥陶世末，塔北地区整体抬升，间断 1～2 Ma，在下奥陶统内形成第一套洞穴层，之后被恰尔巴克组和良里塔格组所超覆。加里东中期Ⅱ幕（良里塔格期末）再次抬升，在良里塔格组形成古表生溶蚀地貌。

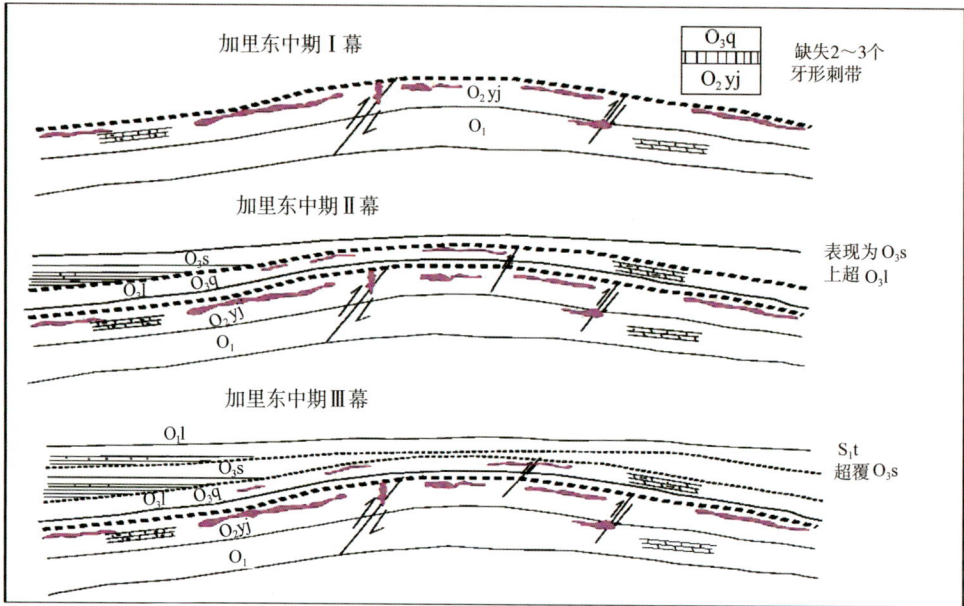

图 1-6　塔河地区覆盖区加里东期岩溶储层发育模式

加里东期大气水流体活动痕迹的识别表明，加里东中期岩溶主要保留在上奥陶统覆盖区，具有层控性、断控性特征。多口钻井证实大气水流体活动主要在加里东期平行不整合面表层 0～30 m 附近发育，储集体沿加里东中期及以前形成的古断裂呈指状、条带状展布。钻井虽然揭示到泥质、巨晶方解石充填/部分充填的溶洞，但钻井放空漏失率仍高达 38%，与塔河油田北部（桑塔木组缺失区）比较，岩溶发育程度较差（塔河油田北部发育各种形式溶洞的钻井占钻井总数的 60% 左右），但加里东中期岩溶仍是较发育的。塔河油田主体区奥陶系碳酸盐岩岩芯上缺乏此期大气水流体活动的踪迹，但这并不是表示此期流体活动在该区不发育，也不是表示此期流体活动受到海西早期叠加改造而难以识别，而是表示塔河油田主体区发育加里东期大气水流体活动的地层已被剥蚀殆尽。

2）海西期岩溶

海西期是研究区最主要的岩溶形成期（图 1-7），海西早期岩溶在阿克库勒凸起具有幕式升降、持续时间长、影响范围广、岩溶作用强、大型岩溶洞穴发育的特点，除在上奥陶统剥蚀区广泛发育以古岩溶残丘为基础的风化壳型岩溶和以岩溶管道或水道为基础的暗河型（或古溶洞系统）岩溶外，对上桑塔木组覆盖区的中—下奥陶统也有十分重要的作用。

（1）中—上奥陶统剥蚀区。

海西早期塔河油田北部及轮古地区由于阿克库勒凸起的强烈隆升作用，奥陶系碳酸盐岩地层遭受长期溶蚀改造和剥蚀作用，形成以 T_7^4 顶界面为代表的区域性不整合面以及石炭系（C）/奥陶系（O）、志留系（S）/奥陶系（O）、泥盆系（D）/奥陶系（O）等多种地层接触关系,在残留的奥陶系灰岩地层中形成大量的岩溶残丘、丰富的地表水系及喀斯特古河道。塔河油田北部和轮古油田奥陶系缝洞型储层的地质、地震和开发资料等显示,上奥陶统剥蚀区为典型的喀斯特油藏。

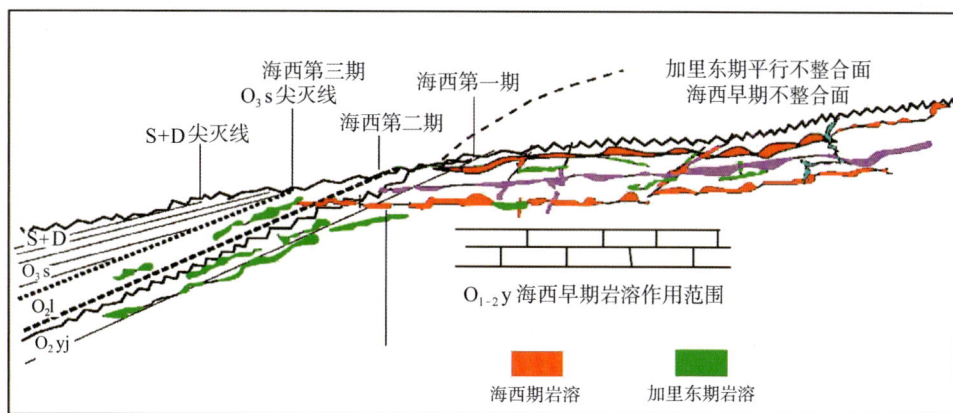

图 1-7　塔河地区奥陶系海西期岩溶储层发育模式

（2）中—上奥陶统覆盖区。

海西期的岩溶作用给中—下奥陶统直接溶蚀出露的北部地区,以及覆盖区的岩溶提供持续下渗的岩溶水。这主要在于海西期大规模的构造运动所形成的大量断裂和巨大的地形高差为该期岩溶作用在中—上奥陶统覆盖区的水体循环提供了良好的条件(尽管桑塔木组是以泥岩和泥灰岩为主的地层,但在构造活动期断裂往往都是开启的),因此在中—上奥陶统覆盖区海西期的岩溶作用沿断裂也普遍发育。受断裂形成机制、破碎差异及后期岩溶差异的影响,除了构造-风化裂隙、缝合线裂开缝洞和岩溶缝洞发育外,在断裂带核部发育大型洞穴层成为断控岩溶区的显著特征。这些储集体主要表现为沿断裂条带状分布、分段溶蚀、纵向优势发育的特征,在地震剖面上除串珠状外,更多地表现为沿断裂破碎的杂乱状反射。

1.1.4　储集空间特征

塔河油田碳酸盐岩缝洞型油藏储集空间主要为溶洞、溶孔和裂缝。这 3 种基本储集空间类型按不同的方式及规模组合成 3 种储集体类型:溶洞型、裂缝-孔洞型、裂缝型。

1）溶洞型储集体

溶洞型储集体主要发育于灰岩储层中,其储集空间主要为次生的溶蚀孔洞,以大型洞穴为特征,是油气储集的良好空间,裂缝在这类储层中主要起渗滤通道和连通孔洞的作用。

溶洞型储集体以塔河油田 T402 井较为典型。该井揭示下奥陶统 242 m,岩性主要为砂屑灰岩及泥微晶灰岩,基质孔隙度低(平均小于 1%),主要储渗空间为孔洞和裂缝。

该类储集体油气产出的特点是初产量高,且产量稳定或较稳定,稳产期长。该类储集体是塔河地区奥陶系碳酸盐岩中最重要的一种储集体类型。

据塔河油田奥陶系岩芯小样品孔渗分析资料统计,全区 7 011 块小样品孔隙度分布区间为 0.01%～10.8%,平均为 0.96%,其中小于 1.0%(包含 1.0%)的样品占 71.52%

(图 1-8);全区 6 473 块小样品渗透率分布区间为(0.001～5 052)×10^{-3} μm^2,平均为 2.34×10^{-3} μm^2,其中小于 0.12×10^{-3} μm^2 的样品占 67.14%,小于 0.6×10^{-3} μm^2 的样品占 85.68%,频率中值小于0.1×10^{-3} μm^2(图 1-9)。这表明,塔河油田奥陶系油藏碳酸盐岩储层基质的物性总体较差,基质孔渗对储层储渗基本无贡献。

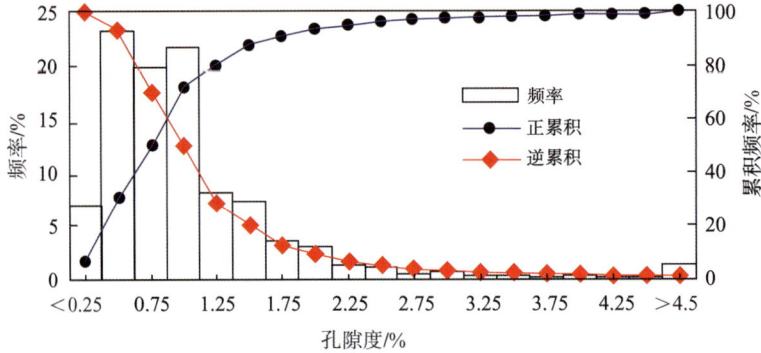

图 1-8　塔河油田奥陶系岩芯分析孔隙度频率分布图($N=7\ 011$)

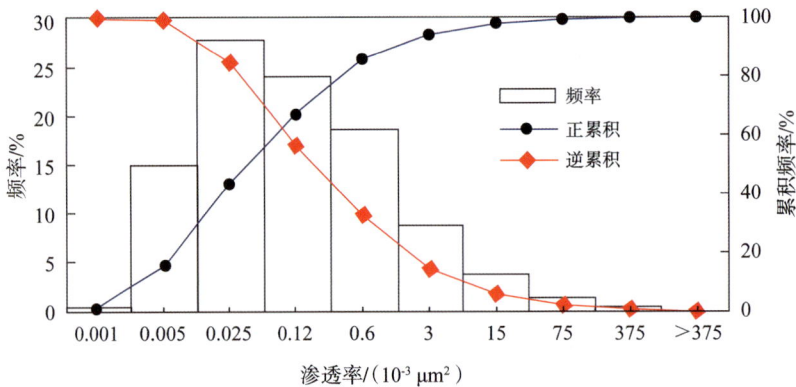

图 1-9　塔河油田奥陶系岩芯分析渗透率频率分布图($N=6\ 473$)

塔河油田碳酸盐岩储层基质的孔渗性能总体仍较差,难以形成油气的高产能。油气的高产能主要依靠裂缝和溶蚀孔洞发育带。

2)裂缝-孔洞型储集体

该类储集空间包括裂缝-溶蚀孔隙型、裂缝-孔洞型、充填物孔隙型 3 种。

(1)裂缝-溶蚀孔隙型。

塔河油田南部上奥陶统尖灭线以南中奥陶统一间房组生物礁(丘)及粒屑滩发育,S60,S91,S96,S76,T443,S86 等井均有生物礁(丘)发现,属于浅海开阔台地及台缘礁(滩)相沉积。

此类储层在层位分布上较局限,目前仅在塔河油田南部中奥陶统一间房组发现。

(2)裂缝-孔洞型。

裂缝-孔洞型储集空间既有孔洞,又有裂缝,两者对储集性能均有相当贡献,但孔洞的作用更为重要。其中,孔洞主要由孔和小—中洞组成,无大—巨洞。此类储层储集性能较好,产能较高且较稳定。

　　由于此类储层起主要作用的是溶蚀孔洞,因此其分布与古岩溶发育带密切有关,如塔河地区中—下奥陶统海西早期岩溶斜坡的部分地区是该类储层的分布区。

　　(3) 充填物孔隙型。

　　该类储层系指奥陶系灰岩大型溶洞中充填的角砾、砂岩孔隙型储层。如 T615 井奥陶系风化面 14 m 之下发育一高约 20 m 的大型洞穴,洞内被褐灰色油砂(细砂岩)全充填,孔隙度为 $7.0\%\sim23.4\%$,平均为 15.5%,渗透率为 $(0.004\sim59.5)\times10^{-3}$ μm^2,平均为 13.136$\times$ 10^{-3} μm^2,属于中等容积、中等渗透率的储层,为东河段沉积时的海岸溶洞沉积。

　　3) 裂缝型储集体

　　裂缝型储集体是塔河地区奥陶系灰岩的主要储集类型之一,包括裂缝型、孔洞-裂缝型 2 种。其特征是基质(岩块)孔隙度及渗透率均极低而裂缝发育,裂缝既是主要的渗滤通道,又是主要的储集空间,后者则同时发育溶蚀孔洞。

　　裂缝型灰岩储层的孔隙度一般小于 2%,主要分布在 $0.5\%\sim1.5\%$ 之间;渗透率大多小于 0.01×10^{-3} μm^2。由于宏观上裂缝系统发育,该类储层具有一定的储渗能力。储层的储渗性能主要受裂缝发育程度控制。该类储层油气产出的特点是初产量一般较高,但产量递减较快,在较短时间内甚至可能停喷。

　　孔洞-裂缝型储层以泥微晶灰岩为主,其次为亮晶砂屑灰岩及粒屑灰岩,粒屑以砂屑为主,并有少量棘屑、介屑及腕足类碎屑等;发育小型溶蚀孔洞,以构造缝为主的裂缝也相当发育。常规物性分析所测出的基质孔隙度差平均在 1% 左右,渗透率多小于 0.01×10^{-3} μm^2。这类储层起主要作用的是裂缝和溶蚀孔洞,因此其分布与裂缝及古岩溶发育带密切有关。该类储层油气产出的特点是初产量较高—高,产量相对较稳定。

　　根据钻录井、测井资料,归纳出储集体类型划分标准如下:

　　(1) 溶洞型储集体。

　　地质录井:钻井放空漏失。

　　钻时:小于 10 min/m。

　　测井曲线:井径扩径严重,电阻率(<20 $\Omega\cdot m$)特低,三孔隙度明显较大。自然伽马值(GR)$\leqslant30$ API 时为未充填溶洞,$30\sim60$ API 时为部分充填溶洞,$\geqslant60$ API 时为充填溶洞。

　　(2) 裂缝-孔洞型储集体。

　　测井曲线:井径不扩径或微扩径,电阻率为 $20\sim400$ $\Omega\cdot m$,三孔隙度略有增大。

　　精细解释:孔洞孔隙度$\geqslant2\%$,裂缝孔隙度$\geqslant0.05\%$时为 Ⅰ 类储层。

　　(3) 裂缝型储集体。

　　测井曲线:井径不扩径,电阻率为 $400\sim1\,000$ $\Omega\cdot m$,三孔隙度略有增大。

　　精细解释:孔洞孔隙度$<2\%$,裂缝孔隙度$\geqslant0.05\%$时为 Ⅱ 类储层。

1.1.5　流体性质

　　1) 原油性质

　　塔河油田不同区块原油的物性差别较大,轻质油、中质油、重质油及超重质油等各种原油类型均有分布,原油密度具有由东南向西北、从南向北、从东向西由小变大的趋势,平面上大致可以分为 4 个区带:主体区为正常黑油区,凸起西北斜坡为重质稠油区,凸起南部斜坡和凸起西南倾没端为轻质油区。根据 32 口油井 pVT 分析数据,塔河油田奥陶系油藏的原油相对密度随油藏埋深的增加而增大(图 1-10);平面上原油物理性质变化较大,随着密度的增大,原油黏度呈指数增大。

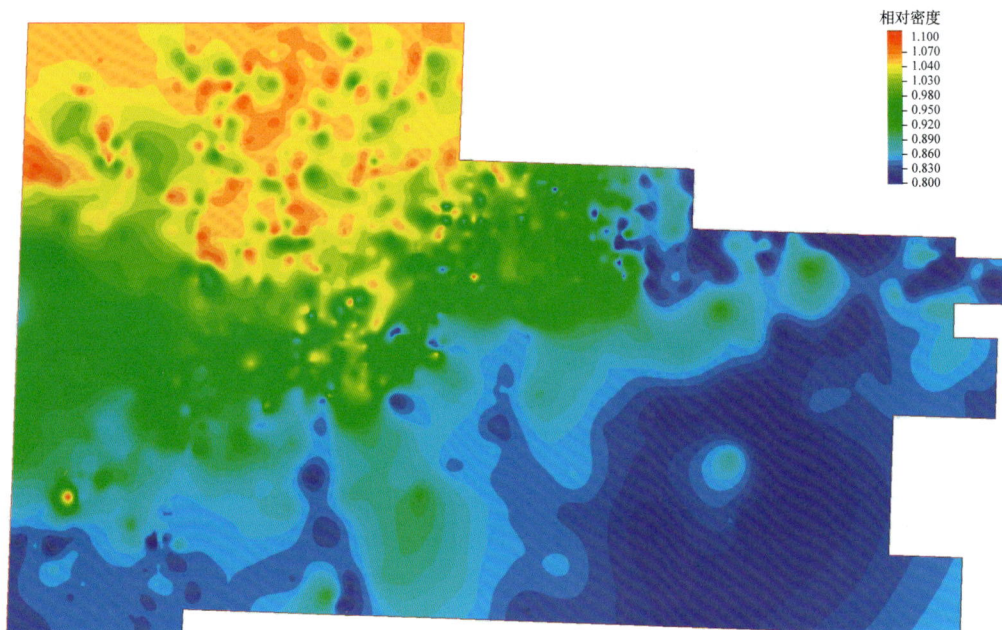

相对密度
1.100
1.070
1.040
1.030
0.980
0.950
0.920
0.890
0.860
0.830
0.800

图 1-10 塔河油田奥陶系原油地面密度分布图

2)地层水性质

塔河油田奥陶系油藏经过多期次的构造运动和水文地质旋回,形成了各区块、各缝洞带不同地层水性质的复杂平面变化特征。地层水矿化度、氯离子、地层水密度的平面分布与油藏的构造具有较好的一致性。整体上,地层水矿化度高的井区多处于岩溶高地、岩溶丘丛等主体区,而在南西斜坡部位,地层水的矿化度逐渐变低;纵向上差异不大。

由于塔河油田奥陶系地层水离子以 Cl^- 和 Na^+(或 K^+)为主,按苏林水型分类法,地层水为 $CaCl_2$ 型。地层水矿化度为 99 592.18～289 385.00 mg/L,平均为 202 432.84 mg/L,高矿化度带(矿化度 $>20×10^4$ mg/L)主要分布在阿克库勒凸起轴部、南斜坡(塔河二区、四区、六区中部、八区中部及十区南部)及西北缘的塔河十二区,低矿化度带主要分布在塔河油田的南部、东南部及阿克库勒凸起轴部与十二区的过渡带上(图 1-11)。

3)天然气性质

总体来说,塔河油田主体区奥陶系天然气绝大部分为湿气,甲烷含量(体积分数,下同)为 12.56%～97.18%,平均为 77.27%;重烃含量(C_{2+})为 0.985 5%～87.28%,平均为 16.28%;干燥系数[$C_1/(C_2+C_3)$]平均为 8.99;甲烷系数(C_1/C_{2+})平均为 7.19;氮气含量平均为 3.72%;二氧化碳含量平均 2.57%。这表明天然气属成熟—高成熟油田气。

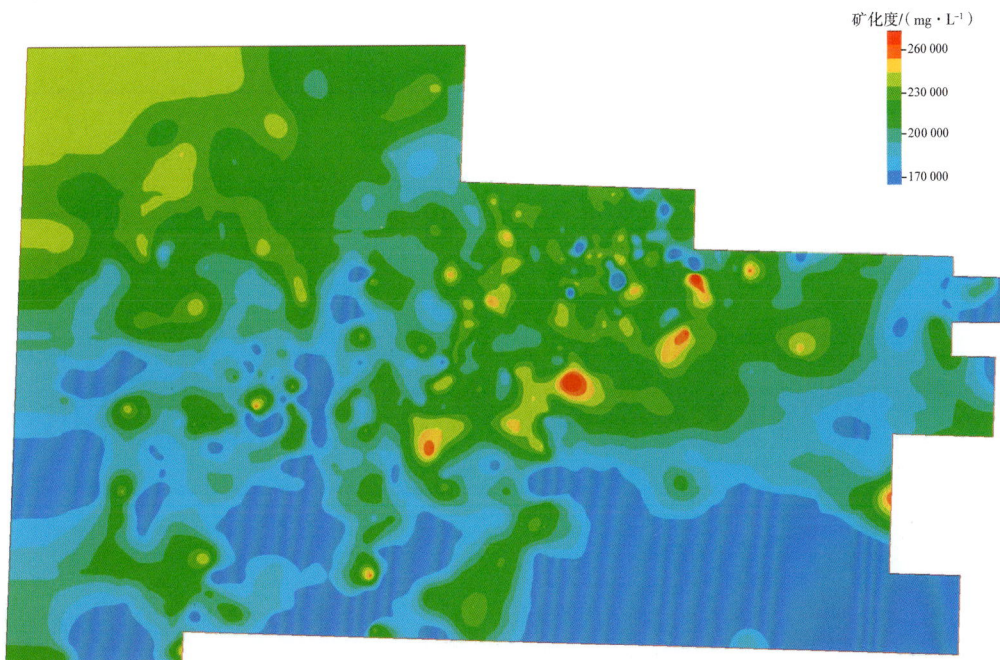

图 1-11　塔河油田奥陶系地层水矿化度分布图

从塔河油田主体区奥陶系天然气组成平面分布来看,由东到西,甲烷含量逐渐减小(东部 79.15%→中部 73.29%→西部 71.76%),重烃含量逐渐增大(东部 15.49%→中部 20.55%→西部 23.89%),氮气含量逐渐增大(东部 2.31%→中部 2.53%→西部 2.60%),干燥系数则逐渐减小(东部 7.25→中部 5.11→西部 4.41),整体表现为东干西湿,东部成熟度高于西部。塔河油田西部十区、十二区由南向北甲烷含量逐渐减小(75.3%→66.0%),表现为南干北湿。

1.2　塔河油田缝洞型油藏开发历程

1.2.1　缝洞型油藏开发特征

与砂岩油藏相比,塔河油田缝洞型油藏的开发地质特征有很大的差别,主要体现在:① 属于碳酸盐岩缝洞型油藏,有效储集空间以规模不等的溶洞为主,孔洞和裂缝次之,裂缝同时是主要的渗流通道;② 油藏油水关系复杂,没有统一的压力系统,没有统一的油水界面,开发动态不尽相同;③ 缝洞结构差异性明显,油藏储集空间分隔严重,基本储渗单元是缝洞单元,也是油田开发的基本单元;④ 油藏具有多重介质特征,渗流特征基本不符合达西定律,毛细管作用、岩石压缩作用影响较小。

1) 产能特征

以塔河四区为例,缝洞型油藏的单井产能整体较高,但平面上产能差异大。从塔河四区油井投产初期产能分布(图 1-12)来看,整体具有较高产能,但由于缝洞型油藏非均质性的影响,油井产能平面差异大。初期产能为 $100\sim600$ t/d 的井有 32 口,占建产井的 48.5%,而产能低于 100 t/d 的井有 34 口,占建产井的 51.5%,产能差异大。

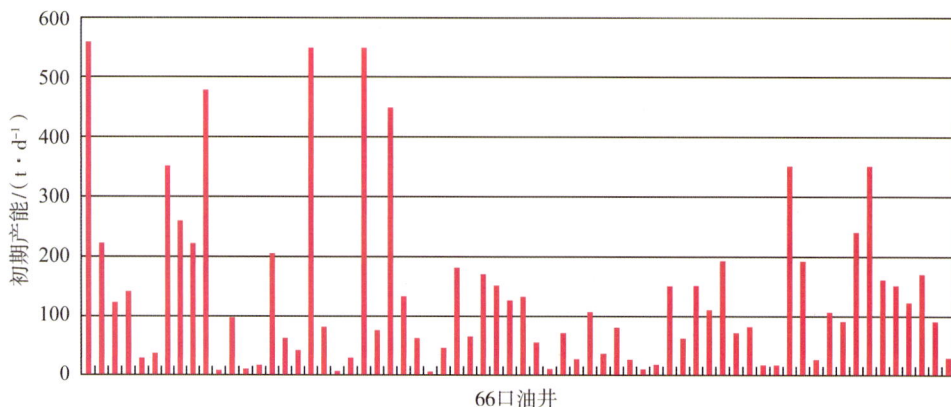

图 1-12　塔河四区奥陶系油藏投产初期产能分布

根据产能分类标准统计(表 1-1),各类产能井的分布具有以下规律。

Ⅰ类特高产能井只有 10 口,占总井数的 15.2%,而累积产量高达 367.9×10^4 t,占总产量的 51%。这些井主要位于局部构造高部位,井区储集体发育规模大,大部分位于溶洞发育区。Ⅱ类高产能井有 12 口,占总井数的 18.2%,累积产量 190.2×10^4 t,占总产量的 26.4%。这些井主要位于局部构造高点或斜坡,储集体发育,储集体规模仅次于特高产能井,一般钻遇溶洞型或孔洞型储集体。Ⅲ类中高产能井有 10 口,占总井数的 15.2%,累积产量 96.76×10^4 t,占总产量的 13.4%。这些井储集体规模中等,且相对较发育,但由于含水等原因累积产量中等。Ⅳ类中低产能井有 19 口,占总井数的 28.8%,累积产量 60.0×10^4 t,占总产量的 8.2%。这些井储集体规模中小,且发育程度一般,受含水的影响,产能和累积产量不高。Ⅴ类低产能井有 15 口,占总井数的 22.7%,累积产量仅有 7.27×10^4 t,占总产量的 1.00%。这些井一般位于储集体发育程度较低井区,主要为裂缝型储集体,储集体规模相对较小。

表 1-1　油井产能分级标准

累积产量/(10^4 t)	初期产能/($t\cdot d^{-1}$)	分　类	级　别
$\geqslant20$	$\geqslant200$	特高产能井	Ⅰ类
$10\sim20$	$100\sim200$	高产能井	Ⅱ类
$5\sim10$	$40\sim100$	中高产能井	Ⅲ类
$1\sim5$	$20\sim40$	中低产能井	Ⅳ类
<1	<20	低产能井	Ⅴ类

缝洞型油藏油井产能不但平面分布差异大,而且纵向分布差异也很大。根据塔河四区奥陶系油藏 YS1,YS2,YS3 三个层段产能分级统计分析,YS1 层段累积产量 592.8×10^4 t,占总产量的 82.2%,是主力产层;YS2 层段累积产量 74.3×10^4 t,占总产量的 10.3%;YS3 层段累积产量 53.96×10^4 t,占总产量的 7.5%。

2) 产量递减规律

对塔河油田历年投产的新井产量统计研究结果(图 1-13)表明,碳酸盐岩缝洞型油藏产量呈现明显的三段式递减规律——快速递减、较快递减和缓慢递减；生产特点表现出建成投产后 1.5～2.5 年之间年递减率均较大，一般为 30％～38％；随着开采时间的延长，递减率有所降低，投产后 2.5～5 年之间年递减率为 25％～30％；投产 5 年后进入缓慢递减阶段，年递减率为 15％～8％。这表明塔河油田产量递减符合指数递减规律。

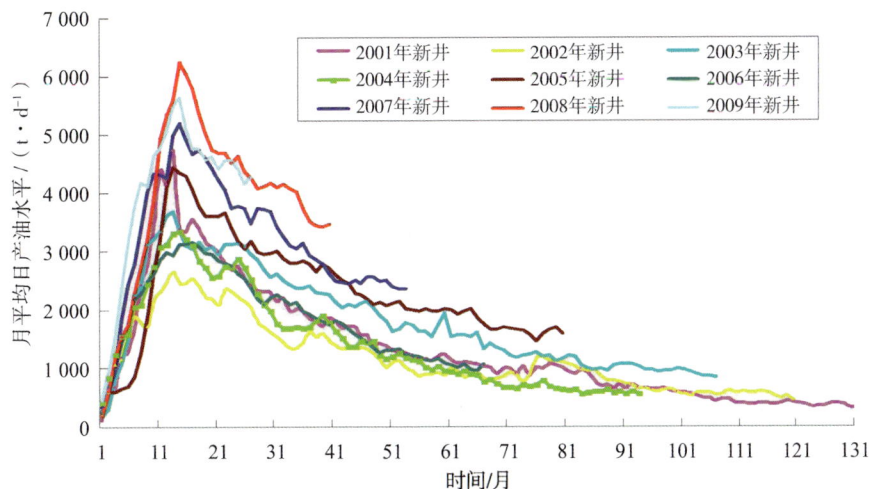

图 1-13　塔河油田碳酸盐岩缝洞型油藏历年新井月平均日产油水平拉平曲线

缝洞型油藏储集体组合和流体分布的多样性决定了这类油藏产量递减规律的复杂性。根据递减情况，油井递减可以分为 5 种基本类型：无水递减型、开井见水缓慢递减型、开井见水快速递减型、后期见水缓慢递减型、后期见水快速递减型。分析统计显示，井数最多的是后期见水快速递减型，占生产井数的 34.3％；其次是后期见水缓慢递减型，占生产井数的 25.4％；再次是开井见水快速递减型，占生产井数的 22.4％；开井见水缓慢递减型和无水递减型较少，分别占 10.4％和 7.5％。

开井见水缓慢递减型油井是由于储层欠发育或充填、边底水能量较弱、致密层封隔性好等因素综合作用，储层供液能力较差，底水窜进速度小，含水缓慢上升，所以油井产量表现为缓慢递减。开井见水快速递减型油井主要是由于欠发育的储层与底水封隔性不好，随着地层能量下降，底水沿垂直裂缝窜进，从而导致含水快速上升，产量急剧下降。后期见水缓慢递减型油井主要位于孔洞发育区，储集体整体发育，致密段相对较厚，封隔底水能力强。后期见水快速递减型油井主要位于岩溶高部位，致密段相对不连续或厚度较薄，且水体能量强，如水体易于窜进，造成油井暴性水淹或含水快速上升，产量递减迅速。

3) 含水特征

通过研究塔河油田缝洞型油藏开发历史上单井初期产能大于 80 t/d 的 180 口油井含水上升类型，可将油井的含水变化类型分为缓慢上升、台阶上升、快速上升、暴性水淹、波动变化和含水下降 6 种类型，并根据各类型油井的储层类型、含水率、含水上升速度等指标界限，建立了缝洞型油藏油井含水上升变化类型定量划分原则。

(1) 缓慢上升型：油井见水后，连续 1 年以上月含水上升速度在 3％以内。此类型油井多位于裂缝-孔洞型储层，井周储层发育连通性较好，供油面积大，地层能量充足。

(2) 台阶上升型：油井见水后出现台阶段，出现台阶段后含水率在 60％以下并保持半年以上相对稳定(台阶段含水率波动范围在 5% 以内);出现台阶段前月含水上升速度一般小于 10%。此类型油井多位于多层溶洞型储层,井周纵向上发育 2 套以上溶洞,水驱油以逐洞水淹为主。

(3) 快速上升型:油井见水后半年内月含水上升速度大于 10%,含水率大于 60% 以后含水上升速度开始放缓,出现缓升段或者台阶段。此类型油井储集体一般为裂缝型。

(4) 暴性水淹型:油井突然见水,且含水迅速上升(见水后半年内月含水上升速度大于10%),一年内导致油井含水率在 90% 以上或高含水停产,月含水上升速度大于 10%。此类型油井储集体多为单层溶洞型。

(5) 波动变化型:含水变化曲线上下来回波动(波动周期<半年,波动范围>20%),推测为多套储层交替供油。

(6) 含水下降型:缝洞储集体内水体有限,生产过程中含水变化曲线表现为逐步下降甚至含水率降到零。

4) 天然能量特征

在天然能量开发阶段,主要依靠弹性驱动和底水驱动。通过近 6 年的天然能量开发,单元地层能量都存在不同程度的下降。其中 S48,TK407,TK409 单元在天然能量开发阶段地层压力下降较小(3~4 MPa),单元天然能量整体较充足;S64 和 S65 单元在天然能量开发阶段地层压力下降相对较多(5~6 MPa),单元天然能量相对不足。

按能量评价标准(表 1-2),对塔河四区 5 个缝洞单元进行能量分类评价,结果(表 1-3)显示:天然能量较充足的缝洞单元有 3 个,即 S48,TK407,TK409 单元,这些单元在天然能量开发阶段压力保持水平在 95% 左右;具有一定的天然能量的缝洞单元有 2 个,即 S64 和 S65 单元,这些单元在天然能量开发阶段压力保持水平为 91%~92%。

表 1-2 油藏天然能量分类指标表

级 别	指标标准	
	D_{pr}/MPa	N_{pr}
天然能量充足	<0.2	>30
天然能量较充足	0.2~0.8	8~30
具有一定的天然能量	0.8~2	2.5~8
天然能量不足	>2	<2.5

注:D_{pr}—每采出 1% 地质储量的压降值;N_{pr}—弹性产量比。

表 1-3 塔河四区奥陶系油藏各单元能量评价结果

单 元	D_{pr}/MPa	N_{pr}	评价结果
S48	0.27	10.45	天然能量较充足
S64	0.61	4.66	具有一定的天然能量
TK407	0.21	13.68	天然能量较充足
S65	0.35	8.12	具有一定的天然能量
TK409	0.21	13.66	天然能量较充足

1.2.2 缝洞型油藏开发历程

塔河油田奥陶系油藏自 1997 年投入开发至今已历时 20 多年,主要经历了天然能量开发、注水开发、注氮气开发 3 个阶段。下面以塔河四区为例进行阐述。

1) 天然能量开发阶段(1997 年 10 月—2005 年 4 月)

该阶段依靠天然能量开发,经历了产量由初期上升到中期稳定再到后期下降的开发历程,阶段末总井数 73 口,开井 53 口,初期日产油 395 t/d,上升到 3 587 t/d,又下降到阶段末的 1 134 t/d。由于没有人工能量的补充,油藏地层压力有所下降,地层压力由 59.95 MPa 下降至 55.5 MPa,下降了 4.45 MPa。阶段末采油速度(0.74%)低,含水率 51.1%,阶段累计产油 526.69×10⁴ t,采出程度 8.30%。

油井含水高,低产低效,为了抑制单井单元底水上升以及给多井缝洞单元补充地层能量,对塔河四区奥陶系油藏进行注水,进入注水开发阶段。

2) 注水开发阶段(2005 年 5 月—2014 年 2 月)

自 2005 年实施注水开发以来,塔河四区典型单元 S48 单元经历了早期试注、中期温和注水、后期周期注水 3 个小阶段(图 1-14)。针对缝洞型油藏特点,根据注采效果,及时调整形成了不同注水开发阶段不同的注水开发技术政策。

(1) 早期试注阶段:2005 年 6 月—2006 年 10 月开展了早期试注,以探索注水开发的可行性。选择单元边部的停产、低产、低部位井转注,注水方式采取以验证井间连通性及注采响应关系的主要做法,采用大排量注水,表现为动态反应快、区块水窜快。

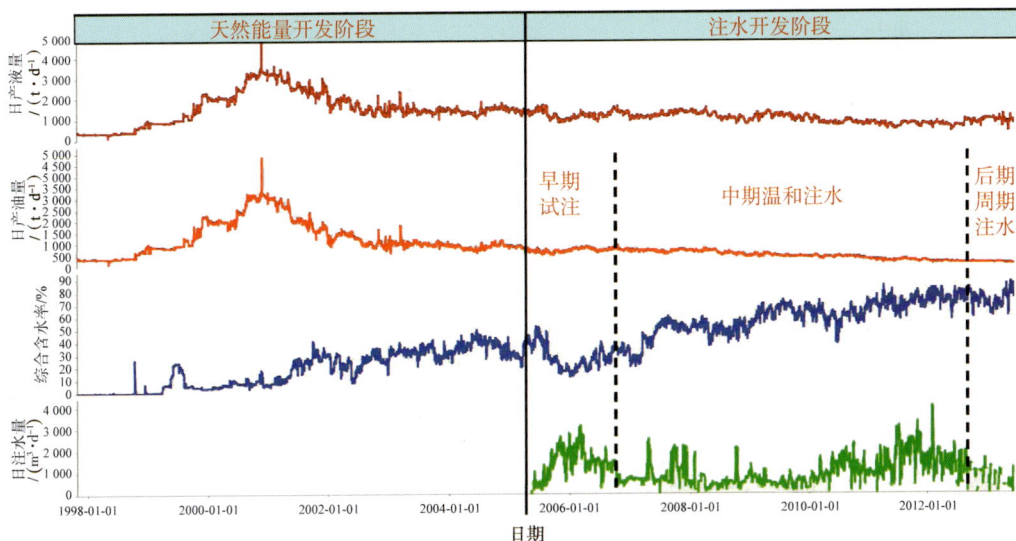

图 1-14 S48 单元开发阶段划分图

该阶段之前部分油井已高含水,由于单元储集体发育,缝洞连通性较好,通过大排量持续注水一方面可补充天然能量开发阶段的弹性能量损失,另一方面可形成注水驱油。该阶段共有注水井 8 口,日注水 2 000~3 000 m³/d,累计注水 74.53×10⁴ m³,累计增油 3.28×10⁴ t。单元注水后含水明显下降,含水率从 12.2% 下降至 0,可采储量从天然能量开发阶段末

的 767×10^4 t 增加至 $1\,037 \times 10^4$ t,提高采收率 7.7%,有效地改善了单元的开发效果。

(2) 中期温和注水阶段:2006 年 11 月—2010 年 7 月开展了中期温和注水。该阶段的主要做法是在前期注水验证注采受效井组且有明显增油的基础上,控制注水速度和注水量以保持受效井增油的持续性和稳定性,提高驱油效率。

该阶段注水规模逐渐扩大,注水强度有所下降,注水井 24 口,日注水 $1\,000$ m³/d,累计注水 205.58×10^4 m³,虽然含水有所上升,但是整个注水调控效果较好。在含水上升率与注水前保持相当的条件下,平面与纵向水驱效率有了很大的提高,阶段累计增油达 42.16×10^4 t,占总产量的 48%,稳定了注水效果,使注水受效井组持续受效,改善了注水开发效果。

(3) 后期周期注水阶段:2010 年 7 月—2014 年 2 月是不稳定周期注水阶段。该阶段的主要做法是在平面上水驱储量动用程度较低、剩余油较多部位形成注采井网,提高平面水驱动用程度;在纵向上对下部存在较多剩余油的井优化注水部位,提高纵向水驱动用程度。同时,在完善注采井网的基础上转变注水思路,建立整体周期注水+多向平衡注水格局,适时进行深部调剖。在注水方向上,采取多向平衡注水,防止单方向注入水突进;在注水方式上,采取提高瞬时排量抑制底水,产生平面压力波动,以驱替管流之外的剩余油,改善水驱效果。

周期注水中,随着持续注水量的增大和水驱通道的突破,特别是部分注采井组如 TK440—TK449H,TK411—S48 等井组突然的注水失效,反映出缝洞型油藏持续注水方式驱油效率逐渐下降。于是现场采取了不稳定周期注水方式进行整体优化调整,进一步改善渗流场,扩大注水驱替面积;同时对 TK469 井进行多向注水,对 S48—T401 井组换向注水,在一定程度上减缓了快速失效的趋势。

3) 注氮气开发阶段(2014 年 3 月至今)

为了改善注水开发效果,最大程度地动用井间高部位剩余油,继 2012 年 4 月在 TK404 井注氮气试验成功以后,2014 年 3 月选择塔河四区 S48 单元作为先导试验区,在 T402,TK411,TK425CH 井组采用高低结合的注采井网实施氮气驱,其中 T402 井组实施高注低采,TK411 和 TK425CH 井组实施低注高采,对 T402 井组(包括 TK412 和 TK429CX 采油井)、TK411 井组(包括 T401 采油井)、TK425CH 井组(包括 S48 采油井、TK410 采油井、TK467 采油井)进行注气。3 个井组日注气 15×10^4 m³,实施氮气驱 2 个月后受效井先后见到增油效果。截至 2019 年 12 月,S48 单元累计注入氮气 1.38×10^8 m³,累计增油 16.49×10^4 t,方气换油率达到 0.37。

1.3   缝洞型油藏注氮气技术的提出

1.3.1   缝洞型油藏注水开发后期主要矛盾

针对塔河油田碳酸盐岩缝洞型油藏开发中的能量不足和产量递减较快的矛盾,2005 年开始在塔河四区奥陶系油藏多井缝洞单元开展注水替油及单元注水现场试验,取得了较好的效果。截至 2011 年 12 月底,共有 20 口井开展了注水压锥,累计注水 106 周期,累计注水 118.05×10^4 t,累计增油 12.26×10^4 t;已有 5 个缝洞单元开展了单元注水,累计注水 446.43×10^4 t,累计增油 50.56×10^4 t。塔河四区缝洞型油藏针对多井缝洞单元实施注水,补充了地层能量,延缓了产量递减与含水上升,增加了储量动用程度,改善了单元开发效果。但是经过 7 年的注水开发后,无论是注水替油还是单元注水,效果开始逐渐变差,区块低产低效井增多,产量递减幅度增大,采油速度降低,采收率减小,需要探索新的开发方式。以塔河四区为例,注水开发后期主要面临以下问题。

1) 低产低效井多

截至 2011 年 12 月底,塔河四区有生产井 54 口,开井 53 口,日产油量 239.4 t/d。其中日产油量低于 3 t/d 的低产低效井有 31 口,占开井数的 58.5%,仅占区块日产油总量的 9.6%;日产油量 3~10 t/d 的井有 12 口,占开井数的 22.6%,占区块日产油总量的 23.7%;日产油量 10~20 t/d 的井有 8 口,占开井数的 15.1%,占区块日产油总量的 43.1%;日产油量大于 20 t/d 的井有 2 口,占开井数的 3.8%,占区块日产油总量的 23.6%。可见,日产油量低于 3 t/d 的井较多,但贡献产量较少,产量主要集中在日产油量大于 10 t/d 的少数井上(图 1-15)。

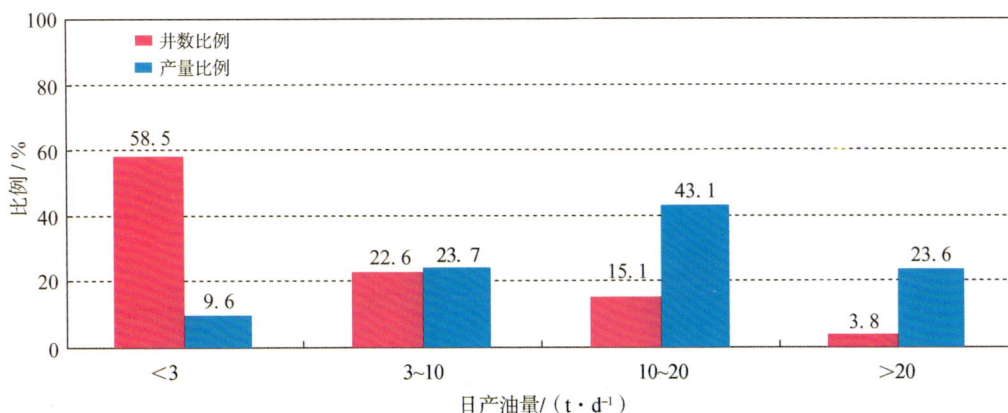

图 1-15 塔河四区产量分级直方图

塔河四区油井低产低效的主要原因是含水高。导致油井含水高的因素有 2 个:① 底水水体规模大,能量充足,开发过程中底水锥进;② 多井缝洞单元长期注水,注入水在生产井端突破,油水井之间形成了注水通道,油井高含水。

截至 2011 年 12 月底,塔河四区综合含水率为 82.4%,属于高含水开发阶段。如图 1-16 所示,53 口井中 26 口井含水率大于 90%,井数比例占 49.1%,产量比例占 8.9%;6 口井含水率为 80%~90%,井数比例占 11.3%,产量比例占 12.0%;6 口井含水率为 60%~80%,井数比例占 11.3%,产量比例占 10.5%;7 口井含水率为 20%~60%,井数比例占 13.2%,产量比例占 35.4%;3 口井含水率为 2%~20%,井数比例占 5.7%,产量比例占 7.2%;5 口井含水率小于 2%,井数比例占 9.4%,产量比例占 26.0%。可以看出,油藏整体水淹严重。

2) 采油速度低,自然递减率大

截至 2011 年 12 月底,塔河四区日产油量仅为 239.4 t/d,区块产量从 2010 年底的 578 t/d 大幅下降至 338.6 t/d,老井自然递减率高达 34.7%,采油速度仅为 0.14%,采油速度低,稳产难度大(图 1-17)。

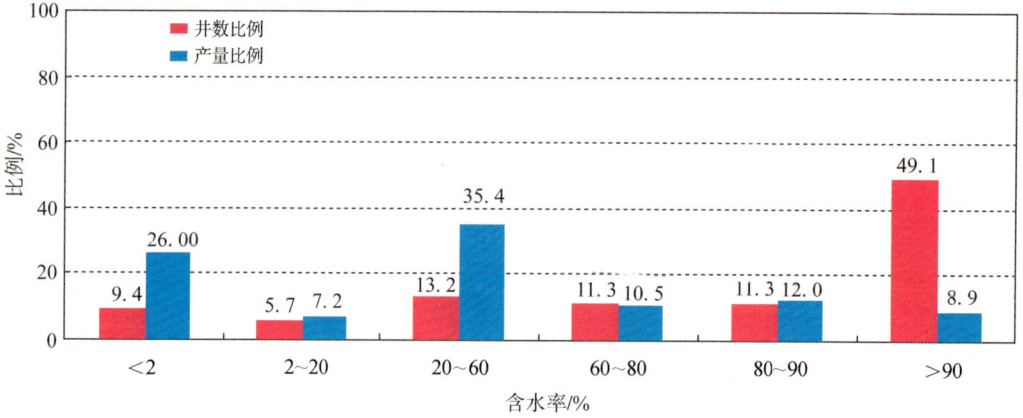

图 1-16 塔河四区含水分级直方图

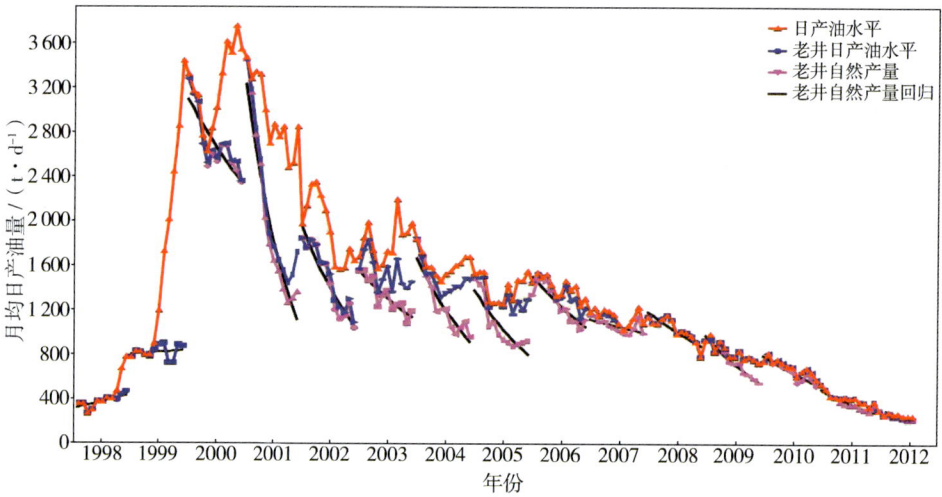

图 1-17 塔河四区奥陶系油藏产量构成曲线

3）多种注水方式开发以后注水效果变差

塔河四区已经过多种注水方式注水，开展过大排量注水、温和注水、周期注水等，注水效果越来越差（图 1-18）。随着注水替油轮次的增加，单井注水替油产量由初期的263 t/d下降到2011年底的51 t/d，改善注水开发方式难度大。统计注水轮次超过10周期的注水替油失效井的注采比和吨油耗水率参数变化情况（图 1-19）可以看出，随着注水轮次的增加，累积注采比逐步上升，吨油耗水率越来越大，替油效果逐渐变差直至失效。截至2011年12月底，塔河油田奥陶系油藏注水替油井数已经占到总井数的44.5%，注水替油效果变差和失效的油井已达200余口，占注水替油总井数的52.63%。

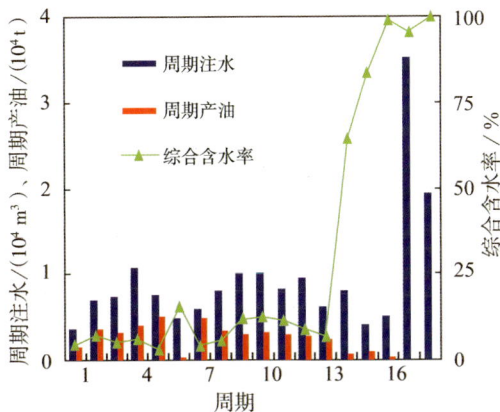

图 1-18　注水替油失效井周期注水效果评价

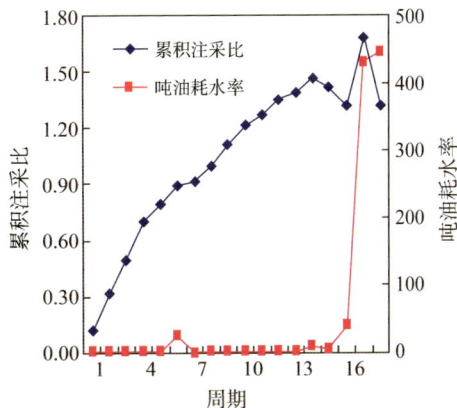

图 1-19　注水替油失效井注水参数对比图

4）采收率低

单元注水随着注入水量的增多，水驱前缘逐渐从注水井一端向采油井一端推进，在油水井之间形成水驱的优势通道，注入水在油井突破，注水效果逐渐变差，直至最终失效。如图 1-20（图中 W_p 为累积产水量，10^4 t）所示，单元注水前期受效的 24 个注采方向中，有 18 个方向注水效果变差，目前只有 6 个注采方向有效，可采储量减少 370×10^4 t。

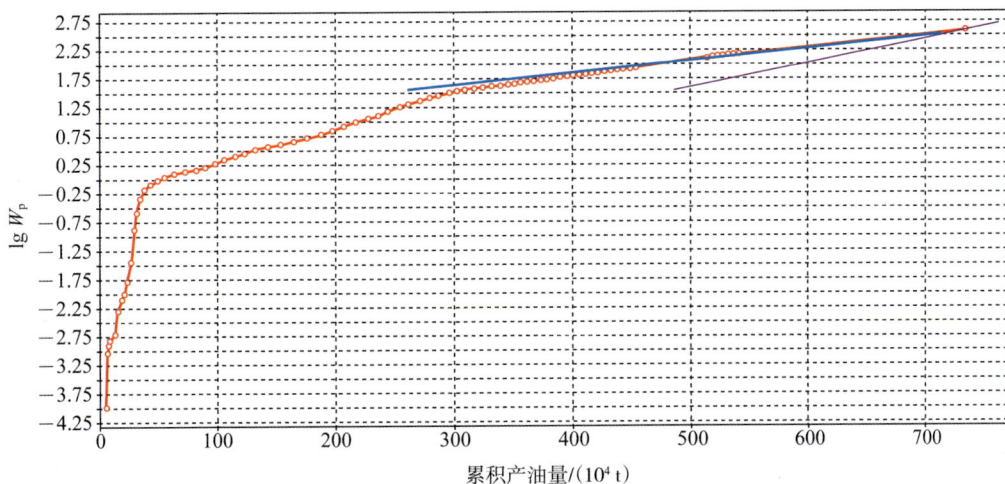

图 1-20　塔河四区多井缝洞单元水驱特征曲线

塔河四区标定采收率 18.2%，远远低于国内外平均 25% 的水平，油藏中存在大量未采出的剩余油。目前采出程度是 11.94%，和采收率之间的幅差（6.26%）较小，因此塔河四区亟须转变开发方式，进一步提高区块开发效果。

1.3.2　国内外碳酸盐岩油气藏注气现状

据全世界 256 个大型油田统计，碳酸盐岩油田有 115 个，约占 45%，分布在 40 多个国家和地区的近 60 个沉积盆地中，其原油产量约占世界原油总产量的 65%。碳酸盐岩油藏按储层特点总体上可分为三大类：一是以原生孔隙和溶蚀孔洞为主的常规碳酸盐岩油藏；二是由生物礁形成的高孔隙度（20%以上）和裂缝组成的礁灰岩建造油藏；三是由古岩溶作用形成的裂缝-溶洞型油藏。

通过对全球碳酸盐岩油藏一次采油技术的调研发现，水驱仍然是当前最为普遍的驱动方式。在有资料显示的 276 个碳酸盐岩油藏中，以水驱作为主要驱动方式的油藏有 101 个，占总数的 36.6%；以水驱作为次要驱动方式的油藏有 46 个，占总数的 16.7%；溶解气驱和气顶驱油藏也占有一定比例。

国外碳酸盐岩油藏的二次采油技术主要有 4 种：注柴油、注天然气、注水、注水/注气。注柴油的 2 个油田在意大利，分别是 Gela 油田和 Vega 油田，属于裂缝型碳酸盐岩重油油藏。非混相注气的油藏有 26 个，占 17.7%，其中大多数油藏的主要孔隙类型为溶模孔、晶间孔和粒间孔，流体 API 度在 30 以上，80% 以上油藏的采收率大于 30%。二次采油提高采收率 4%～31%，平均为 16%。

全球碳酸盐岩油藏已经采用的三次采油技术主要有注蒸汽、注聚合物、注混相气、注烃气、注热水、注 CO_2、注空气火烧油层。2000—2008 年间，国内外油藏累计开展注气 408 次。其中，国外由于 CO_2 气源丰富，碳酸盐岩油藏以注 CO_2 为主，注 N_2 实施较少（图 1-21）。国外注 CO_2 的 11 个油田分布在美国（7 个）、匈牙利（2 个）、土耳其（1 个）和加拿大（1 个）。国外应用混相烃气驱替技术的 10 个油田全部集中在加拿大西部盆地泥盆系地层，三次采油提高采收率 8%～36%，最终采收率在 37%～85% 之间，平均为 61%。

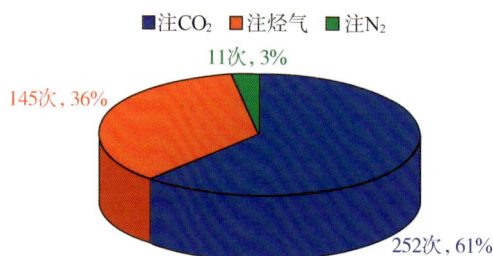

图 1-21　国外碳酸盐岩油藏注气类型统计

调研发现，开展过注气提高采收率技术的碳酸盐岩油藏中，绝大多数油藏类型为晶间孔-裂缝型，且埋藏深度较浅。其他油藏为碳酸盐岩礁或者岩性圈闭油藏，注入气体主要是天然气和 CO_2，由于油藏地质特征和开发政策的差异，各油田注气提高采收率幅度各不相同。统计结果表明，注天然气提高采收率 3.1%～20.0%，注 CO_2 提高采收率 7.2%～16.6%，注气平均提高采收率 13.7%（表 1-4）。

国内外与塔河油田缝洞型油藏特征相近的油田只有 5 个，分别如下：

（1）匈牙利高波兰油田：主要储集体空间为溶蚀孔洞、晶间孔，早期采用衰竭式开采，1980 年开展小规模注入 CO_2 气体建立人工气顶，1988 年 10 月大规模实施现场注气。截至 1995 年底累计注入气体 $18.52×10^8$ m³，累计增油 $153.2×10^4$ m³，提高采收率达 6.44%，最终采收率达 51%。

（2）美国 Yates 油田：位于西得克萨斯二叠纪盆地中心台地南端，主要储集空间为小型溶洞和裂缝，是 20 世纪美国本土发现的最大油田，探明原油地质储量 $6.36×10^8$ m³。油田早期采用衰竭式开发，后期通过回注烃类和 CO_2 气体形成气帽保持压力，实现重力驱油，

表 1-4　国外典型碳酸盐岩油藏注气开发统计表

油田名称	国　家	埋深/m	主要油藏/孔隙类型	平均孔隙度/%	原油黏度/(mPa·s)	驱动类型	采收率/%	主要开发技术	注气提高采收率/%	主要开发技术
黄金巷	墨西哥	2 800	溶蚀孔洞、裂缝	18	75	强底水驱	32	衰竭式开采		衰竭式开采
哈里亚加	俄罗斯	2 653	溶蚀孔洞、晶间孔	10	1.23	水　驱		热力采油		热力采油
高波兰	匈牙利	1 951	溶蚀孔洞、晶间孔	1.4	19~137	强底水驱	51	注 CO_2	6.44	注 CO_2
田吉兹	哈萨克斯坦	3 880	溶蚀孔洞、粒间孔	6.3	0.27	溶解气驱	31	酸　压		酸　压
西特巴克	俄罗斯	1 348	溶蚀孔洞、晶间孔	12	23	强底水驱		衰竭式开采		衰竭式开采
Intisar"D"礁油藏	利比亚	2 743	碳酸盐岩礁					注天然气	3.1~7.1	注天然气
Weyburn	加拿大	1 400	岩性圈闭					注 CO_2	15	注 CO_2
Wasson-Denver Unit	美　国	1 585	白云岩					注 CO_2	16.6	注 CO_2
Rangeley Weber Sand Unit	美　国							注 CO_2	7.20	注 CO_2
Dolphin	美　国		白云岩					注天然气	18.0	注天然气
阿曼萨凡	美　国							注天然气	20.0	注天然气
平　均									13.7	

1998 年采用注蒸汽方式降低原油黏度,进一步提高原油采收率。截至 2002 年,累计采油 $2.25×10^8$ m^3,采出程度达到 35.4%。

（3）哈萨克斯坦田吉兹油田:坐落在 Pricaspian 盆地,其储层是上泥盆统至中、下石炭统浅海碳酸盐台地的生物滩和礁块灰岩,物性较好,主要储集体空间为溶蚀孔洞、粒间孔。油田早期采用衰竭式开采,2008 年开始大规模回注高含硫化氢的烃类气体保持地层压力,原油产量从 $6.6×10^4$ m^3/d 上升到 $1×10^5$ m^3/d。截至 2014 年 3 月,累计注入气体约 $1.4×10^{10}$ m^3,其中只有大约 3.5% 采出,绝大部分被封存在油藏中,地层压力从 2007 年的 47 MPa 上升至 54.7 MPa。

（4）墨西哥 Cantarell 油田:属于白垩纪晚期的碳酸盐岩油藏,主要储集空间为孔洞、晶孔、粒间孔。油田早期采用衰竭式开采,油藏压力下降 60%,2000 年实施注氮气补充地层能量,形成次生气顶,并在一定程度上推动油气界面下降,实现重力泄油,油田产量从 $1.59×10^5$ m^3/d 上升至 2004 年的 $3.34×10^5$ m^3/d。

（5）中国华北雁翎油田:碳酸盐岩裂缝型块状底水油藏,埋深 2 890 m,垂向裂缝发育。

该油田于 1994 年 10 月 6 日至 1995 年 12 月 22 日在油藏顶部实施了注 N_2 试验,累计注气 $2\ 122 \times 10^4\ m^3$,注气后油水界面平均下降 17.63 m,潜山顶部形成次生气顶 38 m,7 口井 9 个月累计产油 20 187 t,取得了一定的效果。

调研发现,国内外碳酸盐岩油藏以注 CO_2 为主,注 N_2 只在墨西哥 Cantarell 油田和中国华北雁翎油田开展过,但是其储集空间均以裂缝和溶蚀孔洞为主,储层连通性好,都为块状底水油藏,其油藏类型与塔河油田缝洞型油藏有着本质的区别。我国塔里木地区 CO_2 气源缺乏,考虑到 N_2 容易获取、无腐蚀、易操作等特点,选择 N_2 作为注气介质开展提高采收率可行性机理及现场试验研究。

1.3.3　缝洞型油藏注氮气技术的提出

注水替油是塔河油田单井缝洞单元一次采油后提高采收率的主要手段,在注水替油失效之后,仍有较大的剩余可采储量。对 16 口注水轮次大于 10 个周期的注水替油失效井进行剩余可采储量计算,结果见表 1-5。可以看出,储量规模在 5×10^4 t 以上的油井剩余油潜力较大,其中地质储量大于 30×10^4 t 的油井剩余可采储量达 5.67×10^4 t,地质储量为($10 \sim 30) \times 10^4$ t 的油井剩余可采储量为 2.11×10^4 t,地质储量为($5 \sim 10) \times 10^4$ t 的油井剩余可采储量为 1.15×10^4 t;储量规模在 5×10^4 t 以下的油井剩余油潜力较小,剩余可采储量仅有 0.1×10^4 t。

表 1-5　注水替油失效井剩余可采储量统计表(注水替油大于 10 个周期)

储量分级/(10^4 t)	统计井数/口	地质储量/(10^4 t)	累积产液量/(10^4 t)	累积产油量/(10^4 t)	累积注水替油轮次	累积注水量/(10^4 t)	注水增油量/(10^4 t)	采出程度/%	剩余可采储量/(10^4 t)
>30	6	90.50	3.51	2.75	21	3.91	1.27	3.04	5.67
10~30	4	18.35	4.44	2.77	16	3.74	0.89	15.12	2.11
5~10	3	6.02	2.50	1.67	14	3.83	0.74	27.79	1.15
<5	3	2.29	2.16	0.90	17	2.99	0.26	39.12	0.10
平均		26.49	3.21	2.08	18	3.59	0.85	7.84	2.89

分析认为,单井缝洞单元一次开发后主要存在两种剩余油分布形式:一是钻遇缝洞储集体顶部的油井,其剩余油主要分布在储集体下部,这种形式的剩余油主要通过注水替油的技术手段采出;二是钻遇缝洞储集体边部或相对低位置的油井,其剩余油主要分布在缝洞储集体的高部位,这种形式的剩余油主要通过实施侧钻井,沟通高部位储集体后采出,但大部分油井不具有经济可行性,因此有必要探索通过注气的方法动用高部位的剩余油。

20 世纪 80 年代以来,国内外少数油田针对碳酸盐岩缝洞型油藏开展了注气提高采收率现场试验研究,取得了良好的增油效果。例如,中国华北雁翎油田 1994 年 10 月开展注氮气提高采收率井组试验,持续注气 219 d,累计注气 $2\ 122 \times 10^4\ m^3$,折合地下体积 $11.757\ 5 \times 10^4\ m^3$,注气过程中在潜山顶部形成了次生气顶,推动顶部"阁楼油"下移,油水界面也随之下移;1996 年 3 月开井试采,有 3 口井日产油量明显高于关井前的日产油量,试验取得初步效果。美国 Yates 油田早期采用衰竭式开采,后期通过注入 N_2 形成气顶,截至 2002 年,累计采油 $2.25 \times 10^8\ m^3$,采出程度达到 35.4%。

　　碳酸盐岩缝洞型油藏以溶洞为主要的储集空间,与碎屑岩油藏相比具有更好的重力分异条件,通过注气方式动用注水后期缝洞储集体顶部的"阁楼油",在理论上更具可行性。调研国内外现有的注气提高采收率方法,并考虑注 CO_2 驱油成本较高,塔里木地区缺少稳定的 CO_2 气源,CO_2 遇水后会腐蚀生产管柱,而 N_2 由于气源广泛、价格低廉、安全性高、无腐蚀、无污染,应用范围最广,代表了当前提高采收率的发展方向,因此在塔河油田条件下选择 N_2 作为气源实施注气提高采收率更具可行性。

第2章
注水替油后剩余油分布模式

针对塔河油田碳酸盐岩缝洞型油藏建模和剩余油描述难题,在前期岩溶相控建模的基础上,进一步完善了岩溶相的定义与相模式识别方法,利用多点统计学方法构建溶洞相模型,结合基于蚂蚁追踪算法的裂缝建模技术,形成了具有碳酸盐岩缝洞型油藏特色的多点统计学建模方法。在此基础上,利用等效数值模拟方法量化了剩余油分布规律,总结并提出了注水替油后形成的高部位、隔夹层、低控制区3类剩余油分布模式,同时应用递减法与水驱法对剩余可采储量进行评估,为注气提高采收率奠定了基础。

2.1 井洞关系及地质模型建立

2.1.1 网格建立

研究所建地质模型截取自塔河四区地质模型,网格步长横向 25 m×25 m,纵向 0.55 m。截取的 TK404 井模型网格数量 I 方向 698 层,J 方向 216 层,Z 方向 96 层,总计 1 447×10^4 个网格(图 2-1);T416 井模型网格数量 I 方向 725 层,J 方向 235 层,Z 方向 96 层,总计 1 503×10^4 个网格(图 2-2)。

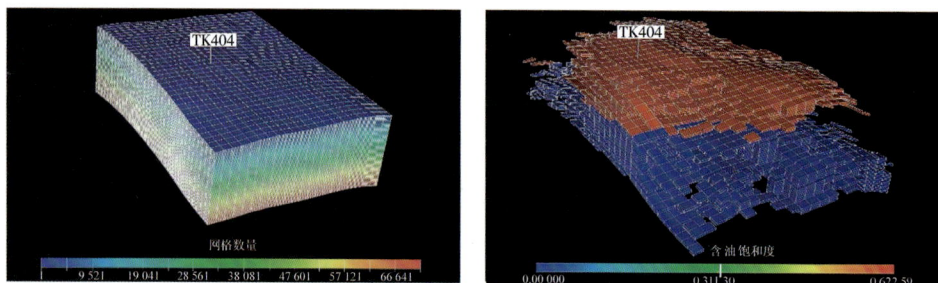

图 2-1 TK404 井模型网格及初始化模型

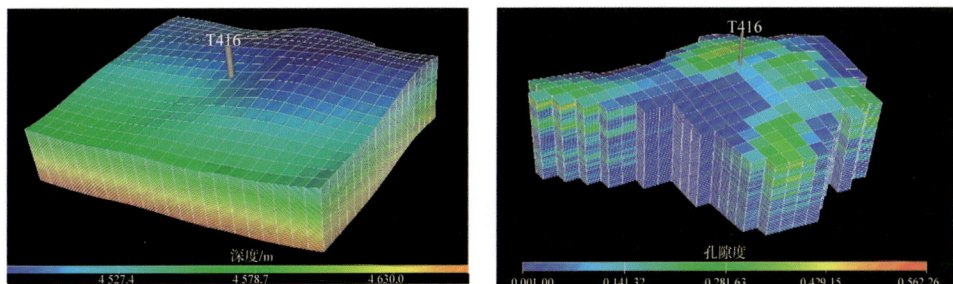

图 2-2　T416 井模型网格及初始化模型

2.1.2　模型细化

综合油藏工程方法与单元边界划分结果,确定了 TK404 井与 T416 井单井控制范围(图 2-3、图 2-4)。其中,TK404 井平面控制面积 0.93 km²,T416 井平面控制面积 0.66 km²。

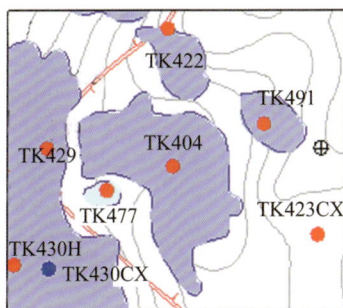

图 2-3　TK404 井油藏边界图

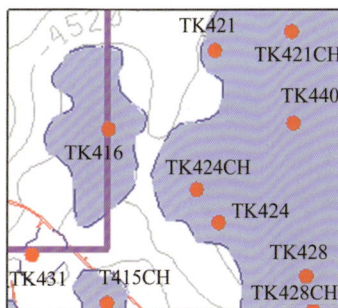

图 2-4　T416 井油藏边界图

网格是地质建模过程中的基本单元,网格数目直接决定了模型精度,但网格的划分与地质建模要求之间又存在矛盾关系:一方面,为了节省计算机资源和加快模型的建立速度,网格数目越少越好;另一方面,为了达到更高的模型精度要求,网格数目越多越好。

基础地质模型网格步长横向 25 m×25 m,在模拟注水时可反映出注水规律,但模拟注气时网格步长大会导致不能很好地模拟注气运移规律。因此,需要对模型进行细化处理,网格步长设计为横向 10 m×10 m,纵向 3 m,并对单井构造进行局部修正,以便更好地模拟注气运移规律。

经细化后的 TK404 井、TK416 井单井模型如图 2-5、图 2-6 所示。通过对比分析,在细化后的单元精细网格上建立的构造、渗透率与孔隙度属性模型具有以下三方面优势:一是可以更为准确地反映油井微构造变化、储层发育差异、连通关系等地质特征;二是能够表征注气阶段油气水运移路径发生的细微变化;三是可以大幅提高天然能量、人工注水、人工注气等不同开发阶段历史拟合吻合度。

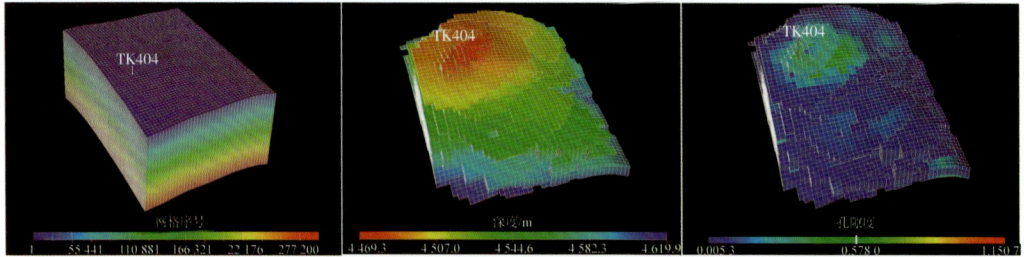

图 2-5　TK404 单井细化模型(左—细化网格,中—构造模型,右—孔隙度模型)

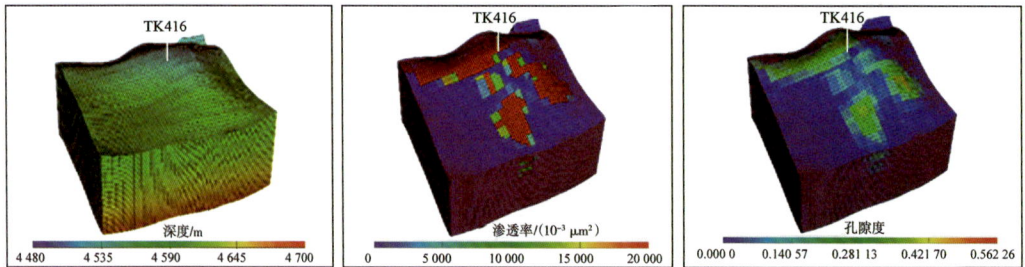

图 2-6　T416 单井细化模型(左—构造模型,中—渗透率模型,右—孔隙度模型)

2.1.3　孔隙度模型

1) 模型存在问题

(1) 对比钻井记录与实施措施后的生产动态,发现前期建立的相模型和属性模型与实际油井钻遇储层不能完全吻合,分析认为主要是由于钻遇放空漏失井段无法测井而缺失该井段的测井曲线,当储层建模时,软件系统往往将该部分井段处理为致密段。

(2) 现有地质模型研究主要限于孔隙度,只有孔隙度场而没有渗透率场。其原因在于塔河油田缝洞型油藏是一种微小尺度和大尺度缝洞储集体共存、非均质性突出的网络状油藏,管流与渗流共存,流动规律复杂,目前国内外还没有成熟方法来计算或估算此类油藏的渗透率。

2) 缺失测井曲线井段孔隙度属性赋值

缺失测井曲线井段的位置及其孔隙度属性赋值方法主要有 3 种。

(1) 通过钻井记录或作业措施进行修正。

TK404 井钻井过程中未遇到放空或漏失情况,具有完整的测井解释结果,见表 2-1。在油藏地质建模过程中,TK404 井模型应用的便是这部分测井曲线。但是,在开发后期经酸压措施后,沟通溶洞的这部分测井曲线缺失,因此不能体现实施措施后的实际地层情况。

TK404 井于 1999 年 5 月 25—28 日对 5 353.59～5 612.7 m 井段进行裸眼 DST(钻杆测试,也称中途测试)测试。测试产油 16 m³/d,测试结论定性为油气层。之后于 1999 年 6 月 12—15 日对该层段进行第二次测试,由于固井后油层污染加大,地层没有油气产出。

表 2-1　TK404 井储层测井解释表

地层	层号	深度/m	厚度/m	CAL/in	AC/(ms·ft⁻¹)	CNL/%	POR/%	Sw/%	解释结论	备 注
O_1	16(1)	5 414.0～5 420.0	6.0	7.0	51～54	1～3	6～2.4	12～28	油气层	裂隙较发育
O_1	16(2)	5 420.0～5 441.0	21.0	6.8～8.0	47～90	1～42	10～1.8	6～22	油气层	裂隙发育
O_1	17	5 457.0～5 481.0	24.0	7.3～8.0	50	1.5	1.8～3.4	8～24	油气层	裂隙欠发育
O_1	18	5 519.0～5 555.0	36.0	6.3～7.0	48	1	1.0～1.8	24～100	含油气层	裂隙欠发育
O_1	19	5 563.0～5 589.0	26.0	6.5	48	1	0.6～1.6	27～100	含油气层	裂缝欠发育

注:1 in=2.54 cm,1 ft=0.304 8 m。CAL 为井径,AC 为声波时差,CNL 为补偿中子,POR 为有效孔隙度,S_w 为含水饱和度。

1999 年 7 月 27 日对 5 416.0～5 420.0 m 和 5 428.0～5 432.0 m 射孔井段进行酸压施工。施工结束后对该井进行排酸,油压最高 13.5 MPa,采用 ϕ6 mm 油嘴,稳压 9.1 MPa,产液 120 m³,含油 60%。次日 6:00 换 ϕ4 mm 油嘴控制放喷,产出流体已经全为油。由于地层压力下降,2000 年 10 月转机抽生产,考虑到产液量较低,再次修井转电潜泵采油,初期日产液 358 t/d,日产油 28.6 t/d,含水率 92%,后期由于含水率达到 95% 以上,所以于 2002 年 12 月 1 日换抽稠泵机抽控液生产,效果较差。

2003 年 4 月 29 日进行 PND 测井(中子寿命测井),解释结果:5 414.0～5 420.0 m 为含油水层,5 428.5～5 434.0 m 为水层,下部油层已完全水淹。2003 年 7 月倒灰至 5 422.95 m,填砂 6 次,累计填砂 148 L,倒灰 60 L,但全部漏失。

通过上述井史资料可以判断,酸压措施之前产液量较低,1 个月之后就已经没有产量,而酸压措施之后产量突增,且当含水率升高进行堵水作业时,堵水 6 次全部漏失,因此判断酸压沟通了井周围的溶洞,但这在原始测井曲线上并不能表现出来。

对 T416 井而言,2000 年 3 月对 5 700.0～5 705.0 m 射孔段进行 DST 完井测试,测试结果为干层。2000 年 4 月射开 5 622.0～5 634.0 m,酸压施工,根据返排情况分析为干层。2000 年 5 月上返酸压 5 468.0～5 480.0 m,日产稠油 96～100 m³。2003 年 6 月对 5 446.0～5 450.0 m,5 422.0～5 430.0 m,5 468.0～5 480.0 m 井段进行第三次酸压,酸压见产后用 ϕ6 mm 油嘴自喷采油。

原始测井曲线主要测试目标是井眼附近,因此相对于直井段,该测井曲线没有问题,但具有自身的局限性。测井解释结果见表 2-2。

表 2-2　T416 井测井解释数据表

地层	深度/m	CAL/in	AC/(μs·ft⁻¹)	DEN/(g·cm⁻³)	POR/%	Sw/%	解释结论	备 注
$O_{1-2}y$	5 421.0～5 432.0	6～8.6	50	2.6～2.71	1.4	44	含油(气)层	泥质充填,裂缝发育
$O_{1-2}y$	5 445.5～5 452.0	6.2	47～60	2.6～2.71	1.6	42	含油(气)层	泥质充填,裂缝发育
$O_{1-2}y$	5 468.0～5 481.0	6.2	50	2.72	2.5	20～40	油(气)层	裂缝较发育
$O_{1-2}y$	5 486.0～5 502.0	6.5	50	2.71	2.5	24～34	油气层	裂缝欠发育
$O_{1-2}y$	5 502.0～5 523.0	6.2	50	2.72	1.2	44	含油(气)层	裂缝欠发育
$O_{1-2}y$	5 553.0～5 559.0	6.2	47	2.5～2.71	3.0	32	油(气)层	裂缝较发育
$O_{1-2}y$	5 621.0～5 639.0	6.2	49	2.71	1.2	44～60	含油(气)层	裂缝欠发育

注:DEN 为密度。

2005 年 4 月对 T416 井进行侧钻,压井时发生井漏,停泵后出现井涌,泄压过程喷势增大,且含油多。从侧钻作业放喷到后期注水吞吐生产,即截至 2005 年 8 月 31 日,该井累积生产原油量 5 954.5 t。

根据累积生产原油量可以确定,侧钻沟通了 T416 井周围的溶洞,但这在原始测井曲线上并不能体现出来,需要在原始测井曲线上进行补充,否则将会影响建模过程中溶洞相的分布面积及位置。

(2)利用生产测井进行修正。

对比不同生产时间的产液剖面可知,高产液段对应储层的物性优于低产液段对应储层的物性,因此可将此作为修正井段孔隙度的依据之一。以 TK404 井为例,该井生产测井解释的生产层段与测井解释的储层段(高孔隙度)具有较好的一致性,如图 2-7、图 2-8 所示。

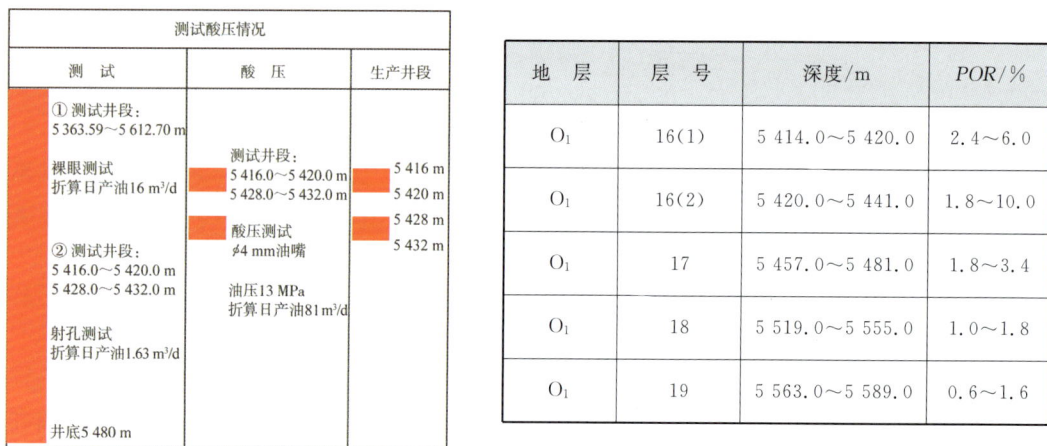

测试酸压情况		
测 试	酸 压	生产井段
① 测试井段: 5 363.59~5 612.70 m 裸眼测试 折算日产油16 m³/d ② 测试井段: 5 416.0~5 420.0 m 5 428.0~5 432.0 m 射孔测试 折算日产油1.63 m³/d 井底5 480 m	测试井段: 5 416.0~5 420.0 m 5 428.0~5 432.0 m 酸压测试 ♯4 mm油嘴 油压13 MPa 折算日产油81 m³/d	5 416 m 5 420 m 5 428 m 5 432 m

地 层	层 号	深度/m	POR/%
O₁	16(1)	5 414.0~5 420.0	2.4~6.0
O₁	16(2)	5 420.0~5 441.0	1.8~10.0
O₁	17	5 457.0~5 481.0	1.8~3.4
O₁	18	5 519.0~5 555.0	1.0~1.8
O₁	19	5 563.0~5 589.0	0.6~1.6

图 2-7　TK404 井测井孔隙度解释对比

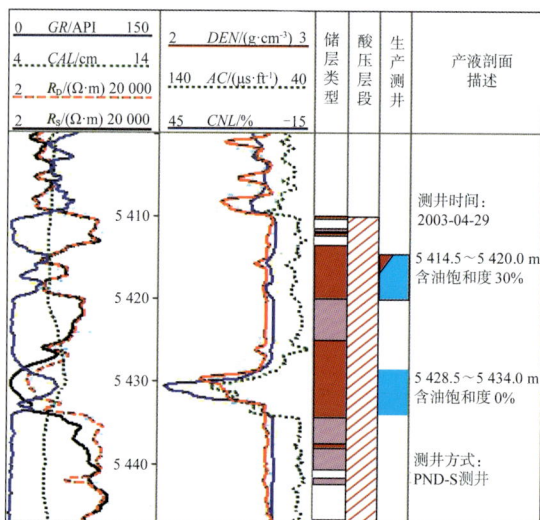

图 2-8　TK404 井产液剖面图(R_D 和 R_S 分别为深、浅向电阻率)

根据酸压沟通溶洞后的油井生产特征(图 2-9),修正孔隙度属性曲线相应层段的孔隙度属性为 0.5。

测试、酸压情况		
测试	酸　压	生产井段
	酸压井段: 5 421.0～5 480.0 m 2003年6月9日上返射开5 446～5 450 m 和5 422～5 480 m, 对5 422～5 430和 5 468～5 480 m井段酸压, 挤入地层总 液量480 m³, 返排残酸206.48 m³, 喷 油, 高压泵压928 MPa, 停泵压力 10.5 MPa。6月12日用φ 6 mm油嘴生 产, 日产油117 t/d, 日产天然气 1 831 m³/d。之后用φ 6 mm油嘴自喷 采油, 但产量下降快, 至7月初停喷	
	井段: 5 468～5 481 m 2000年4月28日～5月15日进行 射孔酸压, 放喷排液用油压为17～ 13.5 MPa, 套压为20～15 MPa, 日 产稠油96～100 m³/d	

地　层	深度/m	POR/%
$O_{1-2}y$	5 421.0～5 432.0	1.4
$O_{1-2}y$	5 445.5～5 452.0	1.6
$O_{1-2}y$	5 468.0～5 481.0	2.5
$O_{1-2}y$	5 486.0～5 502.0	2.5
$O_{1-2}y$	5 502.0～5 523.0	1.2
$O_{1-2}y$	5 553.0～5 559.0	3.0
$O_{1-2}y$	5 621.0～5 639.0	1.2

图 2-9　T416 井测井孔隙度解释对比

（3）根据地震属性反演结果进行修正。

综合对比叠前、叠后、纵向、横向 4 个波阻抗属性与实钻储层类型, 优选叠后波阻抗属性对 TK404 井、T416 井进行缝洞储集体的刻画（图 2-10～图 2-12）, 并在井-震标定的基础上对未钻遇储集体进行预测。

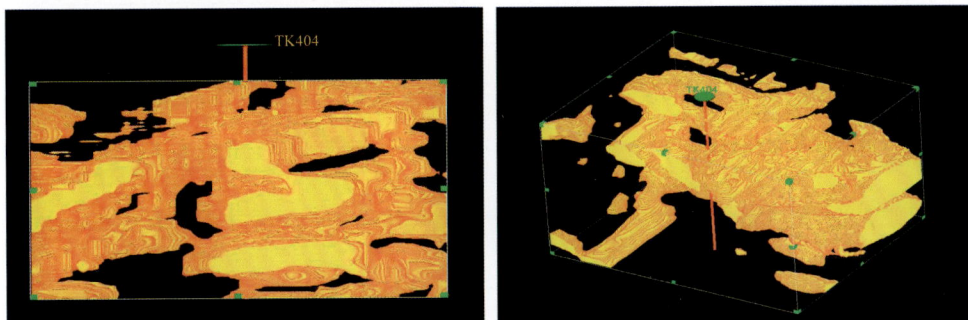

图 2-10　TK404 井地震属性反演缝洞结构刻画图（左—东西向剖面, 右—俯视立体图）

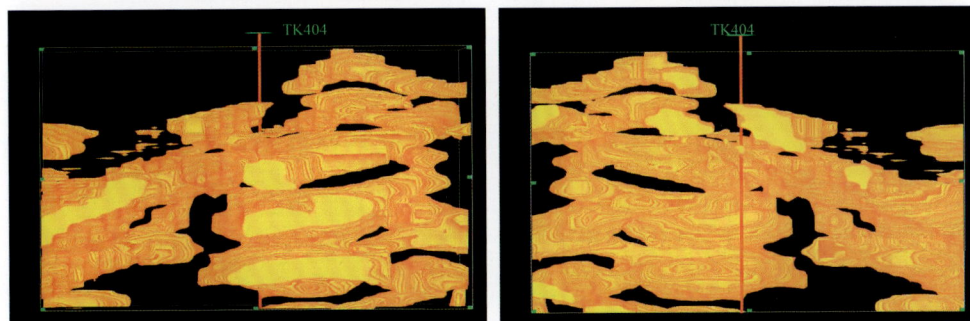

图 2-11　TK404 井地震属性反演缝洞结构刻画图（左—南北向剖面, 右—北东向剖面）

根据侧钻或实施措施后沟通溶洞构造特征, 修正局部测井曲线, 如图 2-13 所示。

通过井段孔隙度的修正, 增大了 TK404 井与 T416 井周顶部孔隙度, 使模型更加符合 TK404 井和 T416 井地质特征。孔隙度模型完善前后对比如图 2-14～图 2-17 所示。

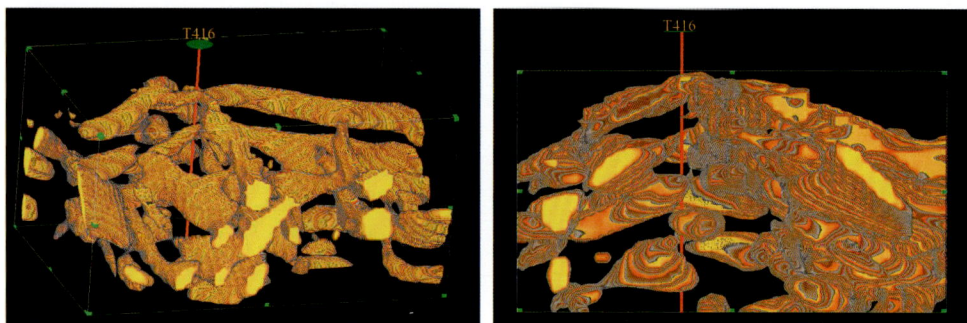

图 2-12 T416 井地震属性反演缝洞结构刻画图(左一立体图,右一二维剖面)

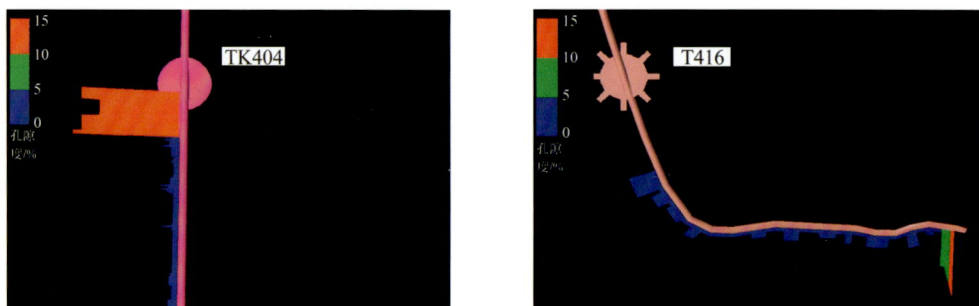

图 2-13 TK404 井与 T416 井孔隙度属性修正图

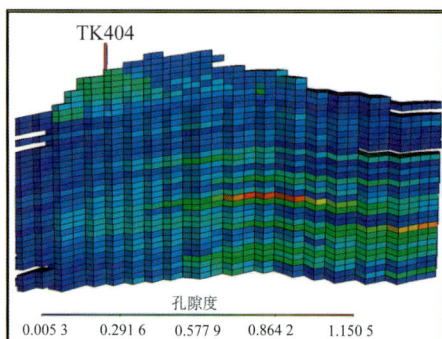

图 2-14 TK404 井原始模型孔隙度分布

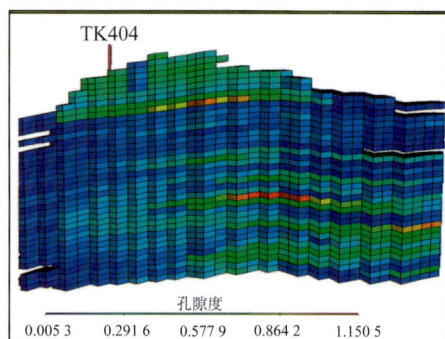

图 2-15 TK404 井新建模型孔隙度分布

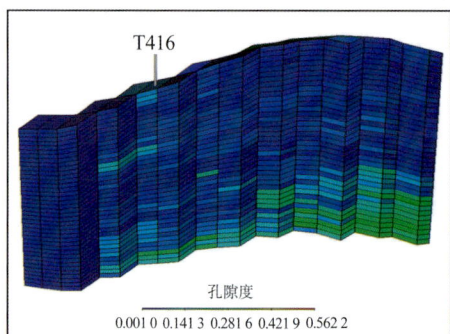

图 2-16 T416 井原始模型孔隙度分布

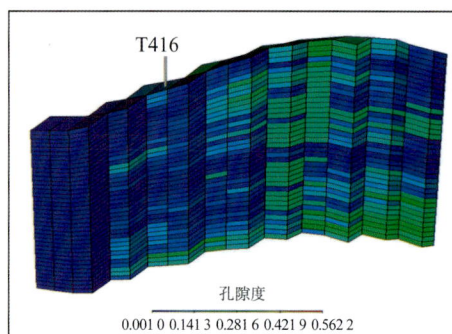

图 2-17 T416 井新建模型孔隙度分布

2.1.4　渗透率模型

前期的地质建模中对溶洞渗透率的研究基本上是利用孔隙度完成的,虽然孔隙度与渗透率之间具有相关性,但前期方法处理上还不完善,仅是简单地采用孔隙度乘以某一系数得到渗透率。同时,建立溶洞渗透率模型有两个难点:一是溶洞孔隙空间变化尺度大,从微米级到数米以上,对于较大尺度的溶洞,即使形态清楚,但因为溶洞形态不规则,流体的流动规律类似于管流,理论上也无法计算出渗透率,而且因为在管流条件下等效渗透率与流速相关,所以实验上亦没有办法测出固定的渗透率;二是目前国内外还没有可以直接用于测量塔河油田溶洞渗透率的方法,虽然做了很多尝试,但实践证明已有方法都不适用。

为解决这一技术难题,基于等效数值模拟的观点,提出了一个新方案。

步骤 1:首先,根据油藏物理知识,假定油藏孔隙度与渗透率之间具有半对数关系;其次,根据油藏裂缝和溶洞在三维地质模型中的分布情况,统计出典型溶洞区域的平均渗透率,以及典型裂缝区域的平均渗透率;再次,根据这两个平均值确定孔渗函数关系的各项系数;最后,根据该函数关系由孔隙度场确定渗透率场。

获取相关数据点有两种方法:① 通过试井解析的渗透率以及测井解释的孔隙度获取;② 通过获取典型Ⅰ类储层(溶洞区)和Ⅱ类储层(裂缝区)的平均孔隙度和渗透率建立关系式。研究表明,后者在数量级的控制上更合理。

确定油藏孔隙度与渗透率之间的数量关系时,重点考虑孔隙度较低的储层的孔渗关系,实例中采用孔隙度在 $0.5\%\sim10\%$ 范围内的储层。孔渗关系采用半对数关系,根据单井储层的孔渗资料,用统计方法确定孔渗关系式的各项参数(图 2-18),从而根据该数量关系得到粗略的三维渗透率场。

$$\phi = 0.282\ 13\ln K + 0.020\ 41 \tag{2-1}$$

$$K = \exp\left(\frac{\phi - 0.020\ 41}{0.282\ 13}\right) \tag{2-2}$$

式中　K——渗透率,$10^{-3}\ \mu m^2$;

　　　ϕ——孔隙度,小数。

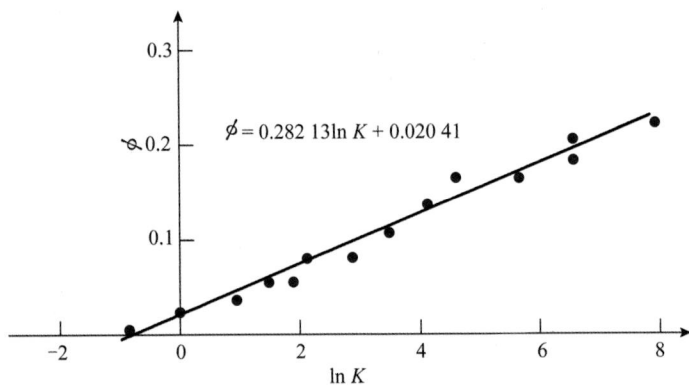

图 2-18　微小尺度储集体孔渗关系曲线

PND-S 测井仪是目前世界上最先进的一次下井可同时测量衰减伽马射线和非弹性散射伽马射线的测井仪,即它除了具备中子寿命测井和 C/O 能谱测井的性能外,还具有许多自身的特点,如仪器直径只有 42.8 mm,可过油管测量,适用于孔隙度大于 10% 的地层,可以获得中子孔隙度、密度孔隙度、声波时差孔隙度等。

根据 PND 测井解释结果,找到典型井段对应的孔隙度和渗透率(表 2-3)。

表 2-3 半对数关系曲线中各井段孔渗取值对应表

井 名	S48	T401	T403	TK412	TK467	TK486
井段/m	5 367	5 384.0~5 395.5	5 405~5 420	5 384~5 394	5 366~5 367.5	5 474~5 487.5
孔隙度	0.5	0.35	0.2	0.1	0.18	0.4
渗透率/($10^{-3}\ \mu m^2$)	20 000	18 000	11 000	1 000	5 000	20 000

步骤 2:根据缝洞型油藏等效数值模拟原则,将渗透率过高的值($20\ \mu m^2$)做截断处理。根据等效数值模拟的相关研究成果,当渗透率达到一定值后,其断续增加对油藏渗流规律的影响很小,统计 S48 单元大多数油井渗透率后发现该值大约为 $20\ \mu m^2$。

步骤 3:采用数值模拟方法对渗透率场进行修改。一般而言,只要孔隙度模型合理,通过步骤 1 和 2 得到的渗透率与实际油藏的动态特征就基本吻合。

2.1.5 储量与生产历史拟合

与原始地质模型相比,新建模型具有很大的改进。采用原始地质模型进行数值模拟计算时,很多井段是不产油的,或者产油量非常少,其原因是井周围的溶洞和裂缝没有被刻画出来。新建模型中通过测井、相控、地震等方法对原始地质模型进行了改进,使井周围的溶洞和裂缝被刻画出来,大大提高了模型的准确度和精度。

以 TK404 井与 T416 井平面属性模型为例,TK404 井修正之前的单井酸压孔隙度为 0.08~0.1,修正后井筒段及周围孔隙度为 0.35~0.5,更加符合实际的储层特征。采用改进后的地质模型进行数值模拟计算,模拟精度大幅提高,详见表 2-4 与表 2-5。

表 2-4 TK404 单井单元储量拟合结果表

计算单元	标定储量/(10^4 t)	数值模拟拟合储量/(10^4 t)	拟合误差/%
TK404 单井单元	51.40	51.57	3.48

表 2-5 T416 单井单元储量拟合结果表

计算单元	标定储量/(10^4 t)	数值模拟拟合储量/(10^4 t)	拟合误差/%
T416 单井单元	16.24	16.29	3.37

通过对模型进行改进,区块中大多数井的产量得到了提升,在数值模拟中有更好的初始拟合情况,说明模型改进正确,如图 2-19、图 2-20 所示。

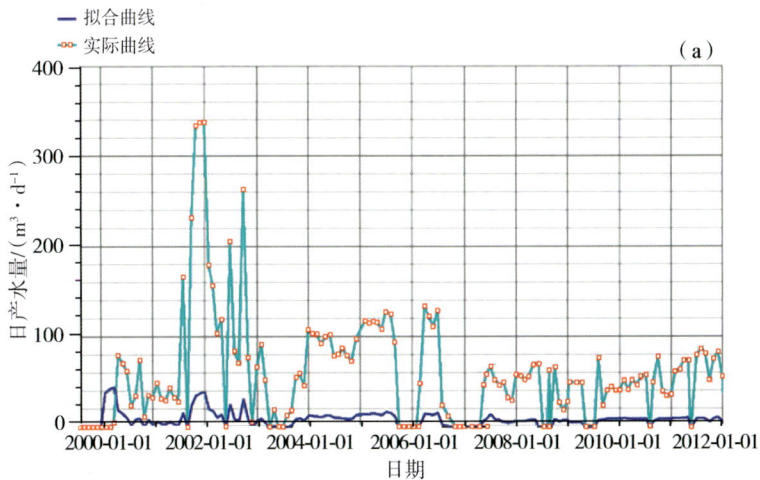

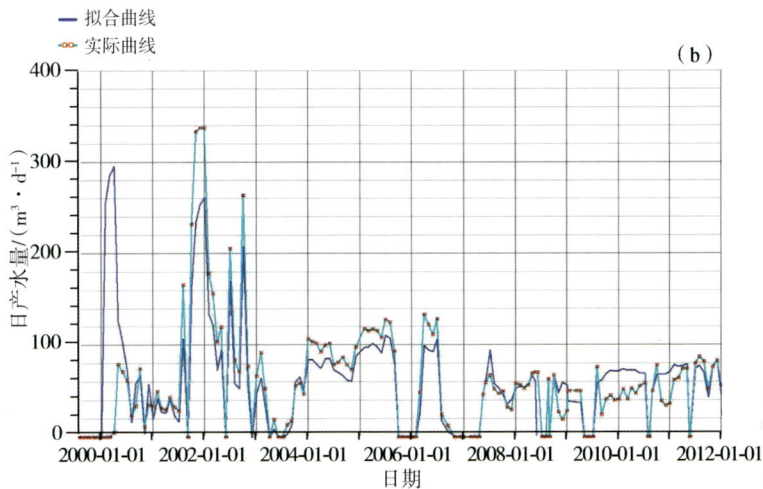

图 2-19　原始模型(a)与改进模型(b)日产水量对比曲线

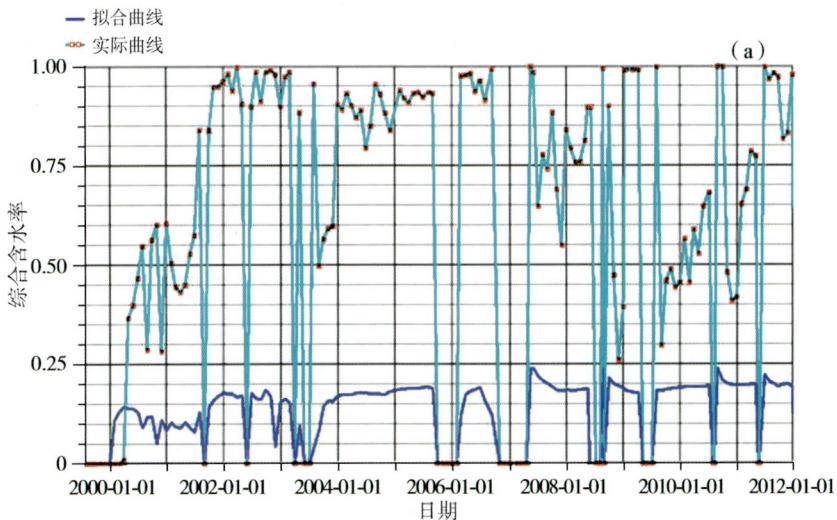

图 2-20　原始模型(a)与改进模型(b)综合含水率对比曲线

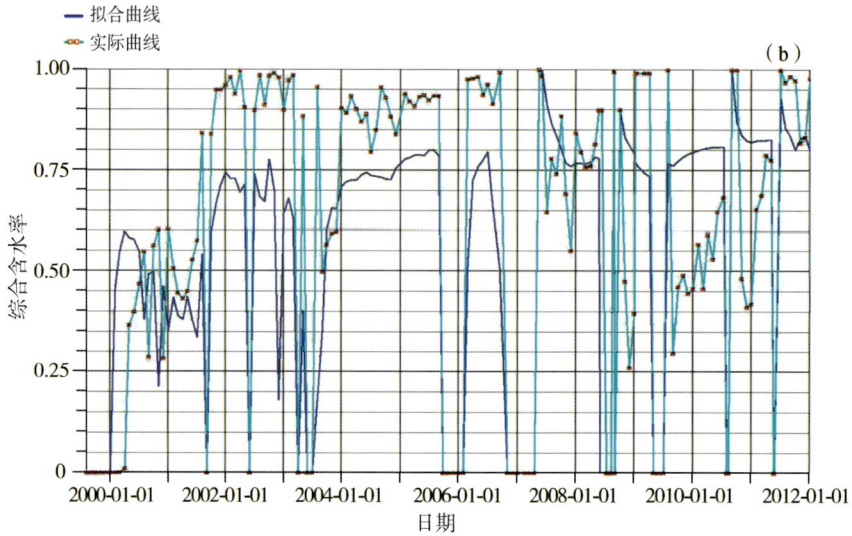

图 2-20(续)　原始模型(a)与改进模型(b)综合含水率对比曲线

2.1.6　模型完善

在建立的数值模拟模型的基础上,对注气进行历史拟合后发现注气效果不能与实际生产数据相吻合。这主要表现在注气过程中当注气后替换的残丘"阁楼油"被开采之后,含水不可避免地上升,从而使采油量下降,但在实际运算过程中却可以保持稳定的产油量生产,如图 2-21 所示。

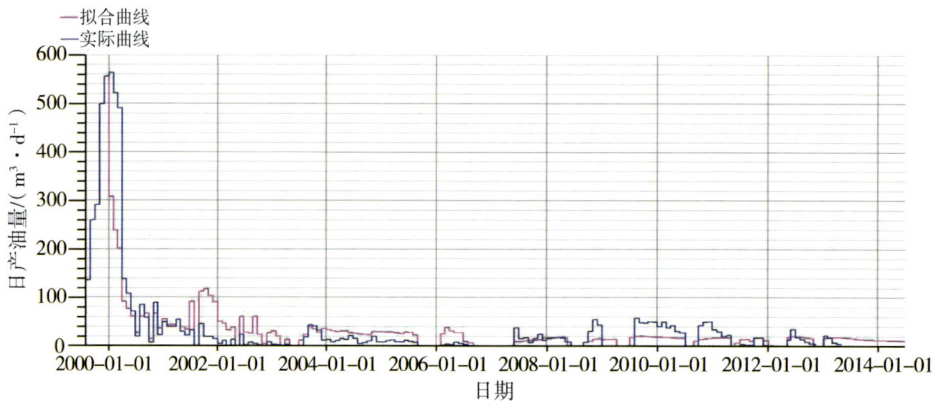

图 2-21　初始模型注气三次采油数值模拟运算曲线对比图

通过分析油藏地质模型,认为在拟合好的井周围依然存在大量的剩余油,另外 TK404 井的构造较为平缓,不能明显表现出"阁楼油"特征。因此,需要对模型进行构造上的大幅修改:将井周低部位进行修正,将高部位进行削减,以突出高部位残丘位置,如图 2-22、图 2-23 所示。

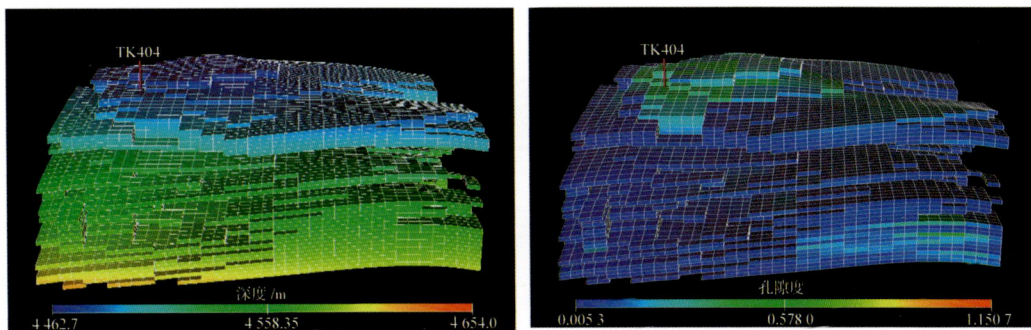

图 2-22　TK404 井完善前构造模型图(左)与孔隙度模型图(右)

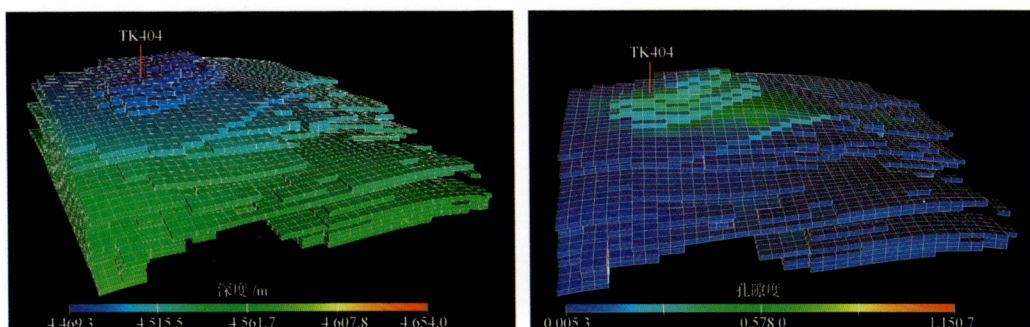

图 2-23　TK404 井完善后构造模型图(左)与孔隙度模型图(右)

对于孔渗属性,着重修正高部位残丘,提高孔隙度与渗透率。基于前文所述缝洞型油藏的孔渗属性特征,将孔隙度提升至 35%~50%,将渗透率提升至$(3\,500\sim10\,000)\times10^{-3}\,\mu m^2$,如图 2-24 所示。

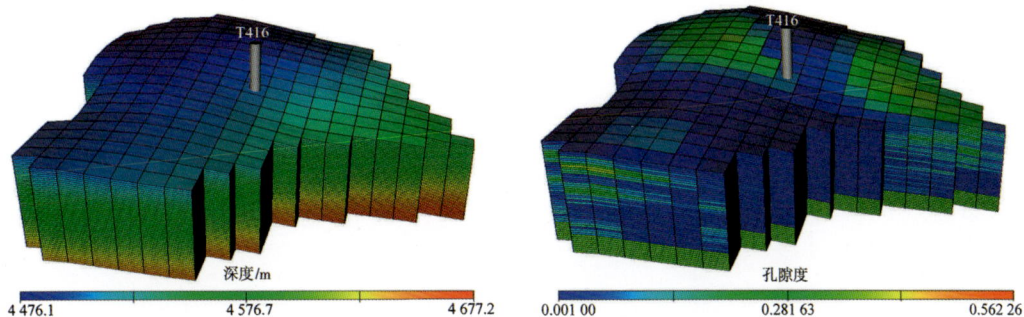

图 2-24　T416 井完善后构造模型图(左)与孔隙度模型图(右)

通过修正上述数值模拟模型,进一步提高了注气过程的拟合精度。从油水各项指标的分析可以看出,完善后的数值模拟模型已基本与生产历史吻合(图 2-25~图 2-27),同时可以反映出注气后的基本渗流规律。

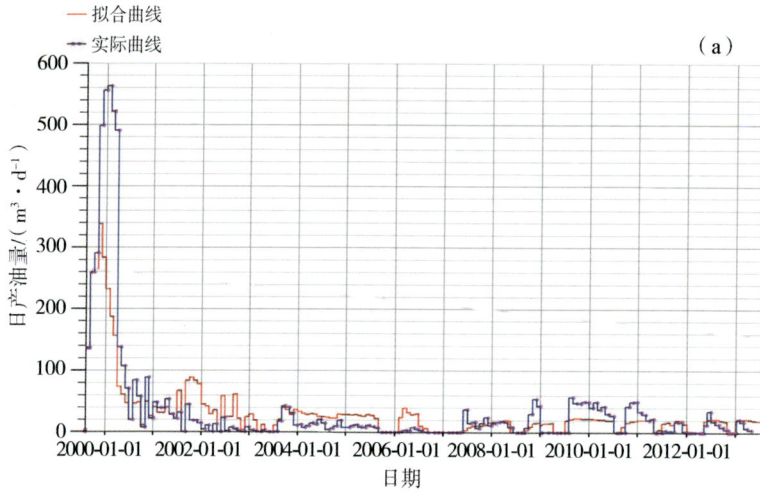

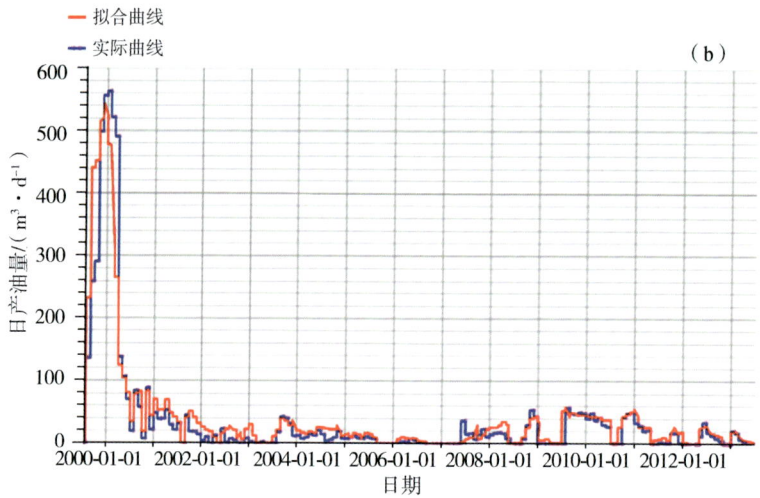

图 2-25　模型修正前(a)与修正后(b)日产油量对比曲线

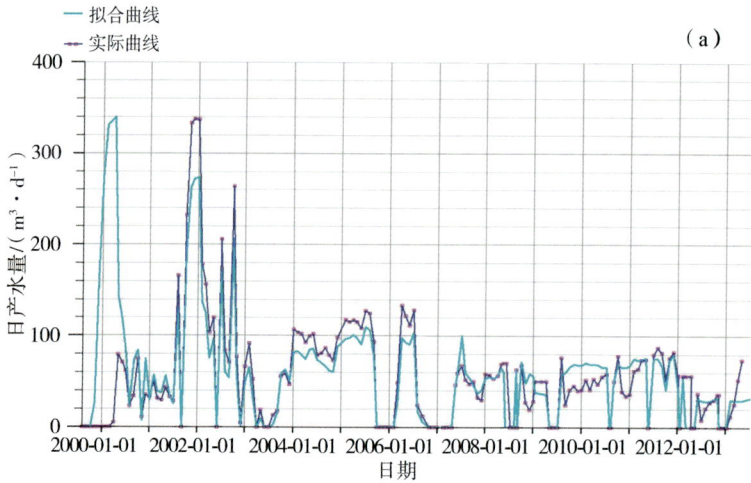

图 2-26　模型修正前(a)与修正后(b)日产水量对比曲线

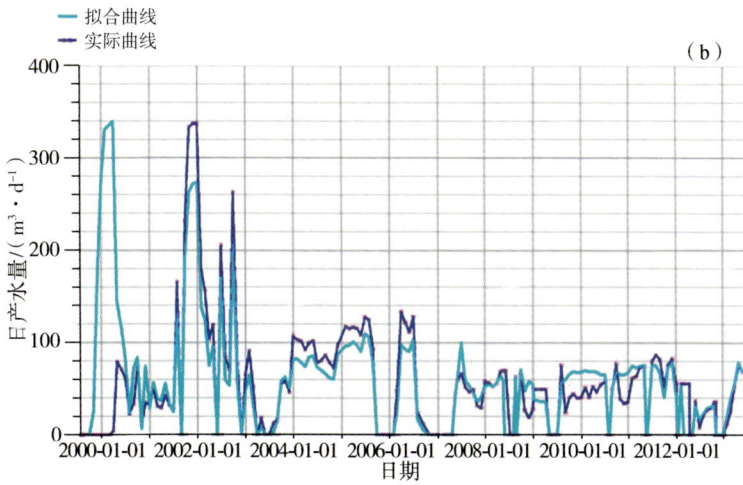

图 2-26(续)　模型修正前(a)与修正后(b)日产水量对比曲线

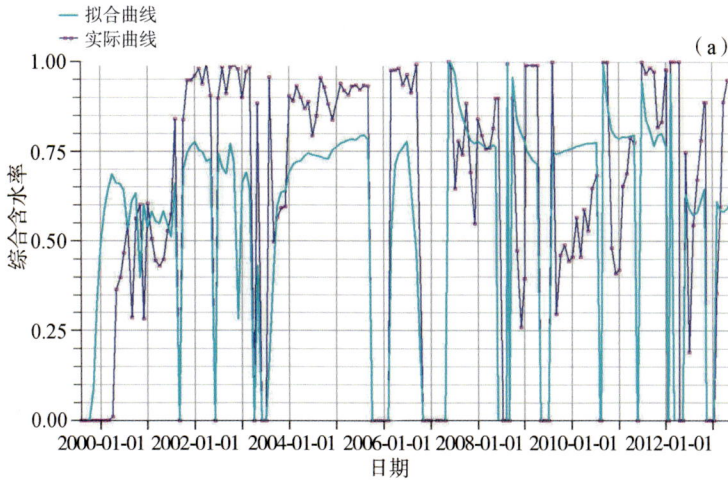

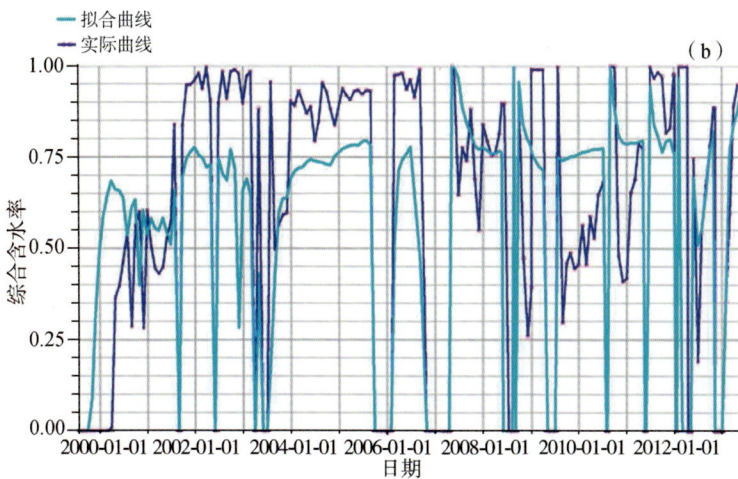

图 2-27　模型修正前(a)与修正后(b)综合含水率对比曲线

2.2 单井数值模拟

2.2.1 数值模拟器选择

针对缝洞型油藏注气开发特点,优选较为成熟的 Eclipse 油藏数值模拟软件进行数值模拟研究。Eclipse E300 是一个考虑重力及毛细管力的多组分数值模拟软件。它可以模拟单重、双重介质三维空间的凝析油气体系的凝析与反凝析等复杂相态变化过程,充分考虑衰竭式生产与循环注气生产、直井与水平井开发,通过将地下复杂储集空间进行网格差分与数值离散,实现生产指标的模拟计算、技术政策的论证、生产动态的历史拟合和开发动态预测。

2.2.2 流体相态拟合

注气数值模拟不同于常规油藏模拟,需要考虑注入气体与地层原油在高温高压下组分间的传质作用,一般黑油模拟器不能模拟此过程,需要采用组分模型开展模拟研究。应用斯伦贝谢公司的 PVTi 相态模拟软件,在室内实验数据的基础上进行油藏流体相态拟合,为后续油藏数值模拟研究以及开发方案制定提供流体物性参数数据。

组分模型模拟油藏动态最重要的部分是确定各种流体的组分性质,但一般情况下油藏的取样分析比较有限,实验分析类别相对较少,这就导致进行流体数值模拟时少量的实验数据无法代表整个油藏的流体属性,从而产生模拟误差。为了使少量的实验数据更适用于全区三维地质模型的建立,提高数值模拟的精度,需要对油藏流体进行组分模拟实验,恢复原始状态下的烃类属性,建立适合于模拟计算的状态方程。

1) 取样点原油组分特征

由于 TK404 井和 T416 井都未做过系统的油气组分分析,故选取做过油气组分分析的 TK464 井流体样品为 pVT 实验原始样品。之所以选择 TK464 井,是考虑到 TK404 井、T416 井和 TK464 井位于同一个油藏系统,具有类似的油气组分组成,流体的 pVT 性质具有一定的共性。表 2-6 为 TK404 和 TK464 井流体属性表,可以看出,两井流体属性相近。

表 2-6 TK404 和 TK464 井流体属性表

参　数	TK404 井	TK464 井
取样时间	1999-10-21	2003-01-15
井段/m	5 416~5 432	5 471~5 488
层　位	$O_{1-2}y$	$O_{1-2}y$
地层温度/℃	120	124
地层压力/MPa	58.51	59.7
溶解气油比/($m^3 \cdot m^{-3}$)	58	58.23
地面原油密度/($g \cdot cm^{-3}$)	0.961 1	0.855

参　数	TK404 井	TK464 井
饱和压力/MPa	19.55	20.0
压缩系数/bar^{-1}	1.06×10^{-4}	1.0×10^{-4}
地层压力下原油体积系数	1.179 3	1.168
饱和压力下原油体积系数	1.215 9	1.206
地层条件下脱气油黏度/(mPa·s)	24.09	21.71

注：1 bar=0.1 MPa。

2）EOS 方程优选

在 PVTi 模块中，选用 PR 方程拟合实验数据。随着描述流体 pVT 相态行为的半理论半经验状态方程的研究和发展，特别是 1976 年结构简单、精度较高的 PR 三次方型状态方程的提出，利用流体热力学平衡理论结合精度较高的状态方程求解相平衡问题的方法很快被引入油气体系相态计算中。该方法能够较精确地描述和预测油气体系逆行凝析相态特征和临界点附近的相态变化，因而随着计算机技术的发展，在油气藏流体相平衡计算中得到广泛的应用。

考虑到 SRK 方程在预测含较强极性组分体系物性和液相容积特性方面存在精度欠佳的问题，1976 年 Peng 和 Robinson 对 SRK 方程做了进一步改进（即 PR 方程），在混合物临界点计算及含 CO_2 和 H_2S 等极性组分体系的气液相平衡计算方面，其精度显著改善。PR 方程形式为：

$$p = \frac{RT}{V - b_i} - \frac{a_i \cdot \alpha_i(T)}{V(V + b_i) + b_i(V - b_i)} \tag{2-3}$$

$$\alpha_i(T) = [1 + m_i(1 - T_{ri}^{0.5})]^2 \tag{2-4}$$

$$m_i = 0.374\ 64 + 1.485\ 03\omega_i - 0.269\ 92\omega_i^2 \tag{2-5}$$

对于纯组分体系，PR 方程仍满足范德华方程所具有的临界点条件，式中 a_i, b_i 为：

$$a_i = 0.457\ 24 \times \frac{R^2 T_{ci}^2}{p_{ci}} \tag{2-6}$$

$$b_i = 0.077\ 80 \times \frac{RT_{ci}}{p_{ci}} \tag{2-7}$$

对于多组分体系，压力方程为：

$$p = \frac{RT}{V - b_m} - \frac{\alpha_m(T_r, \omega)}{V(V + b_m) + b_m(V - b_m)} \tag{2-8}$$

$$\alpha_m(T_r, \omega) = \sum_{i=1}^{n} \sum_{j=1}^{n} x_i x_j (a_i \alpha_i a_j \alpha_j)^{0.5}(1 - k_{ij}) \tag{2-9}$$

$$b_m = \sum_{i=1}^{n} x_i b_i \tag{2-10}$$

压缩因子 Z_m 三次方型状态方程为：

$$Z_m^3 - (1 - B_m)Z_m^2 + (A_m - 2B_m - 3B_m^2)Z_m - (A_m B_m - B_m^2 - B_m^3) = 0 \tag{2-11}$$

$$A_m = \frac{\alpha_m(T) p}{(RT)^2} \tag{2-12}$$

$$B_m = \frac{b_m p}{RT} \tag{2-13}$$

逸度方程为：

$$\ln \frac{f_i}{x_i p} = \frac{b_i}{b_m}(Z_m - 1) - \ln(Z_m - B_m) - \frac{A_m}{2\sqrt{2}B_m}\left(2\frac{\phi_j}{a_m} - \frac{b_i}{b_m}\right)\ln\left(\frac{Z_m + 2.414B_m}{Z_m - 0.414B_m}\right) \tag{2-14}$$

其中：

$$\phi_j = \sum_{i=1}^{n} x_j(a_i \alpha_i a_j \alpha_j)^{0.5}(1 - k_{ij})$$

式中　　p——油藏压力；

　　　　T——油藏温度；

　　　　x_i, y_i——气、液相中 i 组分的摩尔分数；

　　　　V——体系热运动体积；

　　　　a_i, b_i—— i 组分的分子引力和斥力常数；

　　　　a_m, b_m——混合体系平均分子引力和斥力常数；

　　　　R——气体常数；

　　　　T_{ci}, p_{ci}—— i 组分的临界温度和临界压力；

　　　　ω——偏心因子；

　　　　T_r——视相对温度；

　　　　k_{ij}——二元交互作用系数；

　　　　f_i—— i 组分的逸度。

3）流体组分劈分

组分模型的每一个时间步都要进行闪蒸计算，这部分计算可能占整个计算时间的一半。组分越多，闪蒸计算所需要的时间越多。多一个组分，则组分模型的总计算时间可能会多出 3 倍。组分模型通常选用 6~8 个组分，因此需要对流体组分进行合并。所取 TK464 井流物组分数据见表 2-7。

表 2-7　TK464 井流物组分表

井流物组分	井流物组成（摩尔分数）/%
N_2	0.627
CO_2	0.671
C_1	43.38
C_2	3.109
C_3	3.297
i-C_4	3.970
n-C_4	2.247
i-C_5	4.604
n-C_5	0.422
C_6	1.215
C_7	1.398
C_8	0.465

续表 2-7

井流物组分	井流物组成(摩尔分数)/%
C_9	0.166
C_{10}	0.122
C_{11+}	34.307

根据组分化学性质的相近性进行组分拟合,合并之后拟组分见表 2-8。

表 2-8　TK464 井流物拟组分表

拟组分	包含组分	摩尔分数/%
N_2	N_2	0.627
CO_2	CO_2	0.671
C_1	C_1	43.38
$C_2 \sim C_3$	C_2,C_3	6.406
$C_4 \sim C_5$	$i\text{-}C_4$,$n\text{-}C_4$,$i\text{-}C_5$,$n\text{-}C_5$	11.243
$C_6 \sim C_8$	C_6,C_7,C_8	3.078
$C_9 \sim C_{11+}$	C_9,C_{10},C_{11+}	34.595

4）油藏流体 pVT 实验拟合

pVT 仿真实验是一个调整状态方程的过程,即在原始实验点分布的基础上,通过调整状态方程内的控制参数,使仿真实验拟合值与实际室内恒组成膨胀实验(CCE)、定容衰竭实验(CVD)及差异分离实验等得到的结果趋于吻合,最终得到可代表真实储层流体特性的状态方程参数。

（1）恒组成膨胀实验拟合。

地层原油恒组成膨胀实验是模拟地层原油在降压开采过程中原油性质变化的方法之一,主要反映原油随压力变化的膨胀能力。图 2-28～图 2-30 为相对体积和压力关系、原油黏度和原油密度随压力变化的拟合结果。可以看出,模拟数据与实测数据吻合程度高,拟合结果可信度高。

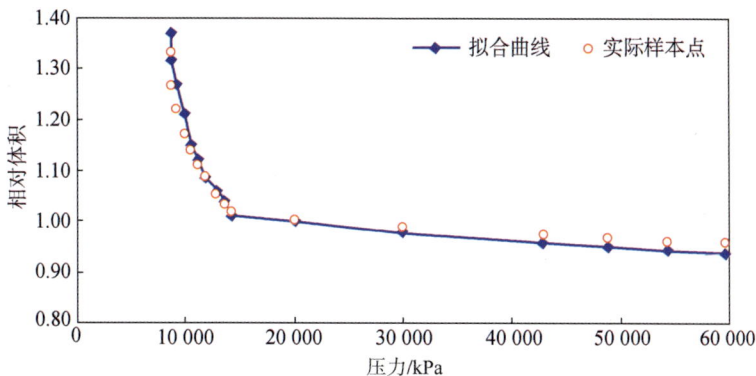

图 2-28　pV 关系拟合曲线

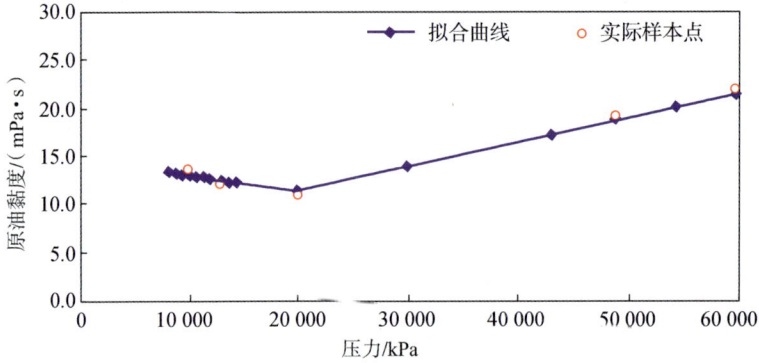

图 2-29　原油黏度拟合曲线

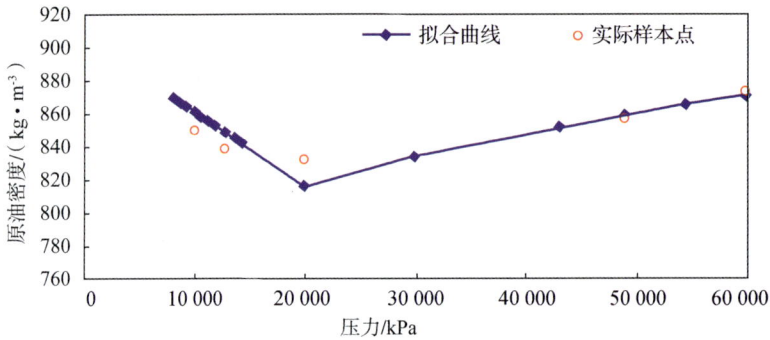

图 2-30　原油密度拟合曲线

（2）定容衰竭实验拟合。

定容衰竭实验是模拟地层原油在降压开采过程中原油性质变化的方法之一，主要用于测定油藏原油体积系数及溶解气油比随压力的变化关系。定容衰竭实验中主要针对原油体积系数和溶解气油比进行拟合，拟合结果如图 2-31 所示。可以看出，拟合效果较好，能够满足工程应用要求。

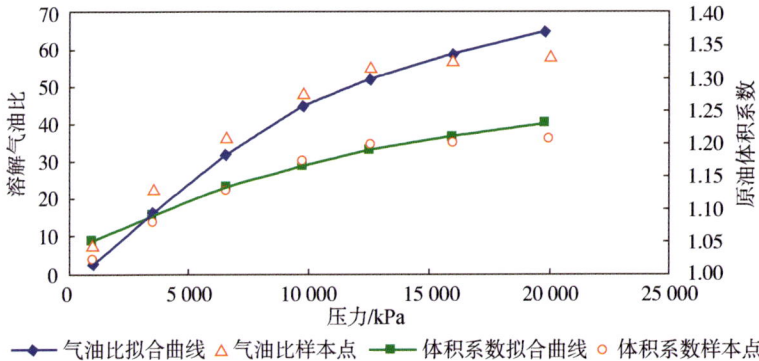

图 2-31　体积系数及溶解气油比拟合曲线

5）相渗曲线拟合

在原油组分特征分析、状态方程优选、流体组分劈分、pVT 实验拟合等基础上，明确了原油的相态特征，优选出适合的状态方程、高压物性参数（表 2-9），为相渗曲线的拟合提供基础数据,大大提高了油气水三相相对渗透率曲线的拟合精度,具体如图 2-32~图 2-34 所示。

表 2-9　TK404 单井单元地层流体参数表

储层参数	数　值
储层温度/℃	120
地层水压缩系数/bar^{-1}	4.4×10^{-5}
地下水密度/(kg·m^{-3})	1 000
岩石压缩系数/bar^{-1}	1×10^{-5}

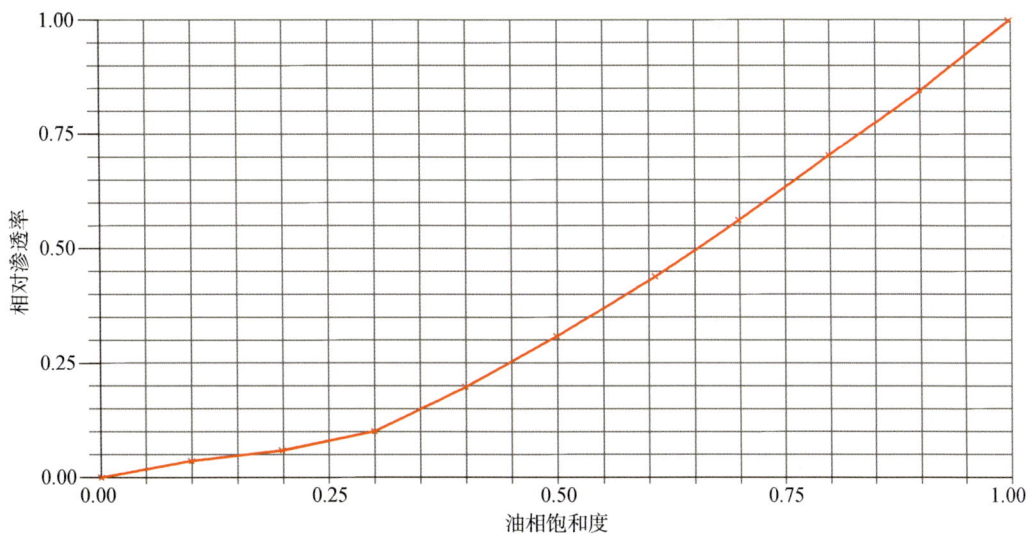

图 2-32　油相相对渗透率拟合曲线

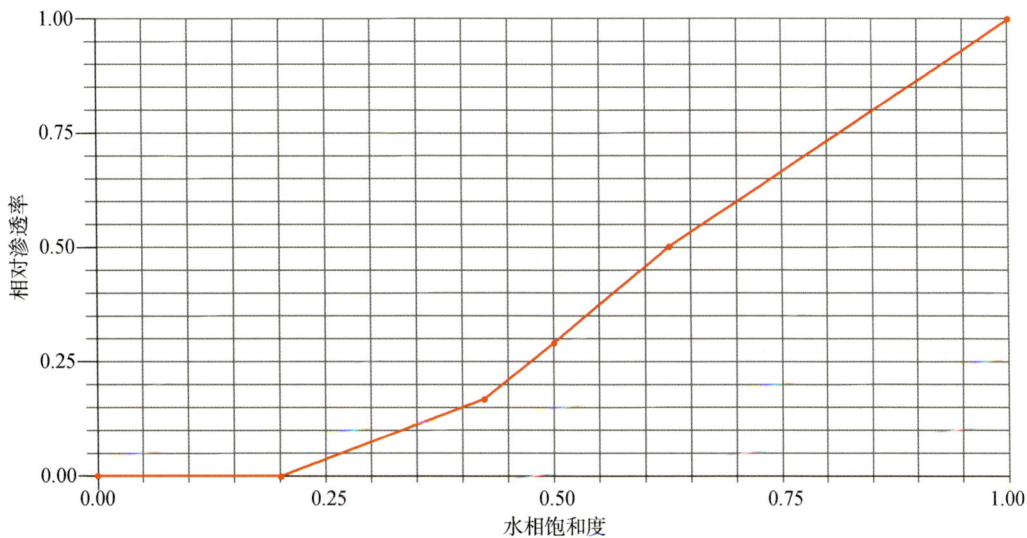

图 2-33　水相相对渗透率拟合曲线

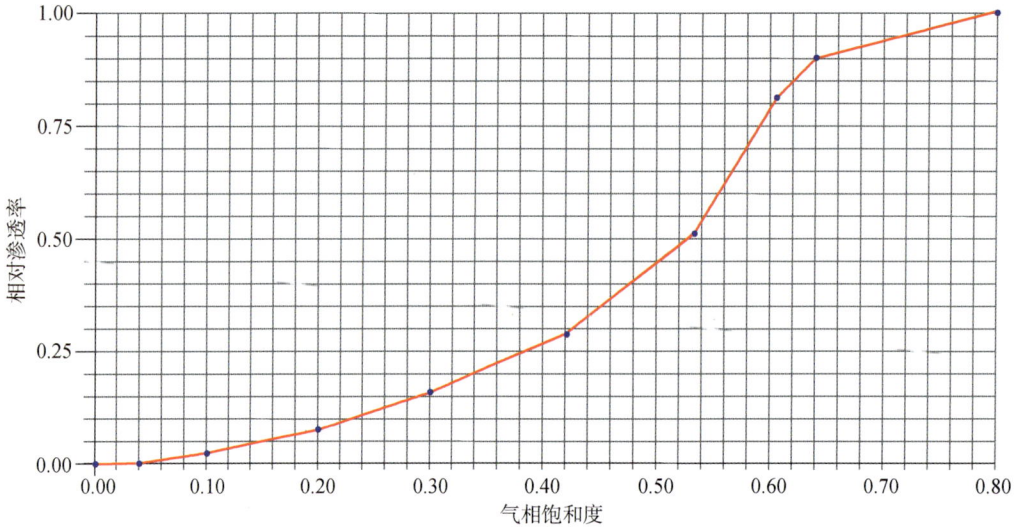

图 2-34 气相相对渗透率拟合曲线

　　T416 井属于典型的稠油油藏,通过该井的原油黏温特征分析(图 2-35、表 2-10)可以看出,随着温度的下降,原油黏度呈快速上升的趋势,在地面标况条件下原油黏度可达 4 000 mPa·s 左右。

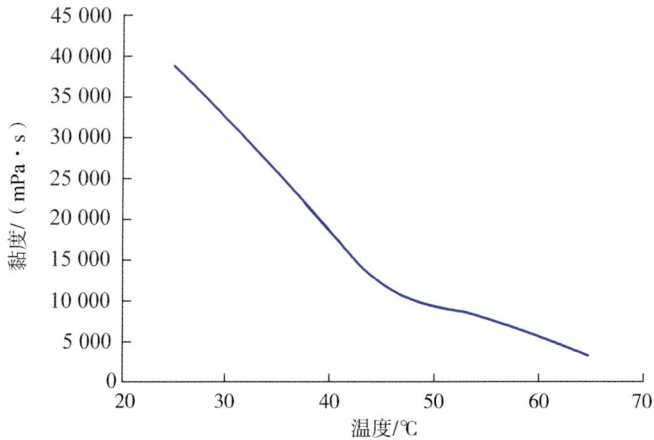

图 2-35　T416 井原油黏温曲线

表 2-10　T416 井测压数据表

测压类型	测层井段/m	测压日期	压力计下深/m	实测压力/MPa	油层中深/m	油层压力/MPa	压力系数
静压及梯度	5 422.0～5 480.0	2003-06-30	5 340	55.27	5 451.00	56.42	1.06
流压及梯度	5 422.0～5 480.0	2006-05-21	5 200	54.039	5 451.00	56.26	
流压及梯度	5 422.0～5 480.0	2006-11-18	5 100	67.48	5 451.00	71.20	
静压及梯度	5 422.0～5 480.0	2007-03-28	5 250	69.646	5 451.00	71.88	1.35
静压及梯度	5 421.0～5 491.5	2007-05-31	5 250	66.91	5 456.25	69.10	1.29
静压及梯度	5 421.0～5 491.5	2007-07-03	5 250	51.51	5 456.25	53.78	1.01
静压及梯度	5 421.0～5 491.5	2007-08-15	5 250	58.96	5 456.25	61.21	1.14

2.2.3　单井历史拟合

历史拟合是油藏数值模拟研究的一个重要环节。通过该项工作可以帮助油藏工程师、地质工程师和数值模拟研究人员对前面建立的油藏地质模型、油气水流体的物性参数等进行再认识,为今后的油藏开发工程研究、动态预测打下可靠的基础。

采用单井定液量生产,通过拟合日产油量、含水率、日产水量等参数,实现 TK404 单井与 T416 单井的历史拟合,各参数拟合结果如图 2-36～图 2-41 所示。

根据两井生产历史数据、计算指标的拟合结果,可以认为数值模拟模型历史拟合是成功的,所建模型合理,参数调整合理,与生产实际基本吻合。因此,建立的数值模拟模型可用于对该油藏开发的动态预测。

图 2-36　TK404 井日产油量对比曲线

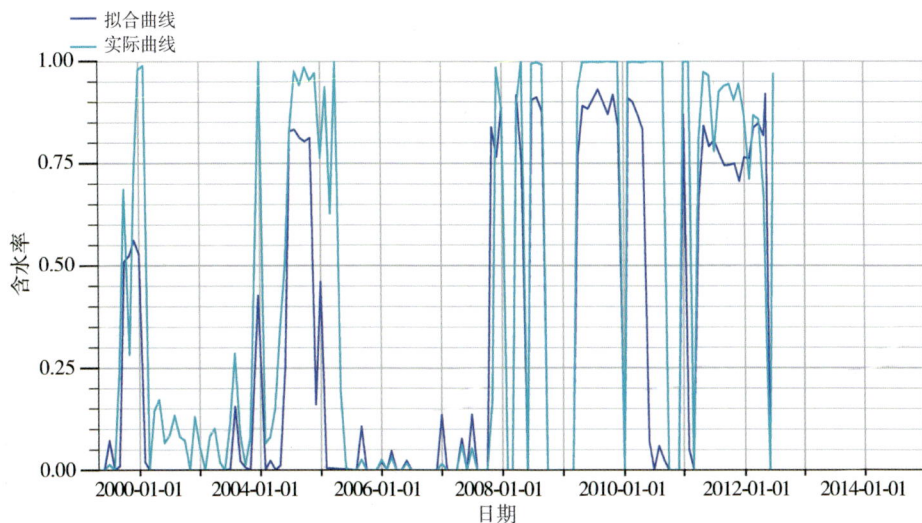

图 2-37　TK404 井含水率对比曲线

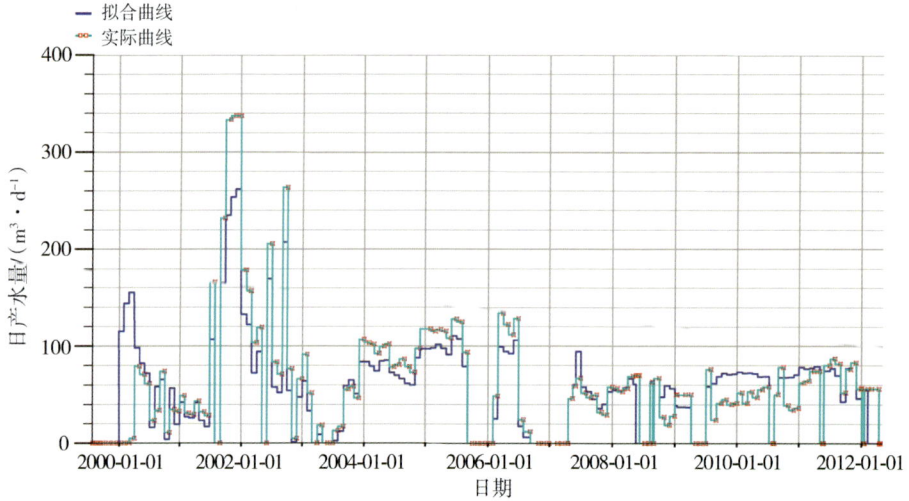

图 2-38　TK404 井日产水量对比曲线

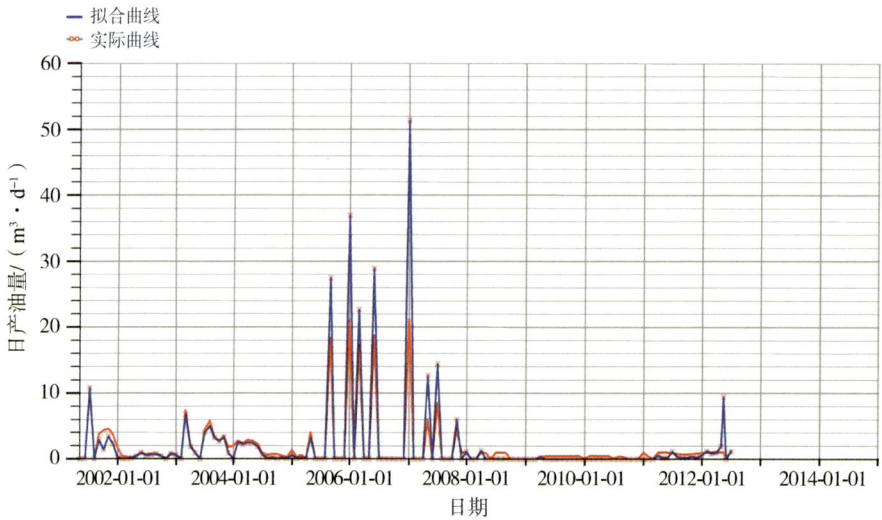

图 2-39　T416 井日产油量对比曲线

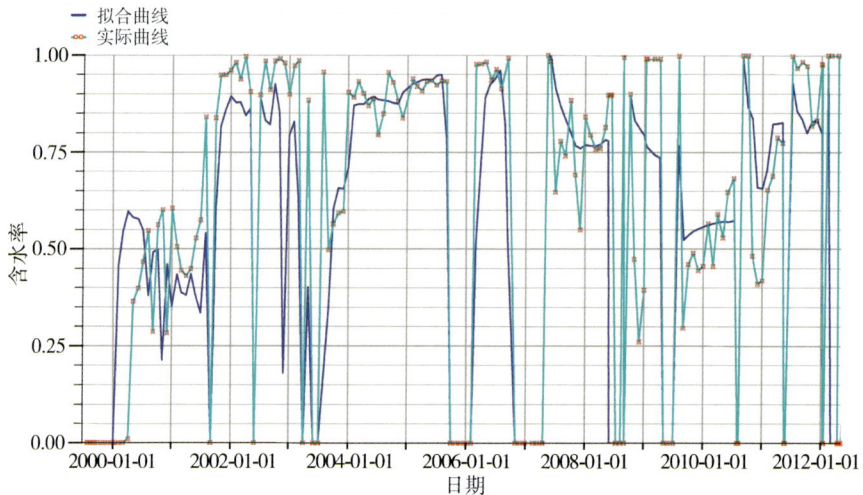

图 2-40　T416 井含水率对比曲线

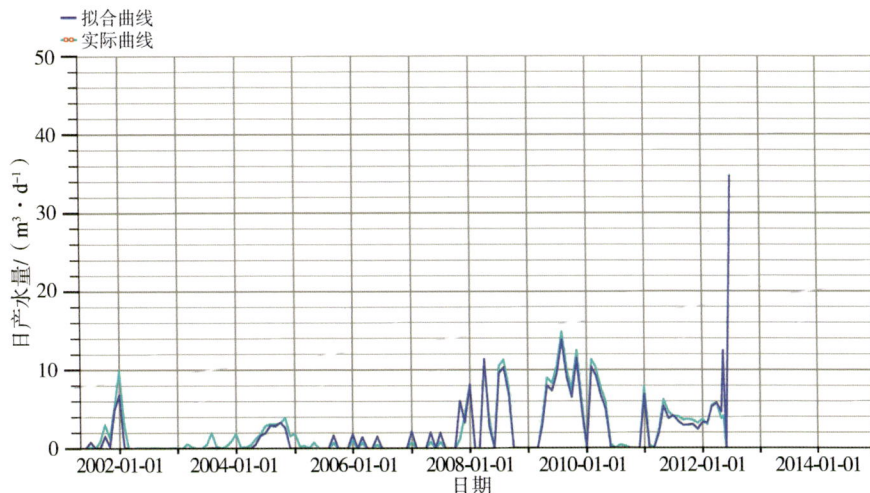

图 2-41　T416 井日产水量对比曲线

2.3　剩余油分布

2.3.1　平面剩余油

在历史拟合的基础上建立 TK404 井不同层段的剩余油储量分布模型,如图 2-42 所示。可以看出,剩余油主要分布在井的东北向部位,该部位为构造相对高部位。

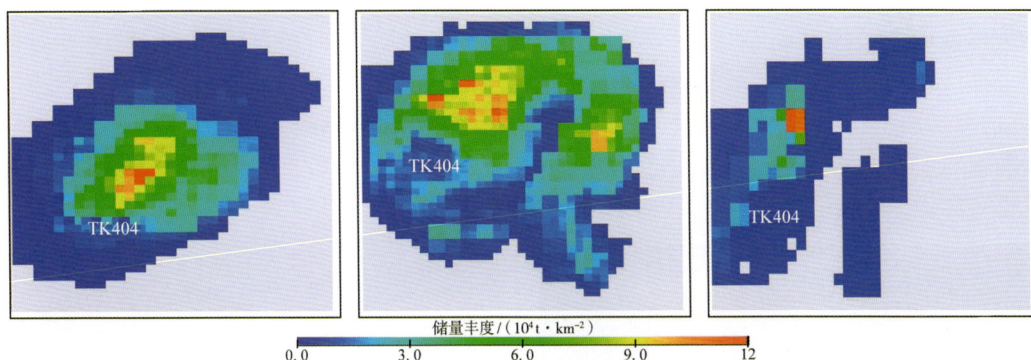

图 2-42　TK404 井剩余油储量丰度图(左—1~10 层,中—11~20 层,右—21~50 层)

之所以形成此类剩余油,是由于该井主要依靠水驱(自然底水、人工注水)开发,导致构造高部位处的剩余油难以动用。另外,剩余油在远离井的东南方向也有分布,此范围已超过该井的单井所控制范围,导致无法动用。

同样,建立 T416 井不同层段的剩余油储量分布模型,如图 2-43 所示。可以看出,剩余油储量主要分布于北部高部位残丘位置,在南部及东南部远离井筒位置也存在部分剩余油难以动用。

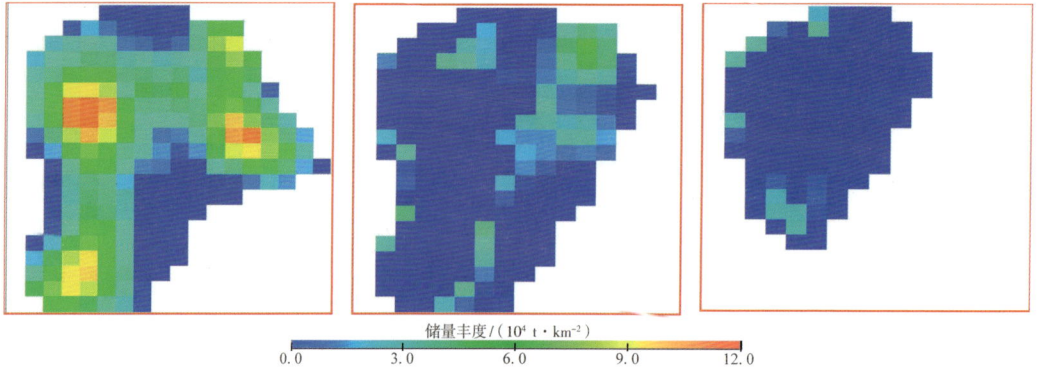

图 2-43　T416 井剩余油储量丰度图(左—1~10 层,中—11~30 层,右—31~40 层)

2.3.2　纵向剩余油

纵向上,剩余油主要分布在 TK404 与 T416 井周的构造高部位。经对比分析,纵向剩余油分布主要有以下 3 种类型。

1) 高部位剩余油

在缝洞单元内构造褶曲高部位[射孔的上部、局部构造高部位(无井)、局部构造高部位(井没有在构造的最高点)、储层高部位(非背斜形式)],以及实钻井钻遇残丘储集体边部相对低位置,底水驱替过程中因油水重力差作用,油藏高部位未能有效控制,顶部油气不能得到有效驱替,生产不出来,形成"阁楼油",剩余油相对富集。

例如 TK404 井东北部残丘高部位(图 2-44 中的 A 区域),剩余油饱和度颜色从蓝色加深至红色,表示饱和度逐渐增大,分析可知该部位剩余油动用程度很低。再如 T416 井射孔段上部(图 2-45 中的 A 区域),根据油藏工程理论,该部位只能通过压差方式开采出不超过 3% 的剩余油,剩下大部分的剩余油难以动用;西北部残丘高部位(图 2-45 中的 B 区域),剩余油饱和度颜色从蓝色加深至红色,表示饱和度逐渐增大,分析可知该部位剩余油动用程度也很低。

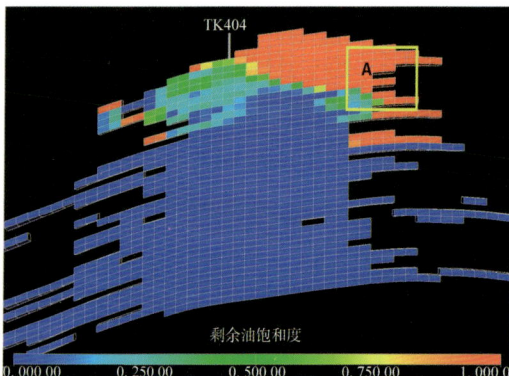

图 2-44　TK404 井剩余油饱和度剖面图

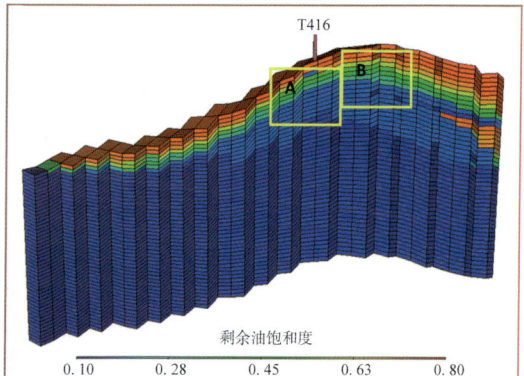

图 2-45　T416 井剩余油饱和度剖面图

2）隔夹层之下剩余油

在天然底水驱替过程中，由于隔夹层的遮挡作用，隔夹层下部存有大量剩余油，该部分剩余油可通过补孔改层措施而得以动用。图 2-46 和图 2-47 分别为 TK404 井和 TK416 井隔夹层之下剩余油饱和度剖面图。

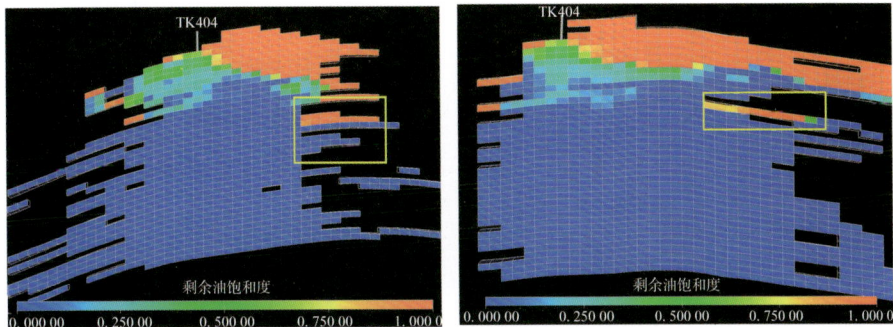

图 2-46　TK404 井隔夹层之下剩余油饱和度剖面图（左—南北向剖面，右—东西向剖面）

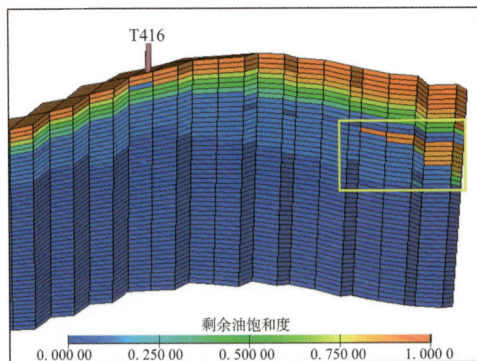

图 2-47　T416 井隔夹层之下剩余油饱和度剖面图

3）控制程度较差区域剩余油

由于碳酸盐岩岩溶缝洞型储层成因的特殊性，储层非均质性较强，在某些区域内，相邻区域或风化壳与溶洞型储集空间存在连通程度以及流体富集情况的差异，致使局部致密体内封存有大量剩余油，如图 2-48 所示。

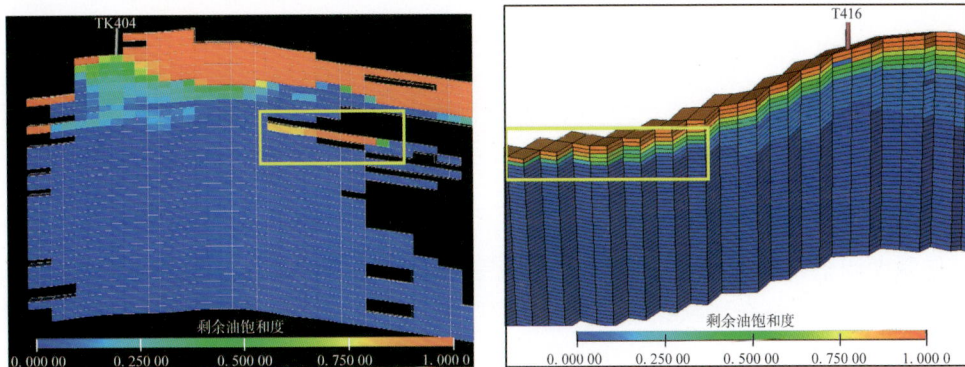

图 2-48　控制程度较差部分剩余油剖面图

上述几类剩余油中,高部位剩余油可通过注气方式驱替顶部剩余油至井段,从而得以动用。

2.4 剩余可采储量计算

应用递减、水驱特征曲线两种方法进行剩余可采储量的计算。

2.4.1 递减法

1)递减模型

根据递减指数取值不同,在递减分析中采用 3 种递减模型,即指数递减、双曲递减、调和递减(表 2-11)。

表 2-11 不同递减模型剩余可采储量计算公式表

递减类型	指数递减	双曲递减	调和递减
递减指数 n	$n=0$	$0<n<1$	$n=1$
日产油量 q 与时间 t	$q(t)=q_i e^{-Dt}$	$q(t)=q_i(1+nD_i t)^{-1/n}$	$q(t)=q_i(1+D_i t)^{-1}$
日产油量 q 与累积产油量 N_p	$N_p=\dfrac{\sum(q_i-q)}{D}$	$N_p=\dfrac{\sum q_i^n}{D_i}\left(\dfrac{1}{1-n}\right)(q_i^{1-n}-q^{1-n})$	$N_p=\dfrac{\sum q_i}{D_i}\ln\dfrac{q_i}{q}$

注:D 为递减率,%;下标 i 表示初始值。

2)参数取值

递减参数主要包括初始产量、递减率及相关系数。当油井进入递减阶段之后,需要根据已经取得的生产数据,采用不同的方法判断其所属的递减类型,确定递减参数。为了判断递减类型,经常采用的方法有图解法、试差法、曲线位移法、典型曲线拟合法等。所有这些方法的应用都需要建立在线性关系的基础上,根据线性关系的相关系数大小判断递减类型。

3)方法适用条件

针对塔河油田这种特殊油藏,为了提高其剩余可采储量计算结果的准确性,按以下标准选取递减段进行计算。

(1)选取生产时间距现在较近的递减段。

当油田投入开发后,大致会经历上产、稳产、递减 3 个阶段。进入递减段后由于各种因素(工作制度调整、措施、调整井等)的影响,产量在一段时期内会出现波动,有时会延续相当长一段时间,甚至是在递减段中出现相对稳产阶段,这就可能会产生"伪递减段",使计算结果产生误差。根据"可采储量是在现有经济、技术条件下的可采量",应尽量选取距现在较近的递减段,确保油井真正进入产量递减段。

（2）选取油井在工作制度稳定条件下的自然递减段。

产油量的变化是由多种因素（计量、工作制度、储层、能量、含水等）造成的，为了使递减段真实反映油藏剩余可采储量的情况，应避免可操作性强的工作制度的影响，尽量选取油井在工作制度稳定条件下的自然递减段，以提高计算结果的精度。

（3）选取较大的数据间隔。

如果生产时间较长，对于一个递减段，应以年产量作为数据点，这样可以减小数据波动的影响，得到的结果从理论上来说会比以月产量为数据点的结果准确；如果生产时间短，则应以月产量为数据点，这样可以获得更多的数据点，得到的结果更能反映真实的递减规律。

根据双曲线回归递减法，对 TK404 井、T416 井的剩余可采储量进行重新计算。结果表明，在不改变阶段开发方式的前提下，TK404 井可采储量标定为 18.36×10^4 t，该井阶段累计产油 16.52×10^4 t，经测算得剩余可采储量为 1.84×10^4 t（图 2-49），具有维持开发的潜力；T416 井可采储量为 5.81×10^4 t，该井阶段累计产油 5.81×10^4 t，经测算得剩余可采储量为 0（图 2-50），亟须调整开发方式。

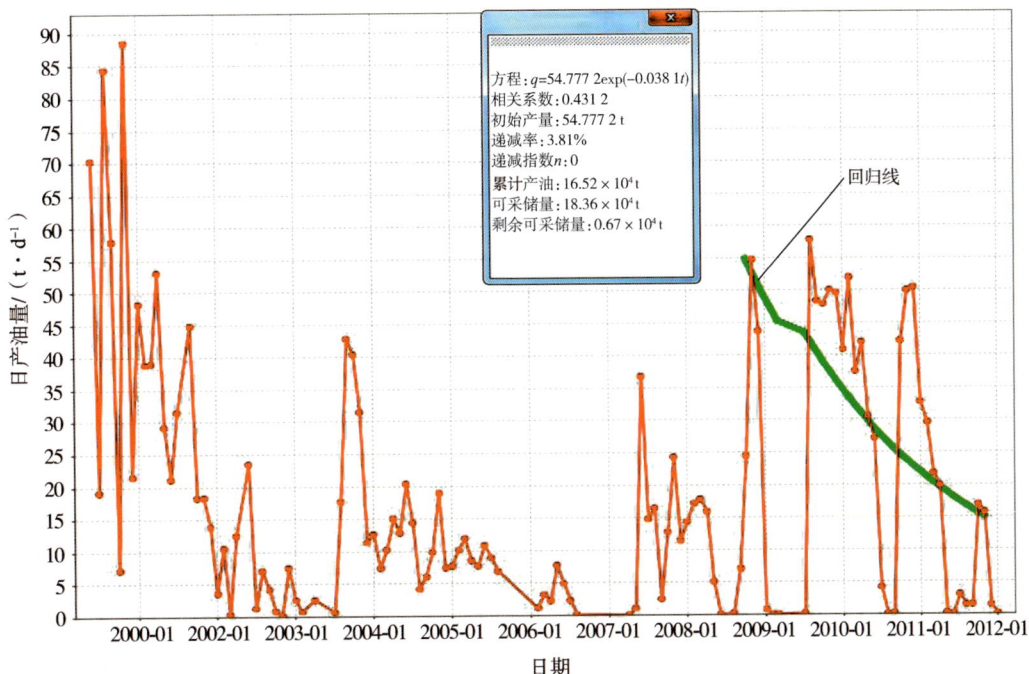

方程：$q = 54.777\,2\exp(-0.038\,1t)$
相关系数：0.431 2
初始产量：54.777 2 t
递减率：3.81%
递减指数 n：0
累计产油：16.52×10^4 t
可采储量：18.36×10^4 t
剩余可采储量：0.67×10^4 t

图 2-49　TK404 井递减法计算剩余可采储量图

2.4.2　水驱特征曲线法

1）水驱特征曲线

水驱特征曲线是指油田注水或天然水驱开发过程中，累积产水量或累积产液量、累积产油量之间的某种关系曲线。应用于天然水驱和人工注水开发油田的水驱曲线很多，经过多年的实践应用，普遍认为 4 种水驱特征曲线（即甲型、乙型、丙型和丁型水驱特征曲线）具有较好的实用意义。通过计算结果对比分析发现，丙型和丁型水驱特征曲线回归的相关系数<0.9,相关性差,计算结果不理想,因此选用甲型、乙型水驱特征曲线进行计算。

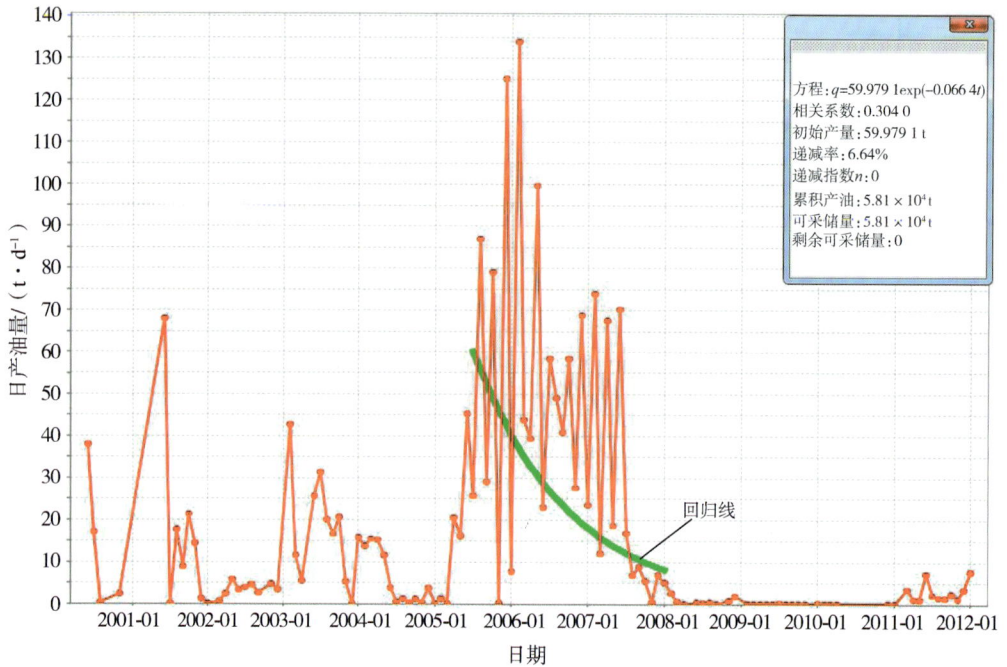

方程:$q=59.9791\exp(-0.0664t)$
相关系数:0.3040
初始产量:59.9791 t
递减率:6.64%
递减指数n:0
累积产油:5.81×10^4 t
可采储量:5.81×10^4 t
剩余可采储量:0

图 2-50　T416 井递减法计算剩余可采储量图

(1)甲型水驱特征曲线。

甲型水驱特征曲线的理论表达式为:

$$\lg W_p = a_1 + b_1 N_p \tag{2-15}$$

式中　　W_p——累积产水量,10^4 t;

N_p——累积产油量,10^4 t;

a_1,b_1——与曲线有关的系数。

通过推导可得:

$$N_p = \frac{1}{b_1}\left(\lg \frac{f_w}{1-f_w} - c_1\right) \tag{2-16}$$

$$c_1 = a_1 + \lg b_1 \tag{2-17}$$

式中　　f_w——含水率。

当油田极限含水率取 98% 时,可得油田可采储量的计算公式为:

$$N_R = \frac{1}{b_1}(3.8918 - c_1) \tag{2-18}$$

式中　　N_R——油田可采储量,10^4 t。

利用甲型水驱特征曲线可以得到油田地质储量的相关经验计算公式为:

$$N = 16.905b_1^{-0.969} \tag{2-19}$$

式中　　N——地质储量,10^4 t。

（2）乙型水驱特征曲线。

乙型水驱特征曲线的理论表达式为：

$$\lg L_p = a_2 + b_2 N_p \tag{2-20}$$

式中　L_p——累积产液量，$10^4\ m^3$；

a_2, b_2——与曲线有关的系数。

通过推导可得：

$$N_p = \frac{1}{b_2}\left(\lg \frac{1}{1-f_w} - c_2\right) \tag{2-21}$$

$$c_2 = a_2 + \lg b_2 \tag{2-22}$$

当油田极限含水率取 98% 时，可得油田可采储量的计算公式为：

$$N_R = \frac{1}{b_2}(3.912 - c_2) \tag{2-23}$$

2）参数取值

水驱特征曲线法是在油藏投入开发至含水率达到 50% 以后，利用油藏的累积产水量或者累积产液量和累积产油量在半对数坐标上存在的明显直线关系，外推到含水率为 98% 时计算油藏可采储量的方法。由于曲线中不同含水率直线段的斜率直接影响可采储量的计算结果，因此选取较高含水率直线段确定水驱可采储量。

3）适用条件

水驱特征曲线法实用、简捷，得到了快速发展和广泛应用。该方法的主要用途之一是预测水驱油藏可采储量与地质储量。但由于该方法是利用数据回归的经验方法，缺乏一定的理论基础，加之基础数据单一，未考虑油田静态参数，使用范围受限。使用该方法计算的储量只能反映油藏当前控制的可采储量，特殊情况下可以通过经验分析得到地质储量。

根据水驱特征曲线法，对 TK404 井、T416 井剩余可采储量进行二次计算。结果表明，在不改变阶段开发方式的前提下，TK404 井可采储量标定为 59.89×10^4 t，该井阶段累计产油 16.52×10^4 t，经测算得剩余可采储量为 43.37×10^4 t（图 2-51）；T416 井可采储量标定为 22.52×10^4 t，该井阶段累计产油 5.81×10^4 t，经测算得剩余可采储量为 16.71×10^4 t（图 2-52）。

对比递减法与水驱特征曲线法的计算结果可以看出，水驱特征曲线法计算的剩余可采储量明显高于递减法计算的剩余可采储量，最终选取哪种方法还要取决于应用对象。例如，计算未见水或含水快速上升的油井剩余可采储量时，采取递减法更能反映衰竭式开发效果；当油井含水表现为缓慢上升或具有一定规律特征时，使用水驱特征曲线法更能表征天然水驱或人工水驱效果。

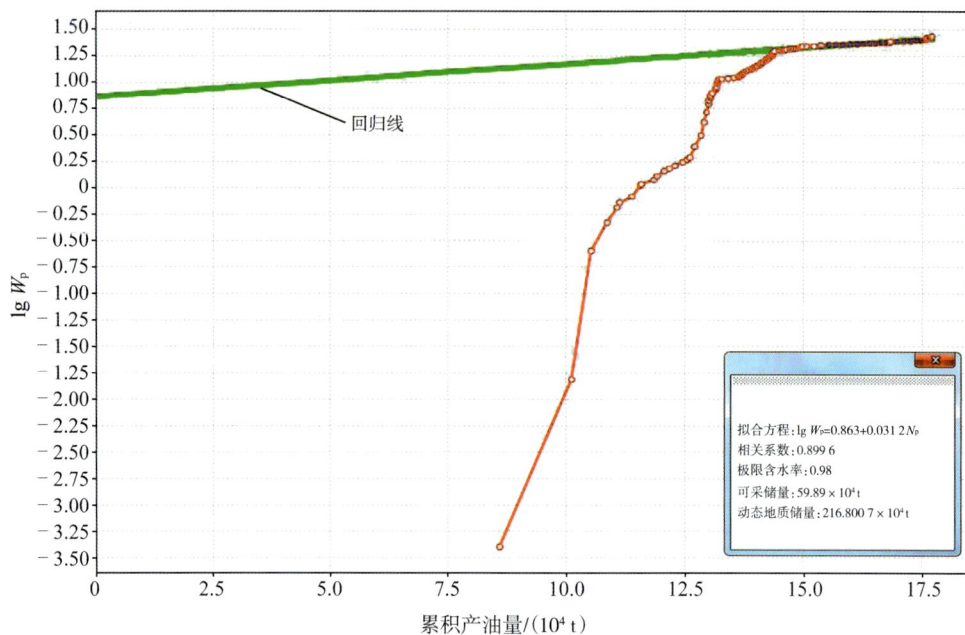

拟合方程：$\lg W_{\mathrm{p}}=0.863+0.031\,2\,N_{\mathrm{p}}$
相关系数：0.899 6
极限含水率：0.98
可采储量：59.89 × 10⁴ t
动态地质储量：216.800 7 × 10⁴ t

图 2-51　TK404 井水驱特征曲线法计算可采储量图

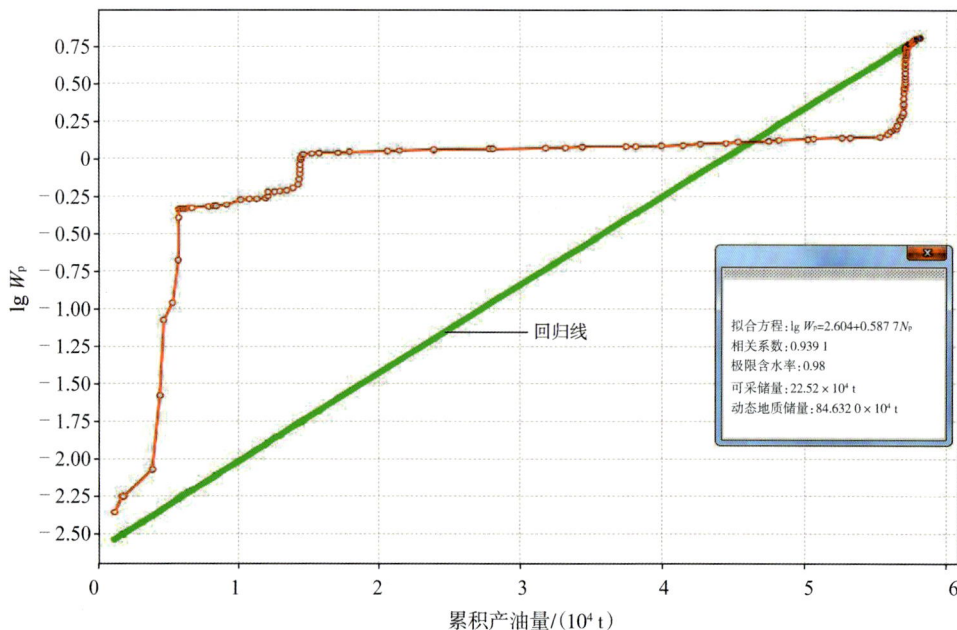

拟合方程：$\lg W_{\mathrm{p}}=2.604+0.587\,7\,N_{\mathrm{p}}$
相关系数：0.939 1
极限含水率：0.98
可采储量：22.52 × 10⁴ t
动态地质储量：84.632 0 × 10⁴ t

图 2-52　T416 井水驱特征曲线法计算可采储量图

第3章
单井注氮气机理

选择塔河油田碳酸盐岩缝洞型油藏典型井原油样品开展地层流体相态测试分析,以明确注氮气前后原油体系高压物性变化特征与混相能力。以 TK404 井储集体形态为蓝本,设计加工高温高压全直径岩芯模型和常温低压可视化模型,论证注入气体在储层中的重力分异、多次接触非混相驱替、补充地层能量作用机理,并结合数值模拟技术,论证注气替油不同注气方式的增油效果,为单井注氮气现场实践提供理论依据。

3.1 氮气物理性质

氮气(N_2)是空气中占比最大的成分(约占 78.12%),通常情况下无色、无味、无毒,密度略低于空气。

在 1 atm(约为 0.1 MPa)下,冷却至 -195.5 ℃时,氮气会变成无色液体,俗称液氮;冷却至 -209.86 ℃时,液氮会变成雪状的固体。氮气的临界温度为 -147 ℃,临界压力为 3.4 MPa,当系统温度和压力都高于临界点时,氮气不会液化,而是转化为超临界流体,呈现为一种可流动且不同于固态、液态和气态的物态。不同温度条件下氮气吸收系数与溶解度见表 3-1。

表 3-1 不同温度条件下氮气吸收系数与溶解度

溶解度参数	温度/℃				
	0	10	20	30	40
吸收系数	0.023 5	0.018 6	0.015 5	0.013 4	0.011 8
溶解度/$[g \cdot (100\ g\ 水)^{-1}]$	0.002 94	0.002 31	0.001 89	0.001 62	0.001 39
溶解度参数	温度/℃				
	50	60	80	100	
吸收系数	0.010 9	0.010 2	0.009 58	0.009 47	
溶解度/$[g \cdot (100\ g\ 水)^{-1}]$	0.001 21	0.001 05	0.000 66	0	

注:吸收系数为气体分压等于 1 atm 时被 1 体积水所吸收的该气体体积(折算至标准状况),溶解度为气体在总压力等于 1 atm 时溶解于 100 g 水中的质量(g)。

在 1 atm 和 0 ℃条件下,液氮汽化为氮气的过程中体积膨胀约 643 倍,继续升温到 20 ℃时,体积大约膨胀为 0 ℃时的 696 倍。氮气可溶于水和酒精,基本上不溶于其他大多数液体。常温常压条件下,1 体积水中只溶解 0.02 体积的氮气。

液氮遇热极易汽化,并吸收大量热量,1 kg 液氮从 -195.5 ℃下汽化成为 5 ℃的氮气时,吸收热量 427.70 kJ。氮气的主要物理性质见表 3-2。

表 3-2 氮气的主要物理性质

项　目	属　性
化学式	N_2
相对分子质量	28.013
英文名称	Nitrogen
液体密度(-180 ℃)/(g·cm^{-3})	0.729
液体热膨胀系数(-180 ℃)/℃$^{-1}$	0.007 53
气体密度(1 atm,21.1 ℃)	1.160 kg/m^3,0.072 4 lb/ft^3
气体相对密度(1 atm,21.1 ℃)	0.967
熔点/℃	-210
沸点(1 atm)/℃	-195.5
临界温度/℃	-147
临界压力/MPa	3.4
临界摩尔体积/(cm^3·mol^{-1})	90.1
临界密度/(g·cm^{-3})	0.310 9
临界压缩系数	0.292
汽化热(沸点下)/(kJ·kg^{-1})	202.76
熔化热(熔点下)/(kJ·kg^{-1})	25.7
气体比定压热容(25 ℃)/(kJ·kg^{-1}·K^{-1})	1.038
气体比定容热容(25 ℃)/(kJ·kg^{-1}·K^{-1})	0.741
液体比热容(-183 ℃)/(kJ·kg^{-1}·K^{-1})	2.13
固体比热容(-223 ℃)/(kJ·kg^{-1}·K^{-1})	1.489
在水中的溶解度(25 ℃)/(m^3·m^{-3})	$17.28×10^{-6}$
气体热导率(25 ℃)/(W·m^{-1}·K^{-1})	0.024 75
液体热导率(-150 ℃)/(W·m^{-1}·K^{-1})	0.064 6
液体摩尔体积/(cm^3·mol^{-1})	34.677
气体黏度(-150 ℃)/(mPa·s)	0.038

3.2　原油注氮气相态实验研究

3.2.1　塔河油田原油相态特征

1）原油样品配制及单脱分析

选择塔河油田缝洞型油藏 TK743 井地面分离器油气样品，在实验室完成流体复配，分别测试单脱气油比及体积系数，以检验样品的代表性。

（1）实验设备。

该实验是在加拿大 DBR 公司研制和生产的 JEFRI 全观测无汞高温高压多功能地层流体分析仪中完成的。实验设备如图 3-1 所示，主要由注入泵系统、PVT 筒、黏度计、闪蒸分离器、地面分离器、密度计以及配套的温控系统、气相色谱仪、电子天平和气体增压泵等组成。

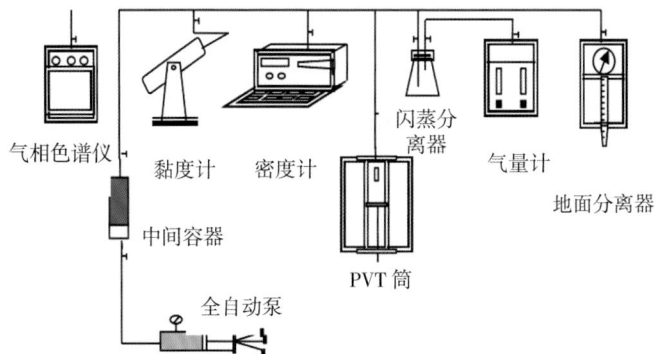

图 3-1　加拿大 DBR 公司 JEFRI 全观测无汞高温高压多功能地层流体分析仪

各部分技术指标如下：

① 注入泵系统：Ruska 全自动泵（工作压力 0～70.00 MPa，工作温度 0～40.0 ℃，注入速度测量精度 0.001 cm³）。

② PVT 筒：包括一个带观察窗的主泵室和一个活塞式配样器（工作压力 0～70.00 MPa，工作温度 0～200.0 ℃，主泵室容积 0～400.0 cm³，配样器容积 0～600.0 cm³）。

③ 闪蒸分离器：Ruska 气量计和分离瓶（工作压力为大气压，工作温度为室温，体积计量精度 1 cm³）。

④ 密度计：Anton Paar 密度计（工作压力 0～40.00 MPa，工作温度 −10～70.0 ℃，最高测量精度 10⁻⁶ g/cm³）。

⑤ 温控系统（工作温度 0～200.0 ℃，控温精度 0.1 ℃）。

⑥ 气相色谱仪：美国 HP6890 和日本岛津 GC-14A 气相色谱仪［控温范围 0～399.0 ℃，最低能检度 3×10⁻² g/s，最高灵敏度 1×10⁻¹² A/mV（满刻度）］。

⑦ 电子天平：日本 TG-328A 电子天平（最大量程 200 g，分辨率 0.1 mg）。

⑧ 气体增压泵：美国 Haskel 公司气体增压泵（入口压力 0～25.00 MPa，出口压力 0～80.00 MPa，气源压力＞0.20 MPa，工作温度为室温）。

（2）地层流体实验样品配制。

分别取 TK743 井地面分离器油气样品 2 瓶（0.5 MPa）各 20 L、井口脱气油 2 桶各 5 L。完成样品合格性检验后，依据 GB/T 26981—2011《油气藏流体物性分析方法》，在模拟地层温度 132.0 ℃条件下按流体饱和压力 21.89 MPa 完成流体样品配制。

通过油气样品组成的色谱分析及井流物组成计算，得到 TK743 井地层原油各组分，见表 3-3。其中，C_1 的摩尔分数为 33.768%，$C_2 \sim C_6$ 的摩尔分数为 2.466%，$C_7 \sim C_{11+}$ 的摩尔分数为 63.573%。按烃组分分布特征，TK743 井地层原油属高含重质组分的重质原油。

表 3-3　TK743 井流物组分分析数据

组　分	组成（摩尔分数）/%
CO_2	0.000
N_2	0.481
C_1	33.768
C_2	1.157
C_3	0.190
$i\text{-}C_4$	0.039
$n\text{-}C_4$	0.079
$i\text{-}C_5$	0.105
$n\text{-}C_5$	0.147
C_6	0.749
C_7	1.918
C_8	3.576
C_9	4.527
C_{10}	5.101
C_{11+}	48.451

（3）地层流体单次脱气。

在模拟地层温度 132.0 ℃、地层压力 62.50 MPa 条件下进行单次脱气实验，得到配制样品的单次脱气实验数据，见表 3-4。

表 3-4　TK743 井原油模拟地层温度、压力条件下单次脱气实验数据

体积系数（地层条件下）	1.10
气油比/（$m^3 \cdot m^3$）	64.57
气油比/（$m^3 \cdot t^{-1}$）	63.96
收缩率/%	10.52
平均溶解气体系数/（$m^3 \cdot m^{-3} \cdot MPa^{-1}$）	2.95
地层原油密度/（$g \cdot cm^{-3}$）	0.917 4
脱气原油密度（20 ℃）/（$g \cdot cm^{-3}$）	0.990 6
地层原油黏度（132 ℃）/（$mPa \cdot s$）	0.815 0
脱气油摩尔质量/（$g \cdot mol^{-1}$）	233.01

2）原油样品相态分析

（1）pV 关系分析。

由 pV 关系测试结果（表 3-5）及相关曲线（图 3-2～图 3-4）可知，饱和压力处无明显拐点，与直接观测得到的饱和压力值 21.89 MPa 基本一致；该油藏原油具典型的低饱和油特征，高压状态下弹性膨胀能力较弱。

表 3-5　TK743 井稠油油藏流体 pV 关系数据（132 ℃）

压力/MPa	相对体积（V_i/V_d）	Y 函数	体积系数	原油密度/（g·cm⁻³）
62.50	0.955 7		1.098 0	0.917 4
60.00	0.958 6		1.101 3	0.914 7
57.00	0.961 4		1.104 5	0.912 0
54.00	0.964 2		1.107 8	0.909 3
51.00	0.967 0		1.111 0	0.906 7
48.00	0.969 9		1.114 3	0.904 0
45.00	0.972 7		1.117 5	0.901 4
42.00	0.978 3		1.124 0	0.896 2
39.00	0.980 2		1.126 2	0.894 5
36.00	0.983 0		1.129 4	0.891 9
33.00	0.987 8		1.134 8	0.887 7
30.00	0.990 6		1.138 1	0.885 1
27.00	0.995 3		1.143 5	0.880 9
24.00	0.996 2		1.144 6	0.880 1
21.89*	1.000 0		1.148 9	0.876 8
19.00	1.071 6	2.124 5		
17.00	1.101 7	2.827 3		
14.00	1.187 5	3.006 3		
11.00	1.325 9	3.037 3		
8.00	1.610 4	2.844 3		

注：* 表示测试饱和压力。下标 i 指地层条件，d 指地面条件。Y 函数是体积修正函数，可用于预测泡点压力。

（2）地层流体黏度测试。

TK743 井原油模拟地层温度下地层流体黏度测试结果如表 3-6 和图 3-5 所示。可以看出，当体系压力高于饱和压力时，随着压力的升高，原油黏度增大，表现为明显的未饱和原油特征；当体系压力低于饱和压力时，随着压力的降低，溶解气脱出，原油黏度增大。

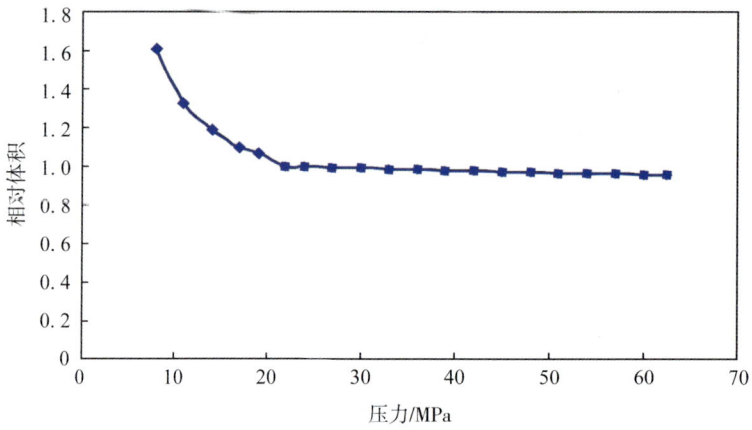

图 3-2 TK743 井原油 pV 关系曲线

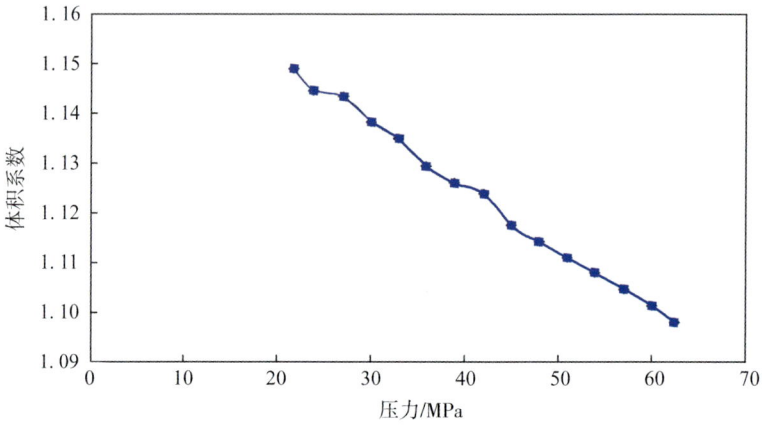

图 3-3 TK743 井原油地层流体体积系数与压力关系曲线

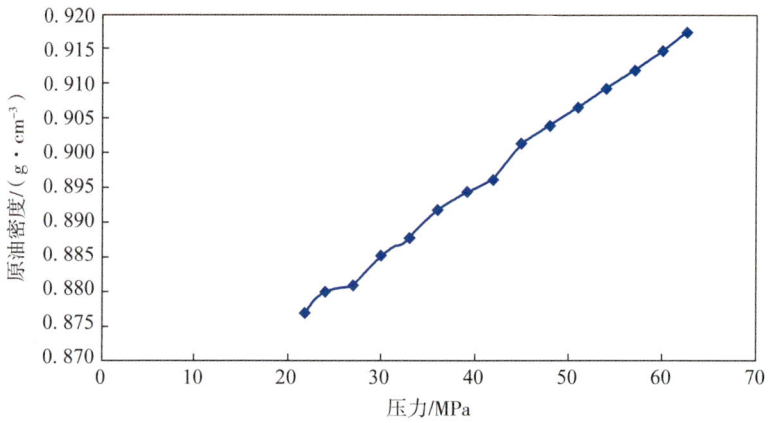

图 3-4 TK743 井原油密度与压力关系曲线

表 3-6　TK743 井原油模拟地层温度下地层流体黏度测试数据

压力/MPa	黏度/(mPa·s)	压力/MPa	黏度/(mPa·s)
62.50	0.815 0	33.00	0.593 9
60.00	0.797 1	30.00	0.570 3
57.00	0.775 3	27.00	0.546 5
54.00	0.753 4	24.00	0.522 5
51.00	0.731 2	21.89	0.505 5
48.00	0.708 8	19.00	0.523 7
45.00	0.686 3	17.00	0.537 2
42.00	0.663 5	14.00	0.558 9
39.00	0.640 5	11.00	0.582 3
36.00	0.617 3	8.00	0.607 4

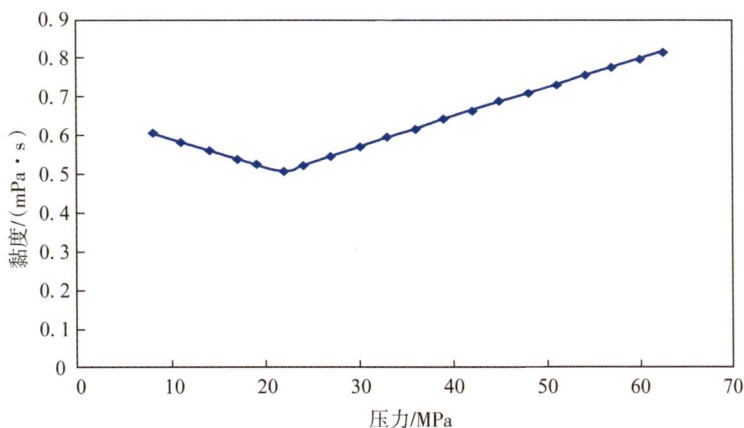

图 3-5　TK743 井原油黏度与压力关系曲线

3.2.2　原油注氮气膨胀实验

为了确定注入氮气对流体相态特征的影响,利用 TK743 井原油样品开展注氮气膨胀实验,实验氮气为商品氮气,纯度为 99.995%。

将配制好的样品转入 PVT 筒中,待温度达到模拟地层温度 132.0 ℃并稳定 2 h 后,向 PVT 筒中注入适量增压后的氮气,充分搅拌 2 h,使样品成均质单相状态;然后缓慢降压测定气体饱和压力,并进行单次脱气测试,测试原油溶解气量及流体的密度、黏度等。完成一组测试后,按上述实验流程向样品中增加氮气注入量,加压使样品成均质单相状态,测定新的饱和压力和原油溶解气量、流体密度、流体黏度等。

TK743 井原油注氮气膨胀实验数据见表 3-7。

表 3-7　TK743 原油注氮气膨胀实验数据

注入量(摩尔分数)/%	气油比/(m³·m⁻³)	膨胀系数	饱和压力/MPa	原油密度(p_b)/(g·cm⁻³)	体积系数
0	64.57	1.000	21.89	0.917 4	1.098
5	69.42	1.019	29.38	0.900 3	1.119
10	75.04	1.047	38.55	0.875 8	1.150
15	81.33	1.089	50.73	0.842 2	1.196

1）氮气注入量对原油饱和压力的影响

TK743 井原油饱和压力随氮气注入量的变化趋势如图 3-6 所示。可以看出,注入氮气后,原油饱和压力有所上升,且上升幅度较大,当注入 15% 氮气时,原油饱和压力已经达到50.73 MPa,表明该井原油溶解氮气的能力较小,地层压力条件下完全达到相平衡时仅能溶解不超过 20% 的氮气。实验测试原油黏度曲线未出现临界拐点,表明该井原油注氮气的一次接触混相压力高于 50.73 MPa,尚未达到混相。

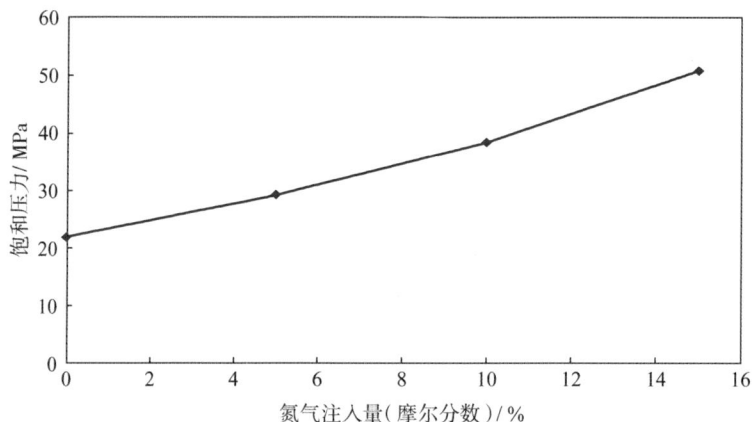

图 3-6　TK743 井原油饱和压力与氮气注入量关系曲线

2）氮气注入量对气油比的影响

TK743 井原油气油比随氮气注入量的变化趋势如图 3-7 所示。可以看出,随着氮气注入的增加,气油比呈线性增大。

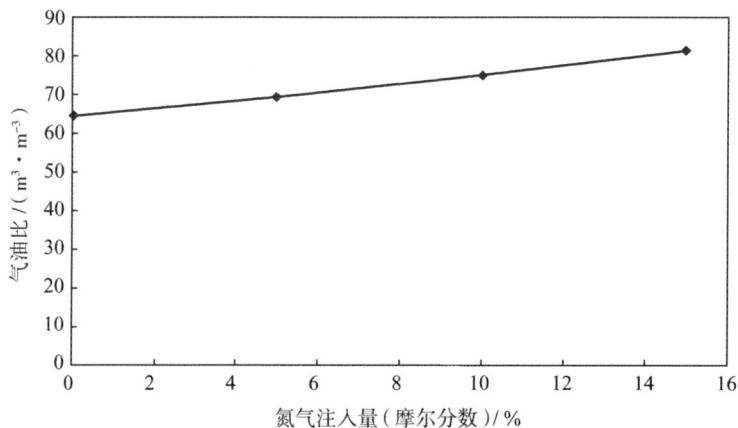

图 3-7　TK743 井原油气油比与氮气注入量关系曲线

3）氮气注入量对原油密度的影响

TK743 井原油密度随氮气注入量的变化趋势如图 3-8 所示。可以看出,随着氮气注入量的增加,原油密度逐渐减小,表明注入氮气后原油体积的膨胀幅度小于随饱和压力增大而造成的体积压缩幅度。

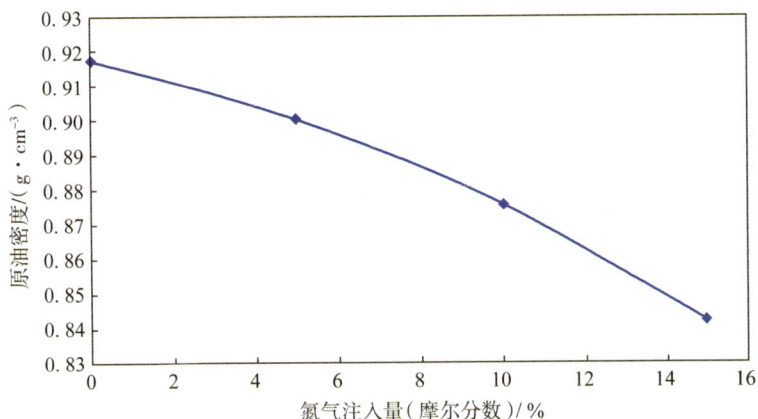

图 3-8　TK743 井原油密度与氮气注入量关系曲线

4）氮气注入量对原油体积系数的影响

TK743 井原油体积系数随氮气注入量的变化趋势如图 3-9 所示。可以看出,随着氮气注入量的增加,地层原油体积不断膨胀,原油体积系数不断增大,表明注入氮气后原油体系膨胀能力逐渐增大,氮气具有一定的增溶效果。

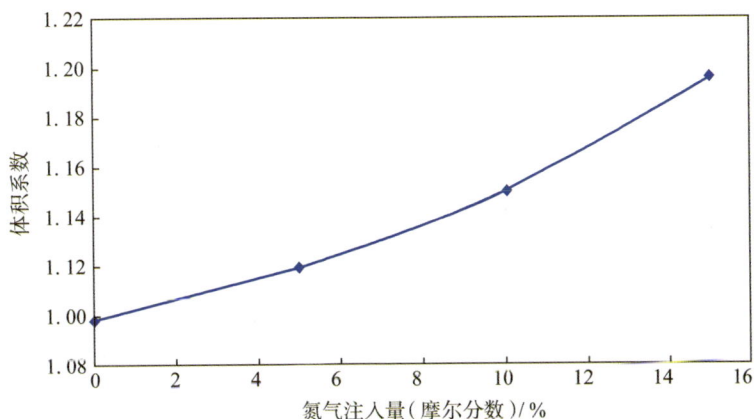

图 3-9　TK743 井原油体积系数与氮气注入量关系曲线

3.2.3　细管驱替实验

1）实验准备

细管驱替实验是目前世界上公认的确定注入气能否与原油混相的标准方法。细管模型是将油层进行最大限度简化后形成的一维模型,其作用是给油藏原油和注入气提供一个在多孔介质中连续接触的环境,并排除不利的流度比、黏性指进、重力分离、岩性非均质等因素带来的影响。细管模型的孔隙度、渗透率并不要求与油藏条件完全相同,得到的采收率也不是油藏混相驱开采的原油采收率,但得出的最小混相压力可代表所测定的油气系统。

国内外大多采用长 10~30 m、直径 3 mm 的盘式充填型细管进行注入气与原油混相程度的实验研究,模拟注入气与地层原油之间的多次充分接触,并通过测定注入压力与注入 1.2 倍烃孔隙体积(HCPV)气体所驱替原油采收率之间的关系,确定注气过程中的最小混相压力。

为了测试地层原油注氮气驱混相条件,进行细管驱替实验,实验所用流体为实验室配制的地层原油,实验所用氮气为工业纯氮气,实验装置和流程分别如图 3-10 和图 3-11 所示,细管具体参数见表 3-8。

图 3-10　细管驱替实验装置

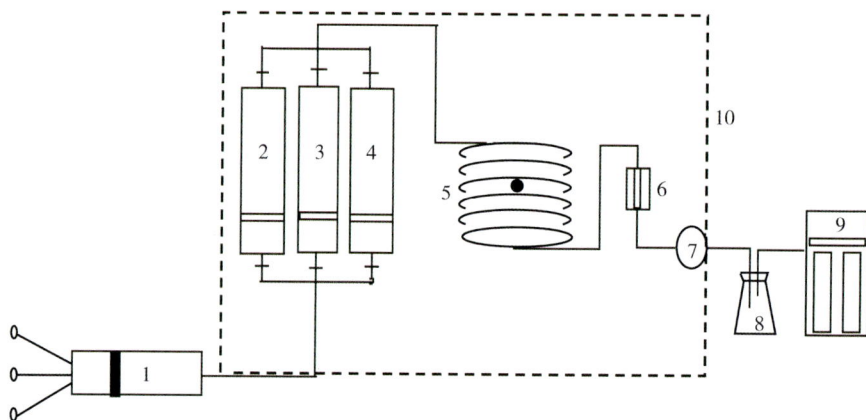

1—驱替泵;　2—死油;　　3—地层油;　4—注入气;　5—细管;
6—观察窗;　7—回压阀;　8—分离器;　9—气量计;　10—恒温空气浴。

图 3-11　细管驱替实验流程

表 3-8　细管参数表

直径/mm	长度/cm	孔隙体积/cm³	孔隙度/%	渗透率/μm²
4.4	2 000	101.91	33.46	10.8

2）实验条件

细管驱替实验温度为油藏地层温度 132.0 ℃，实验选取 30 MPa，40 MPa，50 MPa，60 MPa 4 个注入压力。

驱替过程中，在氮气注入 0.4 PV 之前采用 0.2 mL/min 驱替速度，在氮气注入 0.4 PV 之后驱替速度提高到 0.4 mL/min（参考线速度 3 m/h）。

驱替泵采取变速度模式进行驱替，驱替压力根据设计值由回压阀控制，注入氮气达到 1.2 PV 时结束实验。

3）注氮气结果分析

细管驱替实验结果如图 3-12～图 3-14 所示，可以看出：

（1）随着注入压力的增大，地层原油的采出程度不断增加。低压下注入氮气 0.2 PV 时开始突破，突破较早；注入压力增大后，氮气突破时间可以推迟，当注入压力为 60 MPa 时，注入氮气 0.7 PV 时突破。当注入压力为 60 MPa 时，注入 1.2 PV 氮气的驱油效率为 55%，表现出非混相驱特性。

（2）当驱替压力达到油藏压力而细管驱替实验驱油效率达不到 90% 时，即可判断为非混相驱替。

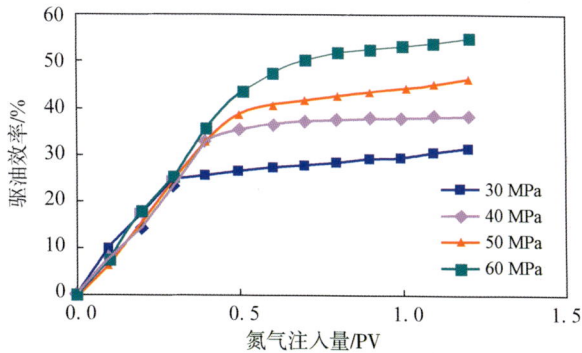

图 3-12　驱油效率与氮气注入量关系曲线

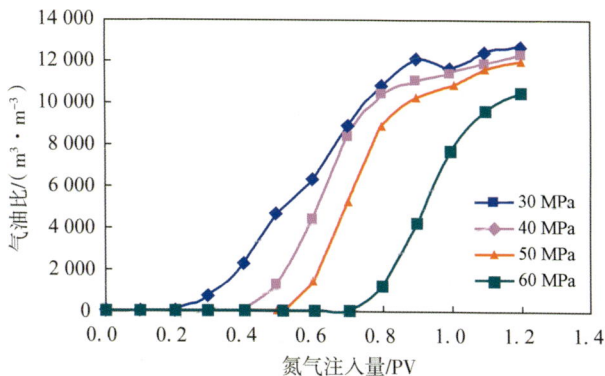

图 3-13　气油比与氮气注入量关系曲线

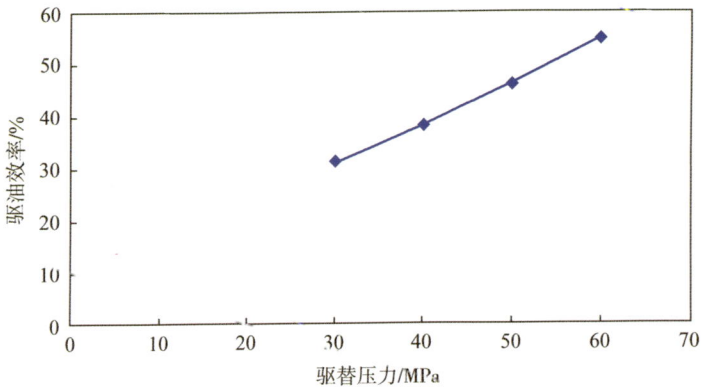

图 3-14 驱油效率与驱替压力关系曲线

3.3 缝洞型油藏注氮气物理模拟

TK404 井矿场注氮气吞吐试验取得了良好的增油效果,初步验证了注氮气吞吐在一定程度上可以提高塔河油田缝洞型油藏的采收率。为了扩大技术规模,亟须开展注氮气替油理论和机理研究,论证注入气体在储层中的作用机理,为塔河油田缝洞型油藏下一步注氮气替油提高采收率技术应用方案设计提供更为充分的依据。因此,利用高温高压全直径岩芯驱替系统开展缝洞型油藏水驱后注气替油效果评价实验,并设计加工可视化单井注气替油实验模型,分析注氮气前后剩余油变化规律及提高采收率作用机理。

3.3.1 高温高压注气驱/替油效率及影响因素研究

1)高温高压注气驱/替油实验装置组成及技术指标

高温高压注气驱/替油实验装置是由加拿大 Hycal 长岩芯驱替装置改装而来。整套驱替实验装置内有一个长 60 cm 的三轴岩芯夹持器(图 3-15)。

该实验装置主要由全直径岩芯夹持器、驱替系统、回压调节器、压差表、温控系统、液体馏分收集器、气量计和气相色谱仪等组成。其中夹持器是驱替装置中的关键部分,主要由岩芯外筒、胶皮套和轴向连接器组成。实验装置各部分技术指标如下:

(1)全直径岩芯夹持器:压力范围为 0～70.00 MPa,温度范围为室温～200.0 ℃,岩芯长度为 0～25 cm。

(2)驱替系统:Ruska 全自动泵,工作压力为 0～70.00 MPa,工作温度为 0～40 ℃,注入速度测量精度为 0.001 cm^3/s。

(3)回压调节器:工作压力为 0～70.00 MPa,工作温度为室温～200.0 ℃。

(4)压差表:最大工作压差为 34.00 MPa,工作温度为室温。

(5)温控系统:工作温度为室温～200.0 ℃,控温精度为 0.1 ℃。

(6)气量计:计量精度为 1 cm^3。

（7）气相色谱仪：美国 HP6890 和日本岛津 GC-14A 气相色谱仪。

图 3-15　全直径岩芯夹持器

2）全直径岩芯的准备

首先对全直径岩芯样品进行对半剖分，然后对照 TK404 井的储集体轮廓分别在岩芯断面上进行刻蚀，用薄的塑料衬垫嵌合还原为圆柱状岩芯，制备成 TK404 井全直径岩芯，如图 3-16 和图 3-17 所示。

图 3-16　全直径岩芯视图　　图 3-17　全直径岩芯溶洞模型剖面

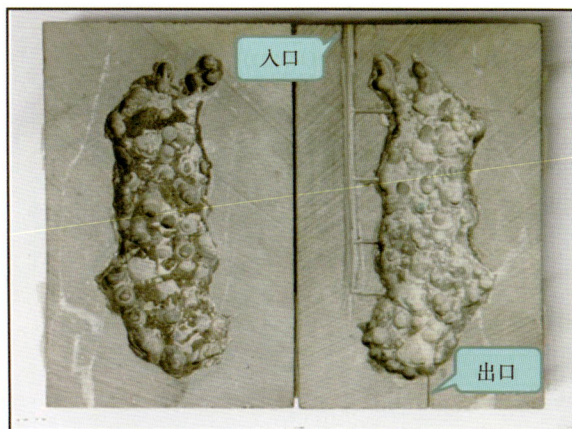

全直径岩芯具体参数见表 3-9。

表 3-9　全直径岩芯参数

长度/cm	直径/cm	孔隙体积/cm³	刻蚀深度/cm
17	10	155.6	2

3）实验方案设计

原油中注入氮气是一个多次接触混相的过程,其主要机理是在高压下通过蒸发作用从原油中提取轻烃和中间烃,以达到与原油混相。由于氮气与原油的最低混相压力(64 MPa 以上)高,所以混相驱只适用于超深超高压油藏。本实验设计注氮气吞吐压力为 55 MPa, 小于最低混相压力,为氮气非混相驱。共设计四组实验方案(表 3-10),其中前三组方案设计的注入速度、焖井时间以及吞吐次数均相同,旨在对比不同地层条件下注氮气吞吐替油过程,第四组方案主要用来分析不同降压方式和吞吐次数对吞吐效果的影响。

表 3-10　高温高压注氮气吞吐替油实验方案设计

模　　型	是否饱和束缚水	注入速度/(m³·min⁻¹)	焖井时间/h	吞吐次数	压力变化/MPa
未填充石英砂模型	否	4	4	3	55→50→45→40
填充石英砂模型(一)	否	4	4	3	55→47→40
填充石英砂模型(二)	是	4	4	3	55→47→40
填充石英砂模型(三)	是	4	4	4	55→52→49→46→43→40

4）实验结果分析

采用 TK743 井复配地层原油样品,饱和压力 21.89 MPa,黏度 0.815 0 mPa·s,地层原油密度 0.917 4 g/cm³,气油比 63.96 m³/t,实验用水是按地层水矿化度配制的模拟地层水。实验按照水驱、三次氮气吞吐、水驱的流程开展,各阶段实验数据见表 3-11。

表 3-11　实验数据统计

实验阶段	注氮气量/PV	压力范围/MPa	采液量/cm³	采油量/cm³	采出程度/%
水　驱	0	40	94.85	54.38	34.95
第一次吞吐	0.051	55~40	7.70	1.21	0.77
第二次吞吐	0.057	55~40	9.80	8.02	5.15
第三次吞吐	0.065	55~40	8.33	6.88	4.42
水　驱	0	40	57.85	26.22	16.85
合　计	0.173	—	178.53	96.71	62.14

根据实验数据绘制各阶段采油、采液量柱状图及周期采出程度与吞吐周期关系曲线, 如图 3-18、图 3-19 所示。

由图 3-18、图 3-19 可以看出,与注氮气吞吐相比,注水驱替的采油量和采液量更大;第二轮注氮气吞吐采出程度最高,采油量最大,第三轮注氮气吞吐次之,第一轮注氮气吞吐采出程度最低,采油量最少。

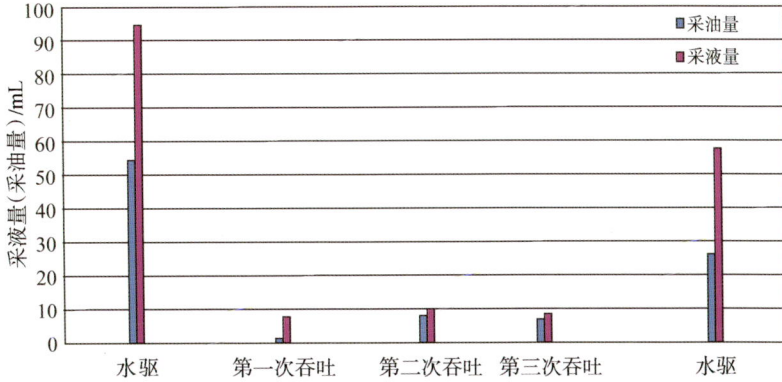

图 3-18　各阶段采油、采液量柱状图

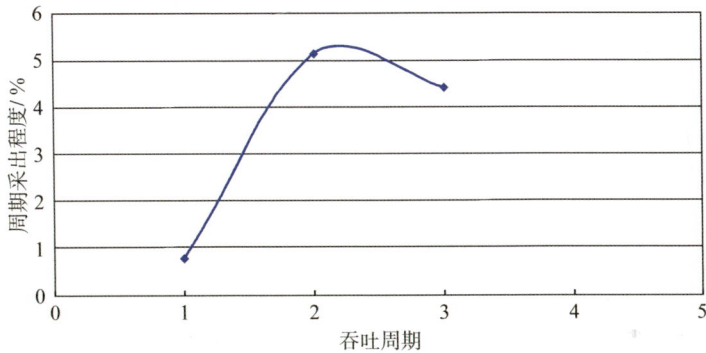

图 3-19　周期采出程度与吞吐周期关系曲线

3.3.2　单井单元注氮气吞吐替油可视化物理模拟

1）实验模型

根据 TK404 井地质特征刻蚀有机玻璃板模型（图 3-20），模型外部长 500 mm、宽 300 mm、厚 80 mm，内部孔隙体积为 1 734 cm³。

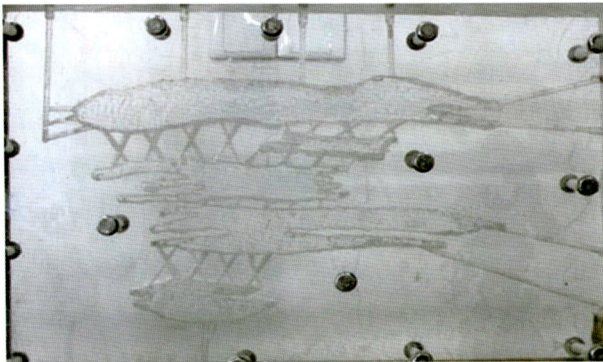

图 3-20　TK404 井剖面模型示意图

2）实验过程

（1）未充填石英砂模型。

实验流体为模拟地层油和模拟地层水。为了获得较好的观察效果，模拟地层油用苏丹红染成红色，黏度 5 mPa·s（图 3-21）；模拟地层水无色，黏度 1 mPa·s（图 3-22）。从模型底部注入模拟地层水，从顶部注入 774 cm³ 模拟地层油，建立原始油水分布状态。

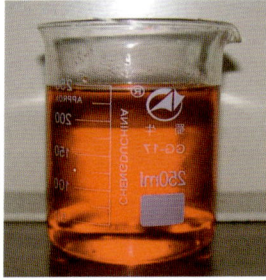

图 3-21　实验用油　　　　　图 3-22　实验用水

打开生产井，开展底水驱替，模拟天然水驱油过程，至出口端含水率达到 95% 后关闭生产井，打开注气井，注入一定量氮气，关井焖井 2 h，开井计量油量，直至出口端停止出油。

图 3-23 所示为未充填石英砂模型注气替油实验过程。

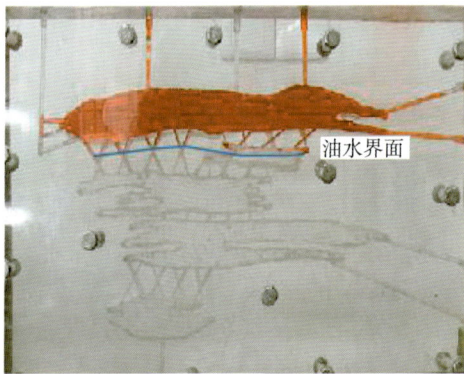
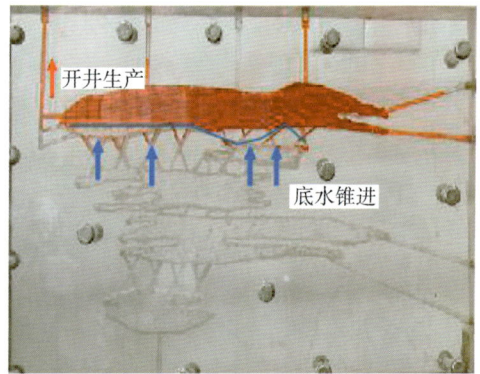

（a）底水油藏原始状态　　　　　　　　（b）水驱过程

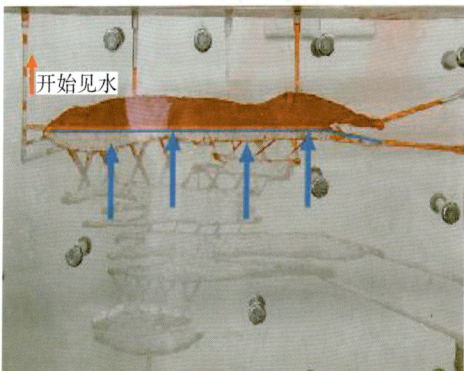
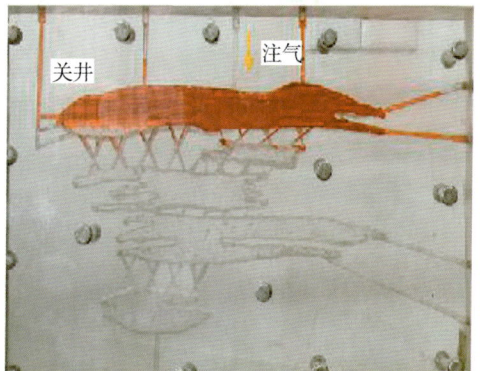

（c）采油井见水　　　　　　　　　（d）水驱完成，开始注气

图 3-23　未充填石英砂模型注气替油实验过程

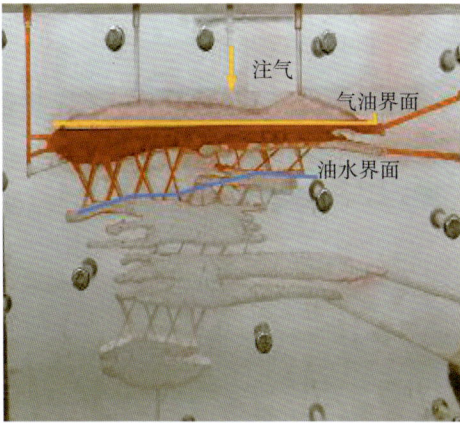

（e）吞气过程

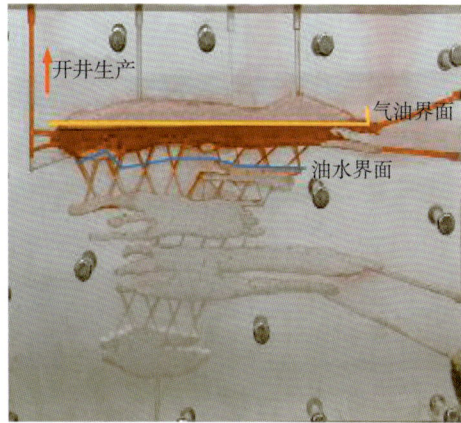

（f）吐气过程

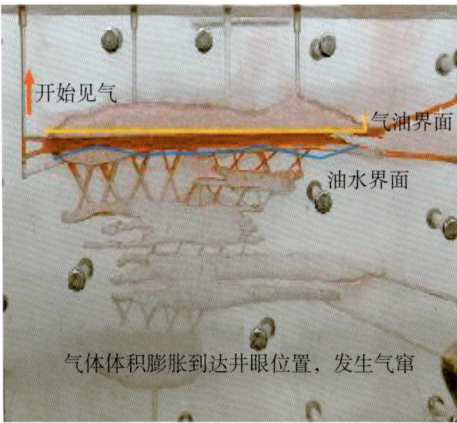

（g）油井开始气窜

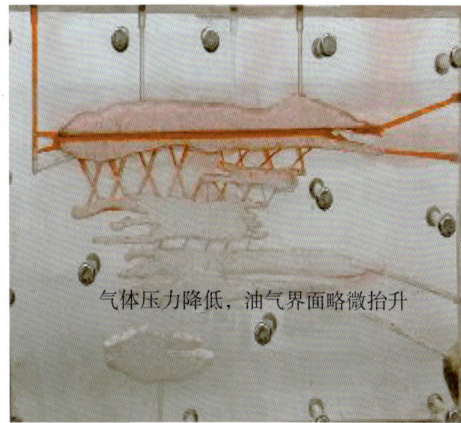

（h）气窜后气体压力降低，油气界面抬升

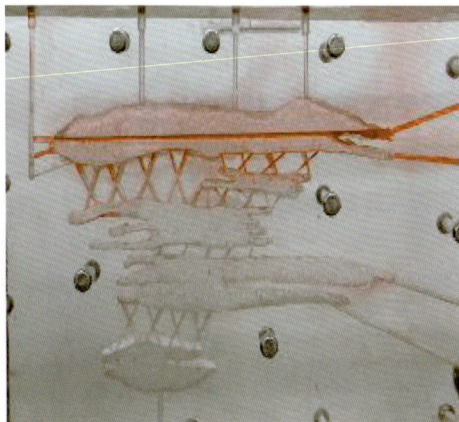

（i）驱替完成

图 3-23(续)　未充填石英砂模型注气替油实验过程

如图 3-23(a)所示,将模型从底部饱和蒸馏水后,从顶部饱和原油,模拟底水溶洞型油藏。

图 3-23(b)所示为水驱过程。生产井开井生产后,底水开始向上推进,油水界面逐渐向上抬升。由于大洞穴内的底水几乎为活塞方式推进,没有出现黏性指进的情况,因此油水界面均匀稳定地上升。

图 3-23(c)所示为采油井见水时的情况。此时油水界面抬升到井眼位置,沿顶端的井眼位置形成一条平直的油水界线。大部分剩余油在此界线上部的溶洞内被圈闭,形成"阁楼油"。

图 3-23(d)所示为底水驱替完成后开始采用注气驱替,即当底水驱替出口端含水率达到 100%后,关闭生产井,打开注气井,从顶部进行注气。

图 3-23(e)所示为吞气过程。气体进入地层后,占据上部空间,补充地层能量,提高地层压力,将原油驱替至油藏中下部。

图 3-23(f)为吐气过程。由于油藏为底水油藏,顶部为气体,井底附近原油流入井筒后底水可以提供能量补给,所以油水界面向井底方向推进。

随着开采过程的进行,油藏地层压力开始下降,顶部气体逐渐膨胀,当气体底部达到井眼位置时,采油井开始发生气窜,如图 3-23(g)所示。

采油井气窜之后,井筒出现气液两相流动,出口端也出现油气同采的现象。由于气体没有充足的压力补给,当气体压力降低后,气体体积逐渐减小,油气界面略微抬升,如图3-23(h)所示,采油井又出现一段时间的纯油流动期。

图 3-23(i)所示为驱替完成后的情况。由于气体将原油向下推动,底水将原油向上推动,所以大部分剩余油被采出,最终形成气水界线,界线上残存少量剩余油。

(2)充填石英砂模型。

考虑储集空间中填充物的影响,在模型中加入石英砂重复上述实验,实验过程如图3-24 所示。

如图 3-24(a)所示,将模型溶洞空间填充石英砂后饱和蒸馏水,从顶部饱和原油,模拟底水溶洞型油藏。由于充填颗粒较大,所以模型渗透率依然较高,原始油水分布主要受重力分异影响,其次受一定的非均质性和毛细管压力的影响。

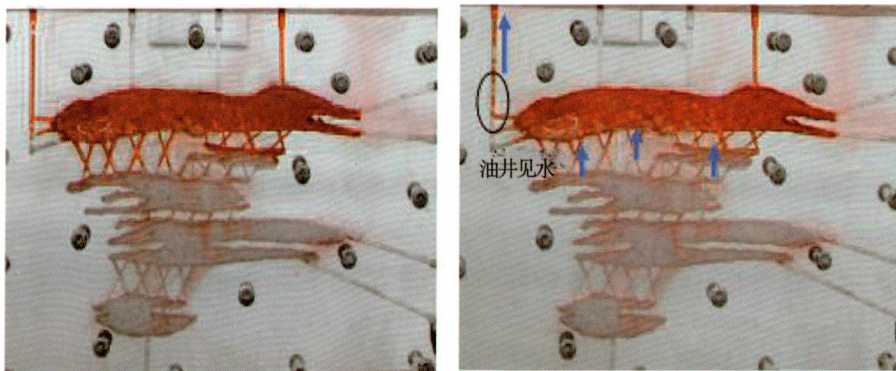

(a)底水油藏原始状态   (b)水驱过程

图 3-24 充填石英砂模型注气替油实验过程

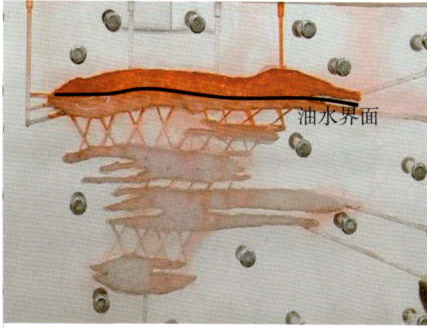

（c）底水驱替完成后油水界面

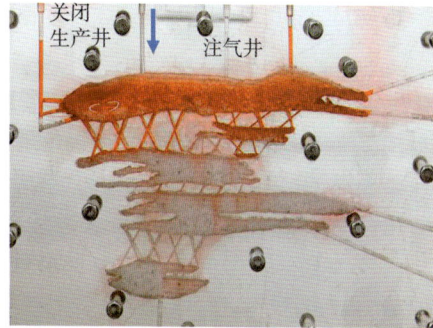

（d）吞气过程

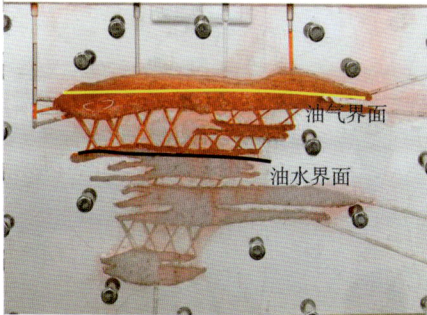

（e）吞气完成

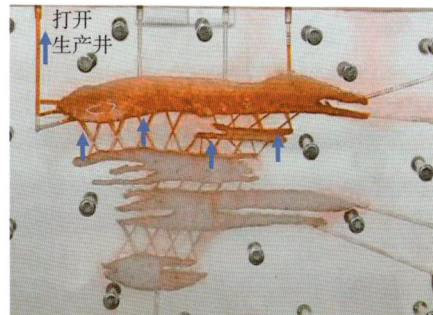

（f）吐气过程

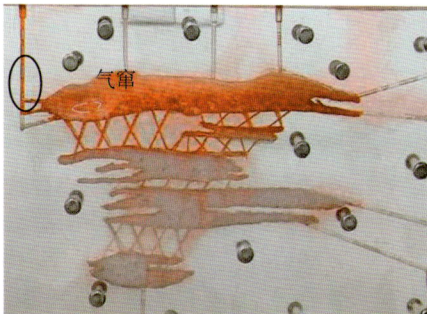

（g）采油井开始气窜

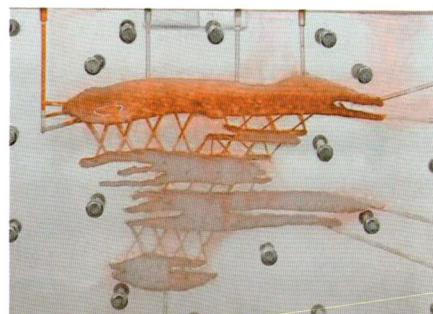

（h）气窜后气体压力降低，油气界面抬升

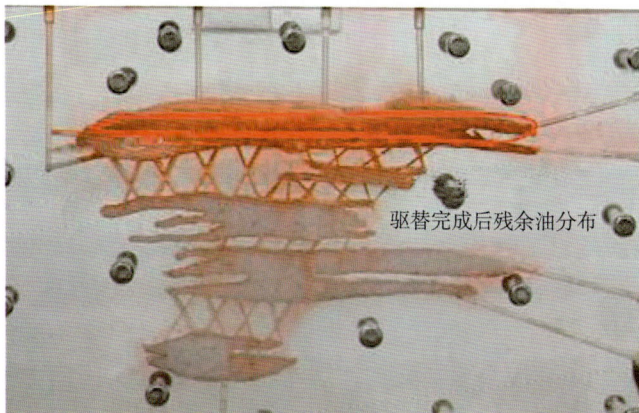

（i）驱替完成

图 3-24（续）　充填石英砂模型注气替油实验过程

图 3-24(b)所示为水驱过程。生产井开井生产后,底水开始向上推进,油水界面逐渐抬升,由于模型非均质性严重,所以水驱过程中出现黏性指进现象,油水界面分布不均匀,同时还有水窜以及不连通现象,而且通过观察采油井可以看出,纯油采收期较短,油井很快见水。

图 3-24(c)所示为采油井底水驱替完成后油水界面情况。充填石英砂后,油水界面向上推进时靠近井眼附近的部分底水推进较快,而远离井眼的部分底水推进较慢,水驱完成后大部分剩余油被圈闭在上部以及右部的溶洞内。

图 3-24(d)所示为吞气过程。关闭生产井,打开注气井,从注气井注入氮气,注气完成后关井焖井一段时间。

图 3-24(e)所示为吞气完成后油气分布情况。氮气进入地层后,占据上部空间,补充地层能量,提高地层压力,将原油驱替至油藏中下部,油水界面处于井眼水平面上方。

图 3-24(f)所示为吐气过程。打开生产井进行生产,由于油藏为底水油藏,底水可以提供压力补给,井底附近原油流入井筒后,油水界面向井底方向推进。由于储层非均质,所以底水驱替过程中出现黏性指进现象,油水界面不稳定向上抬升。

随着开采过程的进行,油藏地层压力开始下降,顶部气体逐渐膨胀,当气体底部达到井眼位置时,采油井开始发生气窜,如图 3-24(g)所示。

采油井气窜之后,井筒出现气液两相流动,出口端也出现油气同采的现象。由于气体没有充足的压力补给,当气体压力降低后,气体体积逐渐减小,油气界面略微抬升,如图 3-24(h)所示,采油井又出现一段时间的纯油流动期。

图 3-24(i)所示为驱替完成后的情况。由于充填石英砂后油藏非均质性增大,驱替完成后气水界面并不明显,而且残余油含量较高,主要集中在油藏右部远离井眼区域,这部分油量基本没有被动用,这是因为在底水驱替过程中,底水遵循最小阻力原则,沿发育的大通道流向井底,一旦水驱过程中形成水流通道,则该水流通道就会具有"记忆性",此时波及效率降低,溶洞中的剩余油难以被驱替。

3) 实验结果对比分析

两种模型实验结果对比见表 3-12。

表 3-12 TK404 井两种模型单井注氮气吞吐实验结果

模 型	原始储量/cm³	采收率/%		
		水 驱	注氮气吞吐	合 计
未充填石英砂模型	774	49.1	42.6	91.7
充填石英砂模型	194	46.4	31.4	77.8

由表 3-12 可以看出,两种模型注氮气吞吐的采收率都很高,效果显著,其中未充填石英砂模型的采油效果要好于充填石英砂模型。

对比两种模型实验过程中油、气、水的分布状况可知,未充填石英砂模型内部为空腔,油水在重力分异作用下上下运移,在向上注水过程中,油水界面平稳向上推进,呈活塞式驱替特征。充填石英砂模型空腔内部非均质性强,底水驱替时出现黏性指进现象,油水界面不均匀向上抬升;在底水驱替过程中,遵循最小阻力原则,优先进入发育较好、阻力最小的通道进行驱油,一旦水驱过程中形成水流通道,则该水流通道就会具有"记忆性",此时波及效率降低,溶洞中的剩余油难以被驱替,成为残余油,从而使采出程度降低。

在两种模型的底水驱替过程中,油水向上推进,由于采油井只与溶洞中部连通,所以溶洞上部有较大的水驱不可波及空间,存在大量剩余油,成为"阁楼油"。水驱后采用注氮气吞吐的方式可以有效动用这部分剩余油。氮气进入缝洞后,在重力分异作用下占据缝洞上部空间,形成新气顶,将上部"阁楼油"替换到缝洞中下部位,使其形成新的前缘富油带并均匀向构造下部移动,在底水驱替和氮气气顶的双重作用下将替换出的油从生产井采出。

3.4　缝洞型油藏注氮气数值模拟

通过分析 TK404 井静、动态资料,开展单井地质模型构建和生产数据历史拟合,进一步明确了单井注氮气开发作用主要机理,以确定注气替油效果的关键影响因素,形成单井定容体注气替油技术政策。

缝洞型油藏注氮气开发作用机理主要有多次接触非混相驱替、重力分异、补充地层能量等。

1) 多次接触非混相驱替

根据相态拟合所获取的流体性质参数场,采用数值模拟方法进行最小混相压力模拟计算。选择 CMG 软件 GEM 组分模拟器作为长细管实验模拟器,建立一维细管模型。细管模型划分成 40 个网格(每个网格长度 45 cm),模型参数见表 3-13,模型如图 3-25 所示。

表 3-13　细管模型参数

长度/m	18
平均直径/mm	3.5
渗透率/(10^{-3} μm^2)	2 079.5
孔隙度/%	24.80
驱替速度/(mL·min^{-1})	0.167
实验温度/℃	132.0

注入端　　　　　　　　　　　　　　　　　　　　采出端

图 3-25　细管模型示意图

模型为油、气、水三相,其中油、气相由 7 个拟组分组成。注入 N_2,采用逐次逼近的方法确定最小混相压力。经过模拟计算得到不同压力下注入 1.2 PV 气体时的原油采收率,结果见表 3-14。模拟曲线(图 3-26)表明,当注入压力为 70 MPa 时仍不能达到混相。

表 3-14 注入氮气最小混相压力模拟结果

驱替压力/MPa	40	45	50	55	60	65
1.2 PV 时原油采收率/%	31.18	32.98	34.71	36.45	38.14	39.74

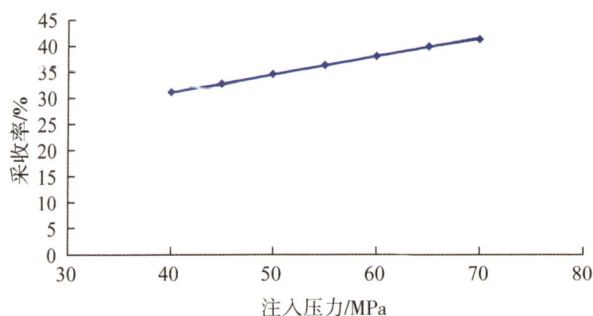

图 3-26 不同压力下注氮气的采出程度

一维细管网格模型模拟结果表明,在油藏温度、压力条件下,随着氮气的持续注入,所有网格中的含油饱和度整体缓慢降低,注入端没有出现明显的活塞式驱替过程,属于典型非混相驱替。

2)重力分异

利用 TK404 井单井模型开展注氮气机理研究,重点模拟注入气体在溶洞中的运移以及含水、含油、含气饱和度变化规律,模拟结果如图 3-27~图 3-30 所示。模拟井由于高含水停产,向溶洞中注入一定量的氮气,焖井一段时间后开井生产。注气过程为非混相驱,氮气与原油存在较大的密度差,在重力分异作用下气体向上运移,并沿残丘构造形态向高部位运移,形成人工次生气顶,置换顶部剩余油。随着地层压力缓慢下降,氮气气顶发生膨胀,置换出更多的剩余油。

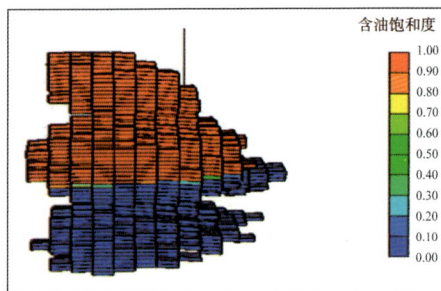

图 3-27 高含水关井前含油饱和度三维视图

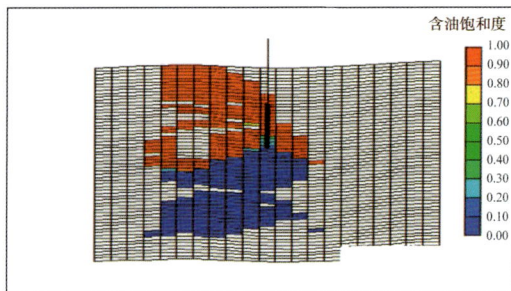

图 3-28 高含水关井前含油饱和度二维视图

3)补充地层能量

注氮气前后地层压力剖面如图 3-31 所示。在相同温度和压力条件下,氮气的压缩因子高于二氧化碳(约为二氧化碳气体的 3 倍)和天然气,因此氮气具有较强的不可压缩性和膨胀性,可有效补充地层能量。

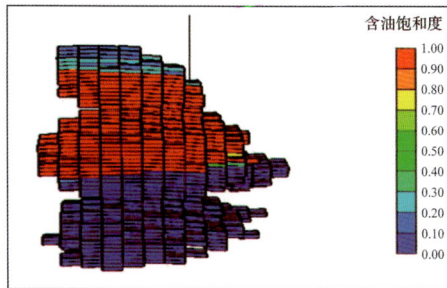

图 3-29　多轮注气后含油饱和度三维视图

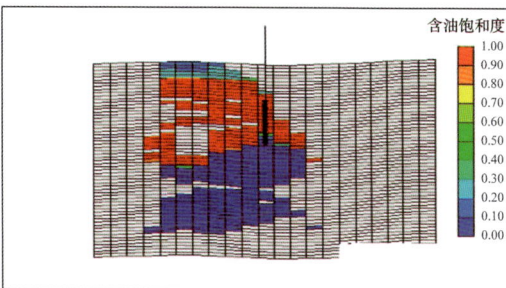

图 3-30　多轮注气后含油饱和度二维视图

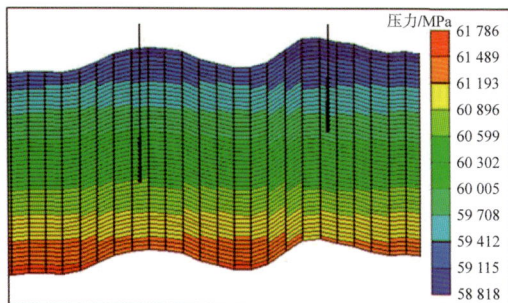

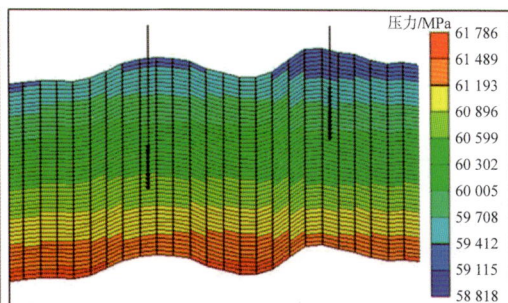

图 3-31　注氮气前后地层压力剖面图

第4章
单井注氮气参数设计及优化

塔河油田缝洞型油藏单井注氮气的机理主要是非混相人工气顶驱替和弹性膨胀作用。由于溶洞中的流体流动属于管流范畴,在注氮气的过程中,氮气和原油很快发生重力分异作用,所以塔河油田缝洞型油藏注氮气的参数设计完全不同于砂岩油藏和裂缝型、溶孔型碳酸盐岩油藏。受溶洞和裂缝空间分布极其不规则的影响,水驱后剩余油分布模式多样,导致注氮气效果相差很大。因此,如何选井、如何设计注氮气参数是单井注氮气的关键。2012 年以来,综合利用储层建模和数值模拟一体化方法,通过单井注氮气研究和现场实践,逐步建立了适合该类油藏特点的注氮气选井原则,形成了单井注氮气技术政策,为单井注氮气的规模推广奠定了基础。

4.1 单井注氮气选井原则

在单井注氮气实践的初期,主要根据地震反射特征判断井周有无高部位的残丘"阁楼油",然后利用生产动态估算剩余可采储量,进而选出注氮气潜力大的单井实施注氮气开采。随着注氮气井数的增多,单井注气效果相差很大,主要表现在以下几个方面:① 注气增油效果差异大,有些井注气后累计增油达到几千吨,有些井仅增加几吨;② 钻遇不同储集空间类型的注气井注气效果有明显差异;③ 钻遇相同储集空间类型的注气井所处的构造位置不同,注气效果差异较大;④ 注气参数相同的情况下,注气效果差异仍然很大。

缝洞型油藏单井注氮气效果不但与岩溶背景、储集空间类型、剩余油模式等静态参数有关,还与含水上升类型、水体大小等动态参数有关。为了判断影响单井注气效果的主要因素,应用 144 口注气井地质特征描述成果,以动态资料和前期地质认识成果为基础,采用数据统计方法,分析不同岩溶背景等地质因素对注气效果的影响,最终建立不同岩溶背景条件下单井注氮气选井原则。

4.1.1 研究方法与影响因素筛选

当前学者对注气效果影响因素进行研究的方法已有很多,大体上可以分为 3 类:一是室内物理实验方法。例如,2011 年,中国石油大学(北京)杨胜来等针对三塘湖油田储层渗透率低、原油黏度高、注水难等特点,设计了储层条件下单井模拟实验,分析了氮气吞吐提高采收率机理,研究了单井氮气吞吐采油的生产规律及其影响因素;2014 年,长江大学赵冰冰等针对非均质性极强的碳酸盐岩缝洞型油藏,通过室内实验测量不同注氮气参数下的采收率,分析了注气量、焖井时间等对氮气吞吐的影响。二是油藏数值模拟方法。采用该方法的学者较多,通常联合使用正交实验研究主控因素。例如,2015 年,中国石油大学(华东)姚军等研究了碳酸盐岩缝洞型油藏非混相驱采收率的影响因素,通过建立缝洞介质机理模型分析了注采井所处的储集体类型、注采井井间溶洞的分布、注采部位及注气速度等对非混相驱采收率的影响。三是矿场统计方法。该方法在矿场上应用较为广泛。例如,2015 年,中石化西北油田分公司运用大量矿场数据统计分析了岩溶地质背景、构造因素、储集体类型、地震反射特征及动态特征对注气效果的影响规律。

基于以上研究成果,结合缝洞型油藏精细描述困难、地质建模难度大的现状,本书主要采用矿场数学统计的方法研究注气效果的影响因素。塔河油田经过近几年大规模的注气开发,已有较为充足的动态数据,结合前期对于岩溶背景、储集体类型等方面的地质认识,为该方法的实施创造了可行性条件。

在注气效果的影响因素中,主要针对地质参数,结合现场对注气井选择方面存在的困难,选择的参数主要有岩溶背景、储集体类型、底水强弱、剩余油类型及剩余油储量。为了能够取得理想的效果,采用注气有效率作为评价指标,其表达式为:

$$\text{注气有效率} = \frac{\text{注气效果好的井数} + \text{注气效果中等的井数}}{\text{注气总井数}} \times 100\% \qquad (4\text{-}1)$$

4.1.2 注气影响因素分析

1) 岩溶背景对注气效果的影响

塔河油田奥陶系碳酸盐岩经历了多期构造作用和岩溶作用,受阿克库勒鼻状构造东北高、西南低的影响,不同岩溶地貌单元在不同构造运动时期表现为不同的岩溶作用和缝洞形态。其中,加里东晚期构造运动阶段,在一间房组尖灭线以南的覆盖区主要发育沿大型断裂分布的断溶体岩溶作用;海西早期构造运动阶段,在构造高部位主要发育连通性较好的风化壳岩溶作用;而到了海西晚期构造运动阶段,在风化壳岩溶的基础上发育深层暗河岩溶作用。总体来说,塔河油田奥陶系岩溶作用主要有 4 种类型,即风化壳、暗河、断溶体以及风化壳+暗河。这 4 种岩溶作用类型具有如下特征(图 4-1):风化壳主要分布在覆盖区,距离 T_7^4 面 80 m 以内,由于风化剥蚀作用而形成溶蚀孔洞相对均质的储集体,此类储集体平面上延展性好,物性相对均一;暗河主要分布在塔河四、六、七区,是由浅水面形成的管道状溶洞,内部经常被碎屑物质或泥质充填,在平面上类似于河流状弯曲分布,在纵向上由于潜水面周期性变化,形成多期次溶洞;断溶体主要分布在剥蚀区,位于塔河十区、十二区、托普台区等,这些区域的储集体沿着断裂的展布方向分布,油井的初期产能高,且断裂附近的油井产能很高,远离断裂的油井基本没有产能,即断裂是影响产能的主控因素;风化壳+暗河是在风化壳内部,同时发育有河道型储集体的一类储层,其形成受风化剥蚀和潜水面的双重控制。

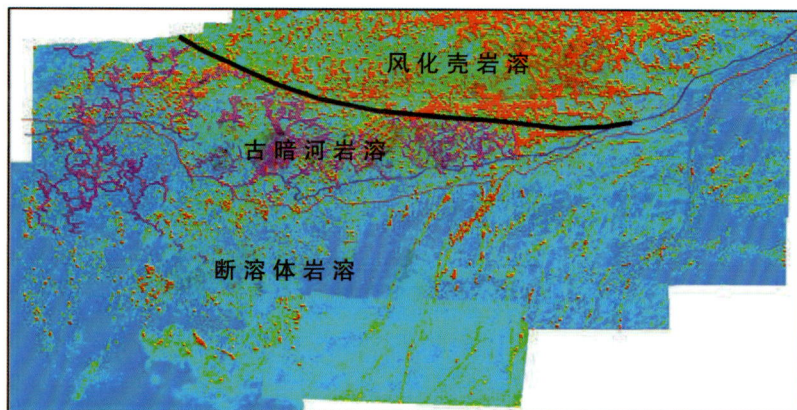

图 4-1 不同类型岩溶作用分布图

为了消除注气量对产油量的影响,采用换油率 $R<0.46$ 作为无效的界限,并将通过该换油率计算的注气有效率作为评价单井注气是否有效的标准,然后根据每口注气单井所在的岩溶区域判断其所处的岩溶背景,进而评价 4 种岩溶背景注气效果的整体好坏。不同岩溶背景注气效果如表 4-1 和图 4-2 所示。可以看出,风化壳、风化壳+暗河两类岩溶背景的单井注气有效率高,均超过 60%,且周期产油分别为 1 289.75 t 和 1 746.20 t,而暗河、断溶体两类岩溶背景的单井注气有效率低,周期产油也相对较低,表明风化壳、风化壳+暗河两类岩溶背景的单井注气效果整体好于暗河、断溶体两类岩溶背景。

表 4-1 不同岩溶背景注气效果统计

岩溶背景	暗 河	断溶体	风化壳	风化壳+暗河
$R\geqslant0.64$ 的井/口	11	29	5	32
$0.46<R<0.64$ 的井/口	1	12	2	6
$R\leqslant0.46$ 的井/口	14	45	4	20
总井数/口	26	86	11	58
注气有效率/%	46.2	47.7	63.6	65.5
周期产油/t	1 192.91	1 169.22	1 289.75	1 746.20

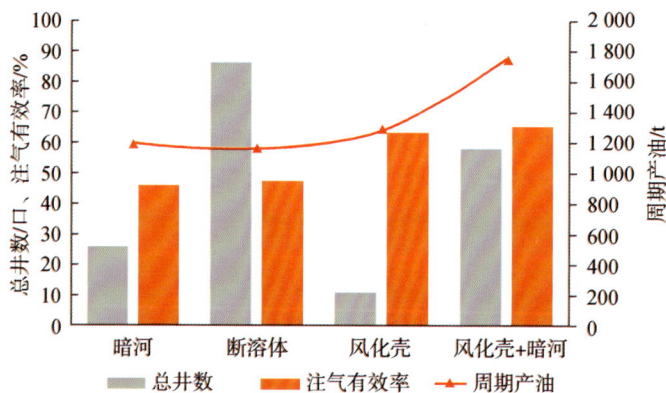

图 4-2 不同岩溶背景注气效果

2）储集体类型对注气效果的影响

在每一种岩溶背景下，由于地应力、溶蚀等作用，缝洞型油藏主要存在 3 种储集体类型，即溶洞型、裂缝孔洞型和裂缝型，如图 4-3 所示。

（a）溶洞型　　　　　　　　　（b）裂缝孔洞型　　　　　　　　　（c）裂缝型

图 4-3　储集体类型图

储集体类型对注气效果影响较大，不同岩溶背景中不同储集体类型的注气效果如表 4-2、图 4-4 所示。可以看出，4 种岩溶背景中，自然溶洞的注气有效率均在 50% 以上，而酸压溶洞的注气有效率大多数在 30% 以上。这说明酸压溶洞较不适于注气，主要原因可能是酸压裂缝无法控制，致使注入气沿裂缝逸散。

表 4-2　不同岩溶背景中不同储集体类型注气有效率统计　　　　　　　　　单位：%

分　类	自然溶洞	酸压溶洞	酸压裂缝孔洞	裂　缝
暗　河	53.8	33.3	42.9	—
断溶体	57.1	34.6	47.8	0.0
风化壳	80.0	33.3	66.7	—
风化壳＋暗河	69.0	53.8	68.8	—

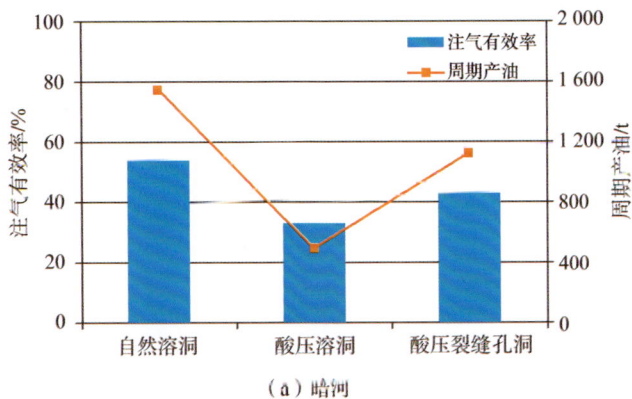

（a）暗河

图 4-4　不同岩溶背景中不同储集体类型注气效果

（b）断溶体

（c）风化壳

（d）风化壳+暗河

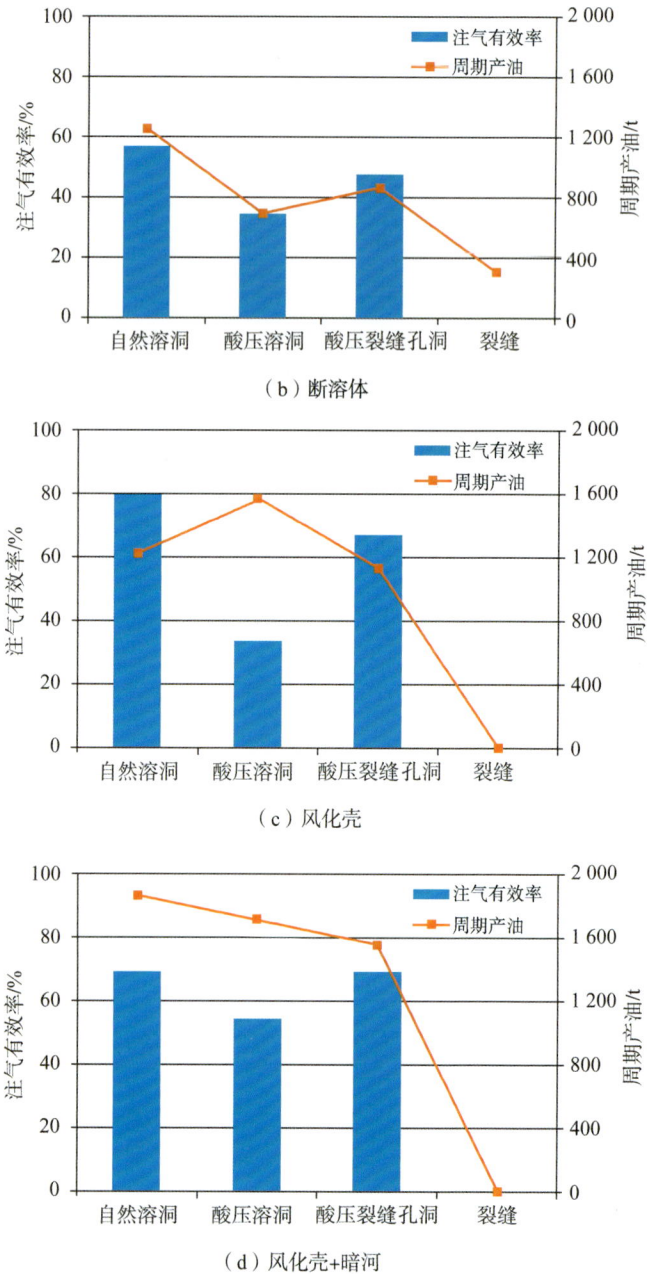

图 4-4(续)　不同岩溶背景中不同储集体类型注气效果

　　风化壳岩溶背景中自然溶洞、酸压裂缝孔洞的注气有效率均高于66％,明显好于暗河及断溶体岩溶背景中的注气井。这说明在风化壳岩溶背景油藏中,酸压起到了沟通周围储集体的作用,由于风化壳储集体物性相对均一,酸压不会导致气体逸失,相反会增加井周围储集体的渗透性。

　　4种岩溶背景中的裂缝注气后均无效,说明裂缝型储集体原油储量少,同时裂缝密度大,这种类型的井不适合采用注气提高采收率。

　　由此可以得出,注气选井时应尽量选择自然溶洞,避免酸压溶洞;对于风化壳、风化壳

＋暗河两类岩溶背景,可以选择酸压裂缝孔洞进行注气;无论哪种岩溶背景,均应避免选择裂缝。

3）底水强弱对注气效果的影响

考虑到在每种岩溶背景下细分储集体类型后注气井数会减少,不利于分析注气效果,因此选择井数最多的断溶体岩溶背景下的单井,细分储集体类型后研究底水强弱对注气效果的影响。

根据缝洞型油藏开发特点,采用见水后含水上升速度和含水曲线的形状来判断底水强弱。下面 4 种含水上升模式(图 4-5)依次反映了底水由弱变强的特点。

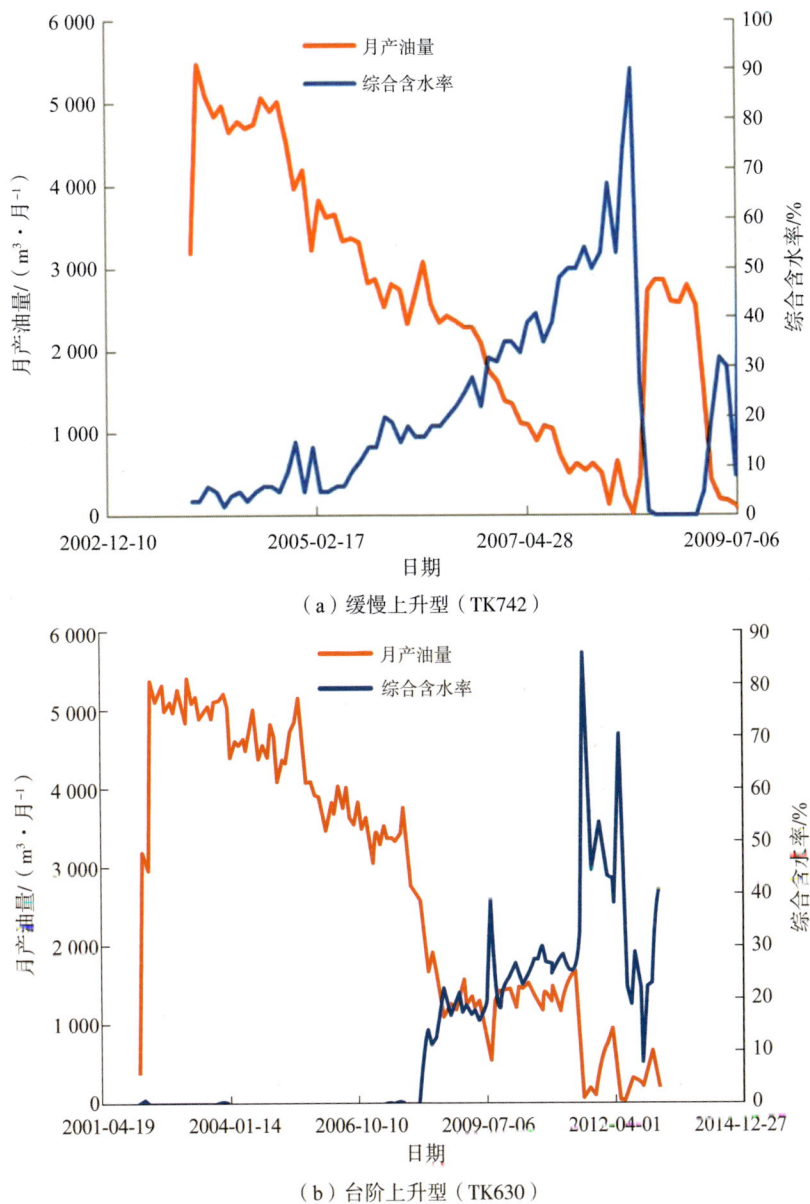

（a）缓慢上升型（TK742）

（b）台阶上升型（TK630）

图 4-5　4 种含水上升模式

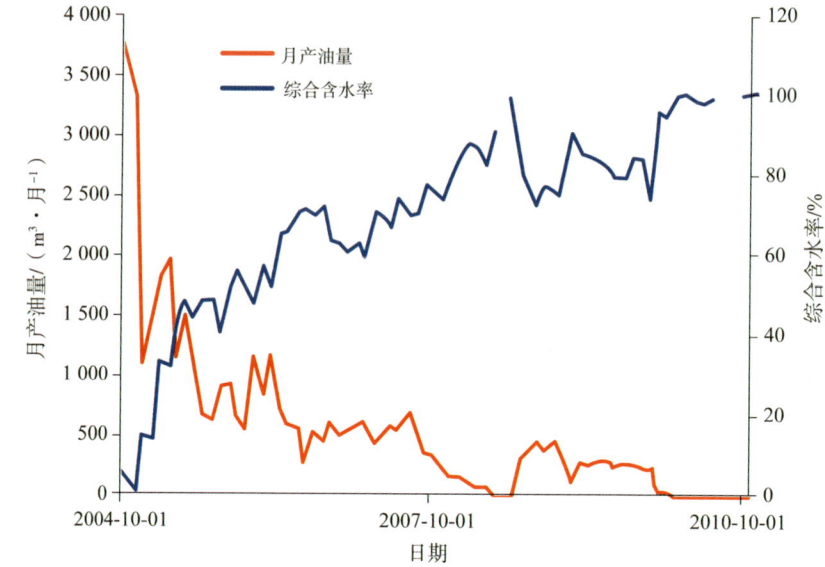

（c）快速上升型（TK722CH）

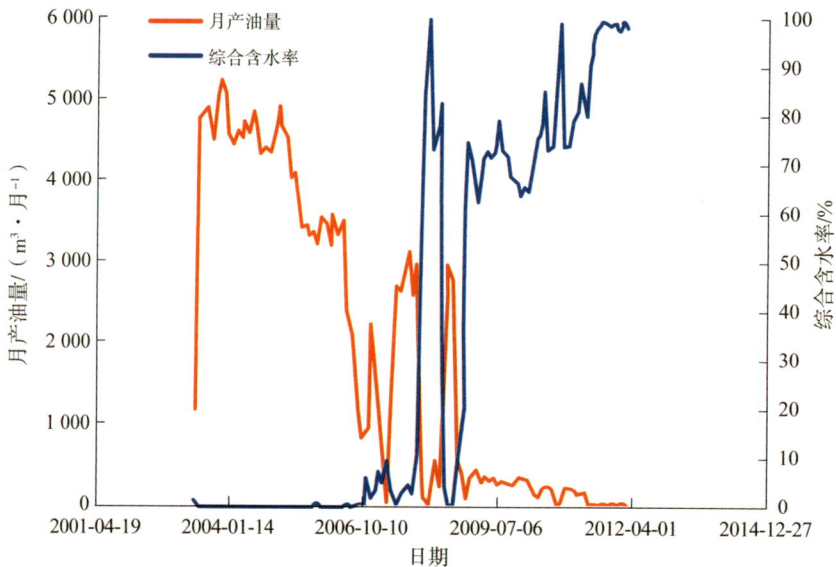

（d）暴性水淹型（TK715）

图 4-5(续)　4 种含水上升模式

　　（1）缓慢上升型：油井见水后连续一年以上月含水上升速度在 3％以内，典型井为 TK742 井。

　　（2）台阶上升型：油井见水后出现台阶段，出现台阶段后含水在 60％以下，并保持半年以上的相对稳定生产，出现台阶段前平均月含水上升速度小于 10％，典型井为 TK630 井。

　　（3）快速上升型：油井见水后半年内月含水上升速度大于 10％，含水大于 60％以后含水上升速度开始放缓，出现缓升段或者台阶段，典型井为 TK722CH 井。

　　（4）暴性水淹型：油井突然见水，且含水迅速上升（见水后半年内月含水上升速度大于 10％），一年内导致油井含水在 90％以上或高含水停产，典型井为 TK715 井。

在断溶体岩溶背景的注气单井中,自然溶洞含水表现为台阶上升型或快速上升型的油井注气有效率高,表明中等能量水体单井注气后效果好的可能性更高;酸压溶洞由于酸压裂缝的作用弱,弱能量水体单井注气后有效率高;对于酸压裂缝孔洞,中等能量水体单井注气后有效率高(图 4-6)。

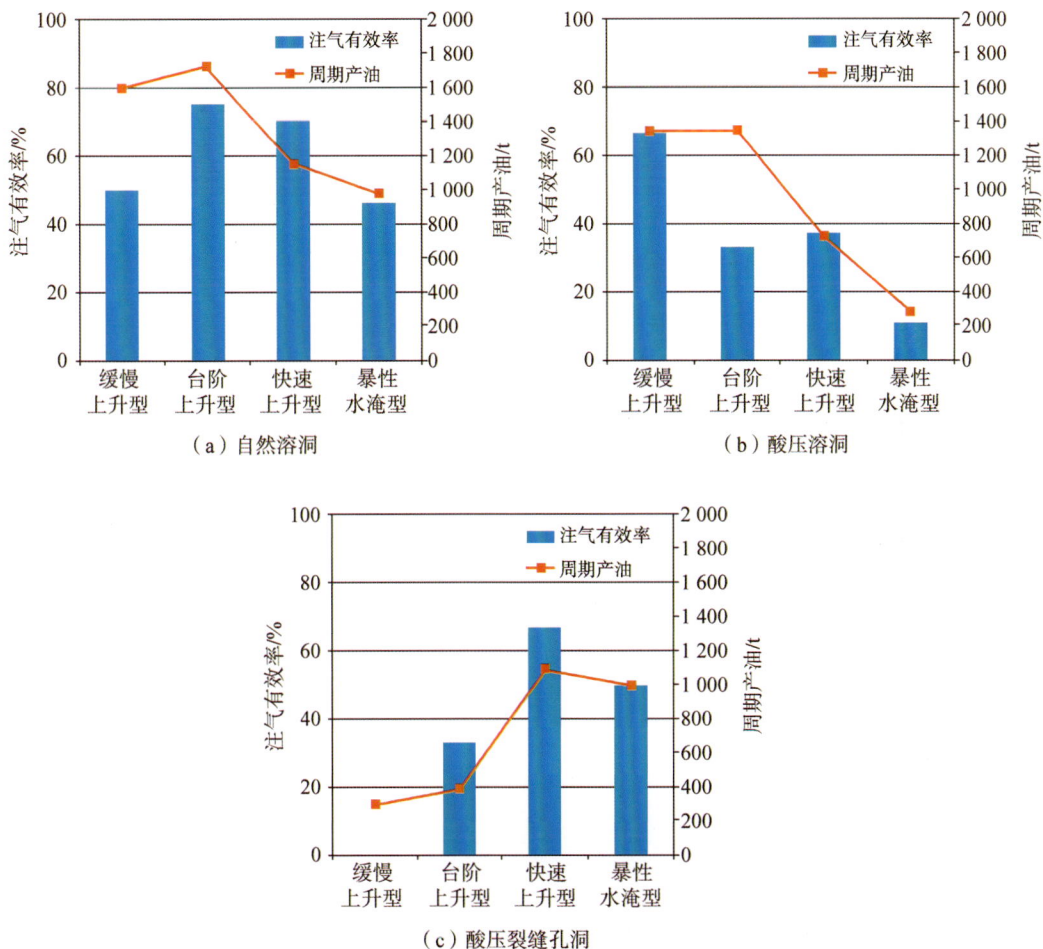

图 4-6　断溶体不同类型储集体水体能量与注气有效率、周期产油柱状图

4)剩余油类型对注气效果的影响

根据缝洞型油藏衰竭式开发后期剩余油的分布特征,可将剩余油分为 4 种类型(图 4-7),即残丘高剩余油、水平井上部剩余油、底水未波及剩余油、裂缝型剩余油。

剩余油类型取决于储集体的形态、裂缝的分布、井筒与储集体的配置关系等。对于钻遇溶洞的储集体,当井钻至其中部时,在井与洞顶之间的空间形成无法采出的洞顶剩余油。根据储集体的形态和井的类型,可以将剩余油分为残丘高剩余油和水平井上部剩余油。对于钻遇裂缝发育的储集体,如果上部有水平展布的风化壳岩溶背景储集体,则底水容易沿着裂缝窜进至井筒,周围剩余油难以被采出,形成底水未波及剩余油;如果裂缝上部及周围储集空间很小,则在裂缝周围形成星星点点的少量裂缝型剩余油。

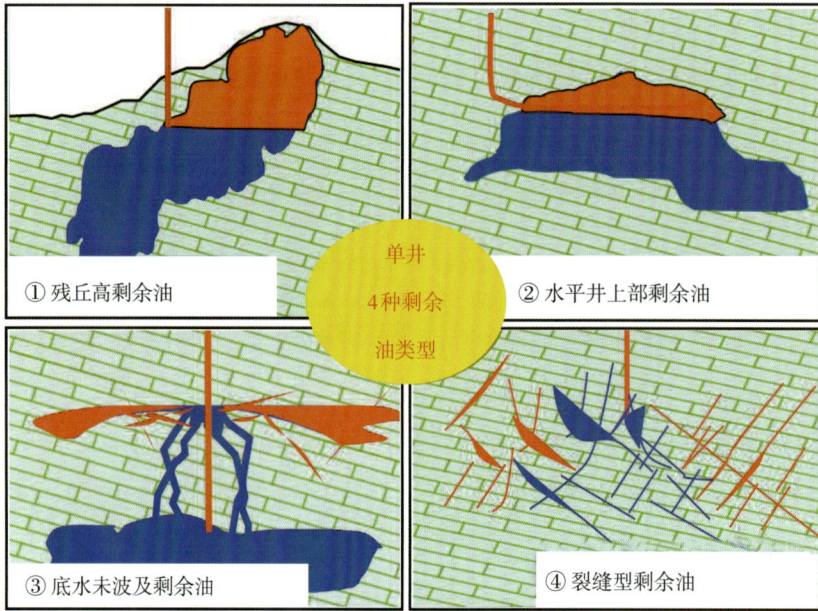

图 4-7　缝洞型油藏剩余油类型示意图

在断溶体岩溶背景的注气单井中,自然溶洞在残丘和水平井上部注气有效率高,而酸压溶洞注气有效率均低于 50%,酸压裂缝孔洞注气有效率也均低于 50%,裂缝注气有效率为 0,如图 4-8 所示。以上结果表明,注气井要选择自然溶洞残丘高剩余油和水平井上部剩余油,而对于其他类型的剩余油,注气在经济上均存在较大风险。

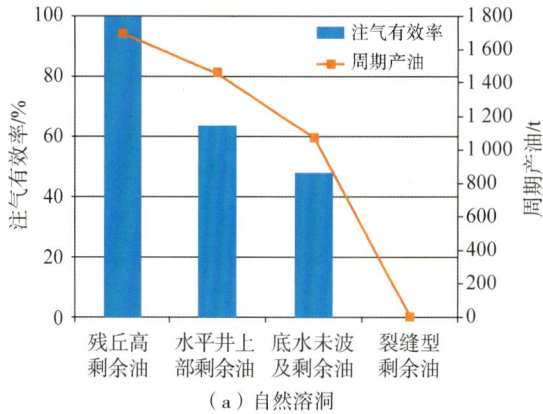

图 4-8　断溶体不同类型储集体下剩余油类型与注气有效率、周期产油柱状图

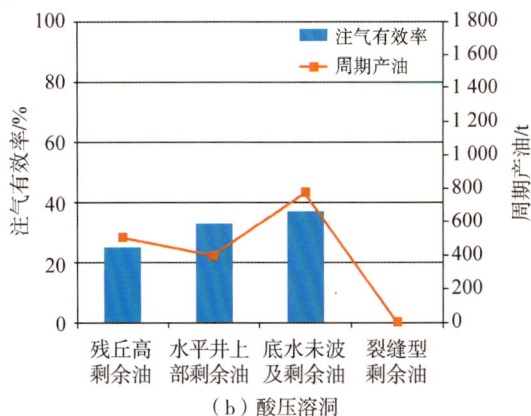

（b）酸压溶洞

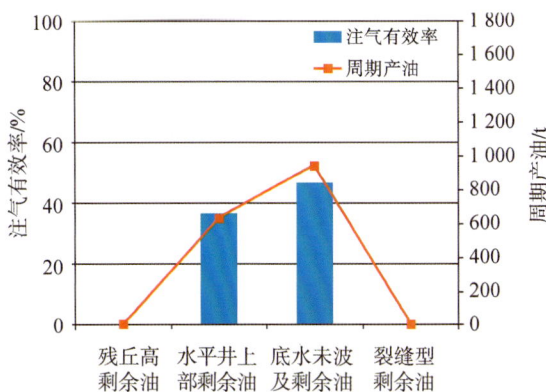

（c）酸压裂缝孔洞

图 4-8(续)　断溶体不同类型储集体下剩余油类型与注气有效率、周期产油柱状图

5）剩余油储量对注气效果的影响

在确定了储集体类型对注气效果影响的基础上，剩余油储量是进一步影响注气效果的主要参数。由于储集体形状表征和储层物性计算存在较大困难，所以目前缝洞型油藏剩余油储量的计算还没有形成较为规范的方法。本书采用常规计算剩余油储量的方法，即通过累积产油量和标定的采收程度折算剩余地质储量，然后统计 181 口注气井剩余油储量的分布规律，结果如图 4-9 所示。可以看出，剩余油储量基本符合正态分布，平均 15.43×10^4 t，标准差 11.7。

为了表征剩余油储量的大小，需要划分剩余油储量的界限。按照统计数据充足、均分的原则，选取累积分布曲线四等分点作为划分界限（图 4-10）：① 剩余油储量小，数值界限不大于 5×10^4 t；② 剩余油储量中等，数值界限为 $(5 \sim 15) \times 10^4$ t；③ 剩余油储量大，数值界限为 $(15 \sim 25) \times 10^4$ t；④ 剩余油储量超大，数值界限大于 25×10^4 t。

分析不同类型储集体剩余油储量与注气有效率的关系，结果如图 4-11 所示。在断溶体单井中，① 自然溶洞剩余油储量不大于 25×10^4 t 时注气有效率高；② 酸压溶洞注气有效率均低于 50%；③ 酸压裂缝孔洞剩余油储量大于 25×10^4 t 时注气有效率高。

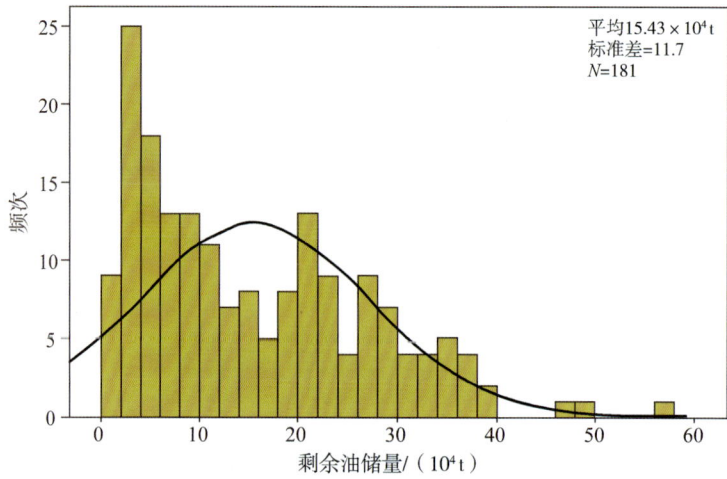

图 4-9　注气井剩余油储量分布图

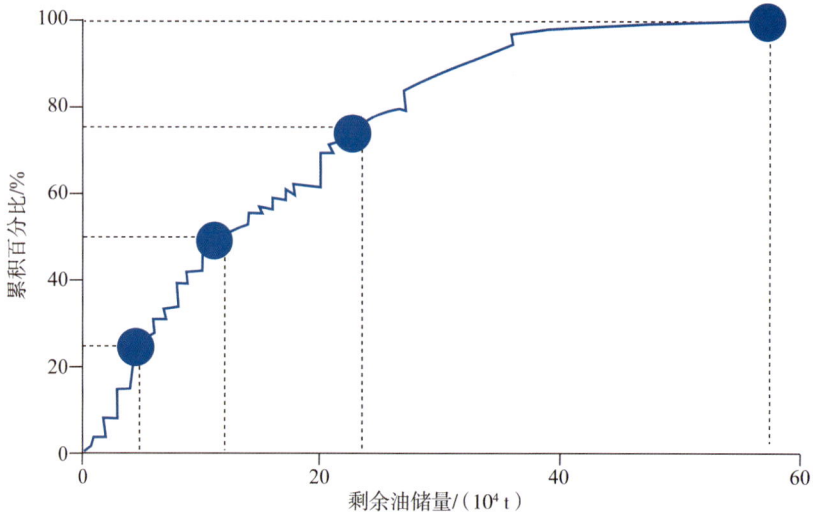

图 4-10　剩余油储量累积分布曲线

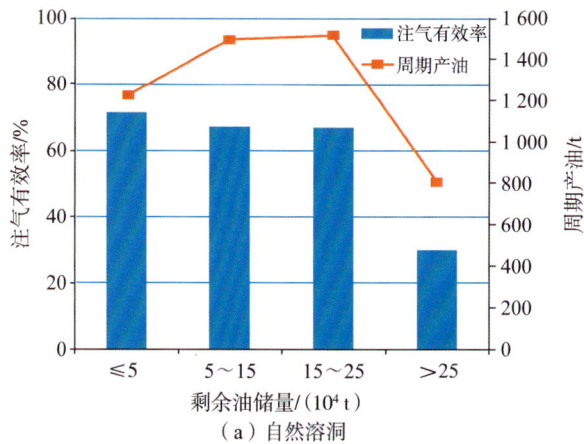

（a）自然溶洞

图 4-11　断溶体不同类型储集体剩余油储量与注气有效率、周期产油柱状图

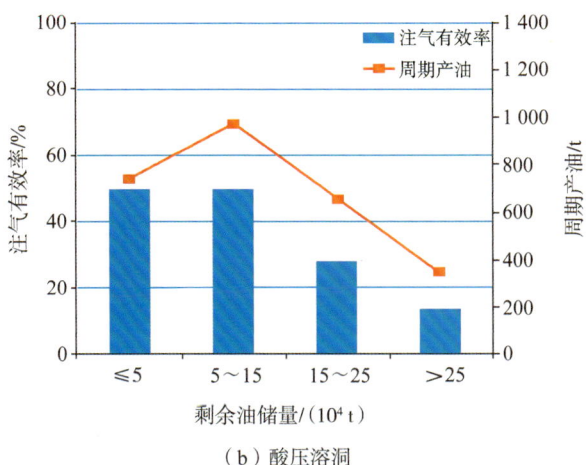

（b）酸压溶洞

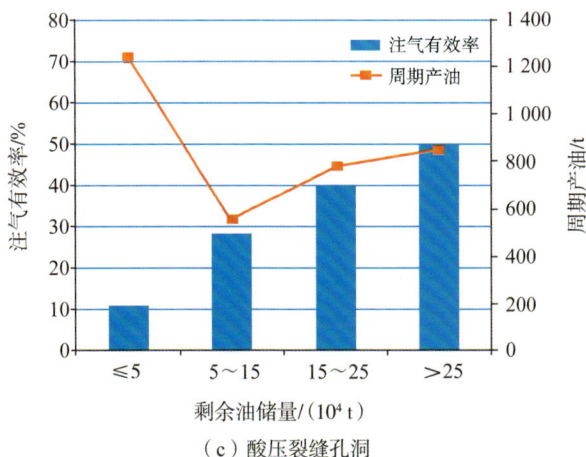

（c）酸压裂缝孔洞

图 4-11(续)　断溶体不同类型储集体剩余油储量与注气有效率、周期产油柱状图

6）不同岩溶背景下单因素对注气效果的影响

前文主要针对断溶体岩溶背景下注气单井分析储集体类型等地质参数对注气效果的影响，下面主要介绍暗河、风化壳、风化壳＋暗河这 3 种岩溶背景下单因素对注气效果的影响，由于这些岩溶背景注气井数较少，所以不再将其细分至储集体类型。

（1）暗河。

水体能量方面，含水上升曲线表现为台阶上升型和快速上升型储集体注气有效率高，超过 70%（图 4-12a），表明中等底水能量储集体的注气效果普遍较好。

剩余油类型方面，水平井上部剩余油注气有效率较高，其他类型剩余油注气有效率均低于 50%（图 4-12b），说明其他类型剩余油采用注气开发在经济上存在较大风险。

剩余油储量方面，剩余油储量不大于 25×10^4 t 时注气有效率高（图 4-12c）。出现这种现象的原因可能是剩余油储量越大，平面规模越大，注入气逸失量越多，如果与周围储集体连通，则可起到气驱的作用。但是由于气体逸失，所以注气对自身井的吞吐效果不明显。

（a）水体能量

（b）剩余油类型

（c）剩余油储量

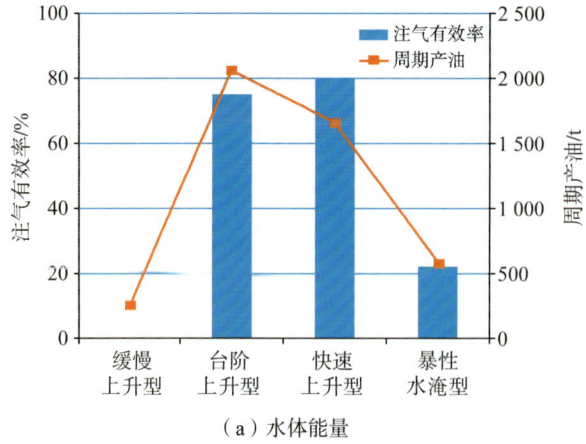

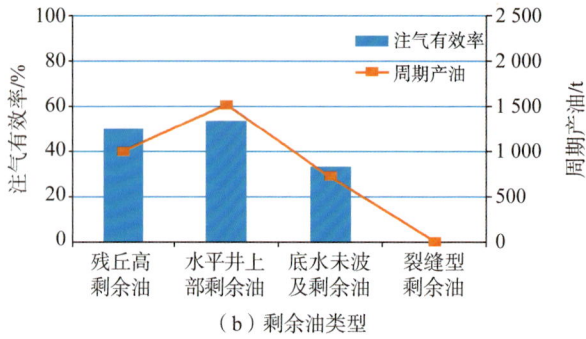

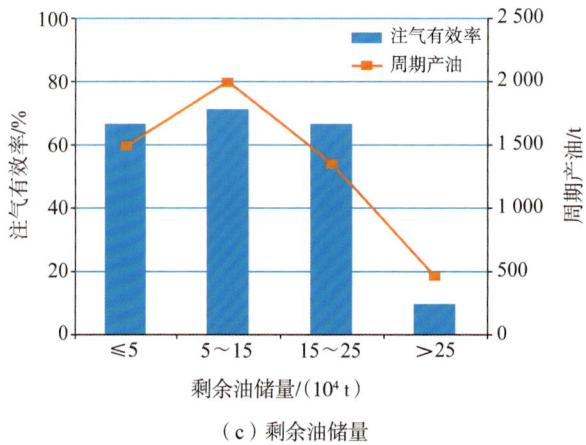

图 4-12 暗河岩溶背景水体能量等地质参数对注气效果的影响

（2）风化壳。

水体能量方面，含水上升曲线表现为快速上升型储集体注气有效率高，超过 80%（图 4-13a），表明中等底水能量储集体的注气效果较好。

（a）水体能量

（b）剩余油类型

（c）剩余油储量

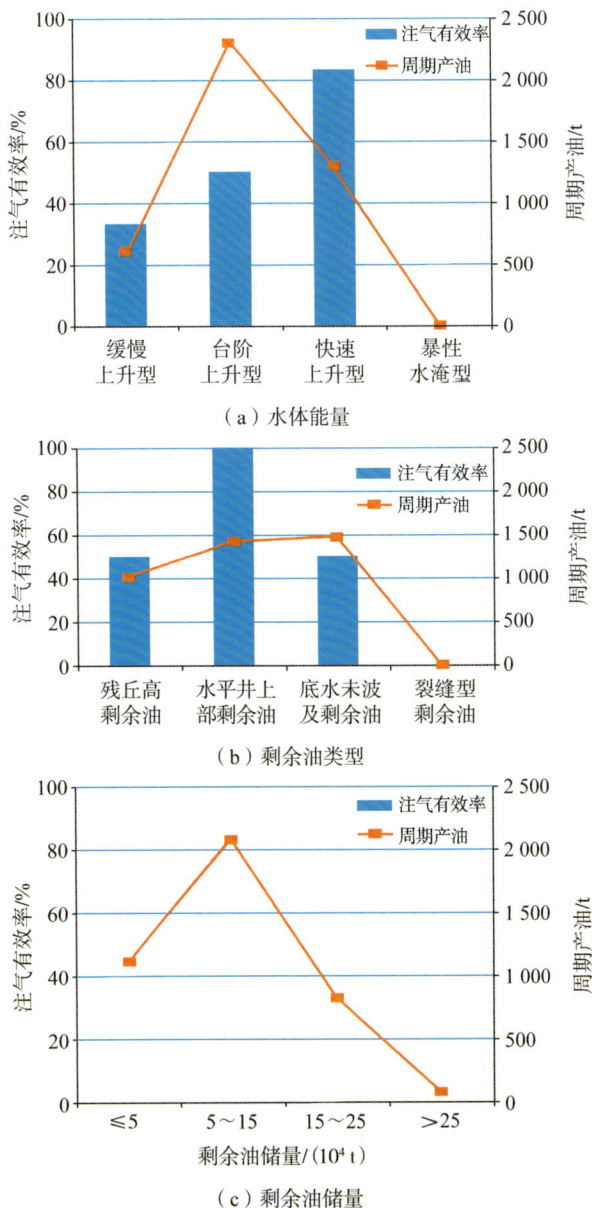

图 4-13　风化壳岩溶背景水体能量等地质参数对注气效果的影响

剩余油类型方面,水平井上部剩余油注气后 100% 有效,其他类型剩余油注气有效率均低于 50%(图 4-13b),因此应选择水平井上部剩余油进行注气。

剩余油储量方面,与暗河岩溶背景相同,剩余油储量不大于 $25 \times 10^4 t$ 时注气有效率高;超过此界限后,注气基本无效。

（3）风化壳＋暗河。

水体能量方面,含水上升曲线表现为快速上升型储集体注气有效率高,超过 70%(图 4-14a),表明中等底水能量储集体的注气效果较好。

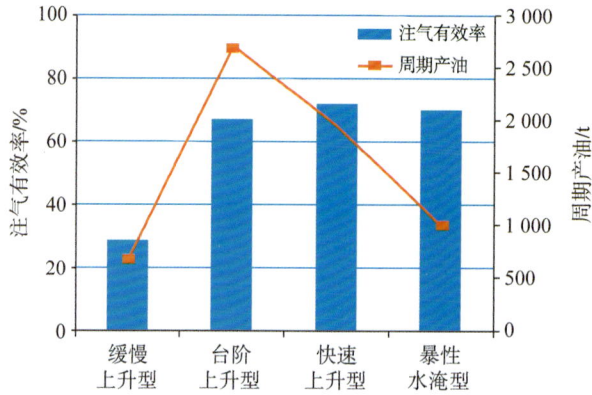

（a）水体能量

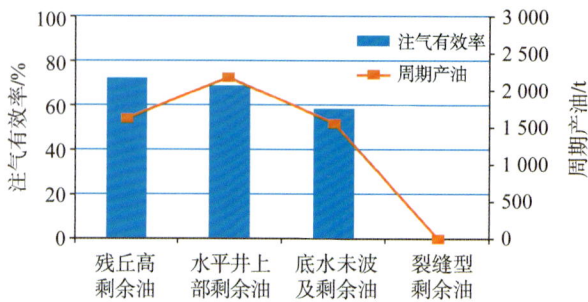

（b）剩余油类型

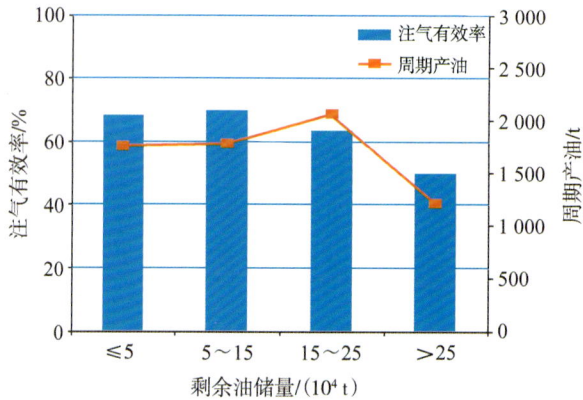

（c）剩余油储量

图 4-14 风化壳+暗河岩溶背景水体能量等地质参数对注气效果的影响

剩余油类型方面,残丘高剩余油和水平井上部剩余油注气有效率高,其他类型剩余油注气有效率均低于 50%(图 4-14b),因此应选择这两类剩余油进行注气。

剩余油储量方面,与暗河、风化壳岩溶背景相同,剩余油储量不大于 25×10^4 t 时注气有效率高;超过此界限后,注气有效率下降(图 4-14c)。

4.1.3　不同岩溶背景下的选井原则

基于以上研究成果,可以得出不同岩溶背景下的选井原则(表 4-3),主要结论如下:

(1)断溶体和暗河岩溶背景下要优先选择自然溶洞进行注气,风化壳和风化壳＋暗河岩溶背景下要优先选择酸压裂缝孔洞进行注气。4 种岩溶背景注气井的选择都应避免酸压溶洞。

(2)水体能量方面,4 种岩溶背景下均应选择中等能量水体进行注气,过低或过高的水体能量均不利于注气。

(3)剩余油类型方面,残丘高剩余油和水平井上部剩余油是注气选井主要针对的剩余油类型。

(4)注气选井剩余油储量不能过大,25×10^4 t 是其上限值,大于此值后注气风险就会增大。

表 4-3　不同岩溶背景下的选井原则

类　型	断溶体	暗　河	风化壳	风化壳＋暗河
优选储集体类型	自然溶洞	自然溶洞	酸压裂缝孔洞	酸压裂缝孔洞
避免储集体类型	酸压溶洞			
含水上升类型	台阶上升、快速上升	台阶上升、快速上升	台阶上升、快速上升	台阶上升、快速上升
剩余油类型	残丘高剩余油、水平井上部剩余油	水平井上部剩余油	水平井上部剩余油	残丘高剩余油、水平井上部剩余油
剩余油储量/(10^4 t)	<25	<25	<25	<25

从 181 口注气井中筛选出符合以上选井原则的注气井 16 口,其中注气效果好的井 13 口(表 4-4),符合率达 81%,说明以上选井原则具有较好的准确性。

表 4-4　注气选井原则的符合率统计表

井　名	岩溶背景	储集体类型	含水上升类型	剩余油类型	剩余油储量/(10^4 t)	已完成周期累积产油量/t	吨气换油率	注气效果
S107CH	断溶体	自然溶洞	台阶上升	水平井上部剩余油	16.04	4 860.22	2.47	好
T819CH	断溶体	自然溶洞	台阶上升	水平井上部剩余油	47.44	2 455.20	0.75	好
TH12352	断溶体	自然溶洞	快速上升	残丘高剩余油	4.68	3 957.44	0.81	好
TK836CH	断溶体	自然溶洞	快速上升	水平井上部剩余油	4.97	2.07	0.00	差
TK837CX	断溶体	自然溶洞	快速上升	残丘高剩余油	5.84	1 633.20	1.00	好

井 名	岩溶背景	储集体类型	含水上升类型	剩余油类型	剩余油储量/(10^4 t)	已完成周期累积产油量/t	吨气换油率	注气效果
TP242	断溶体	自然溶洞	台阶上升	残丘高剩余油	16.77	2 133.50	1.30	好
T443CH	暗河	自然溶洞	台阶上升	水平井上部剩余油	5.71	7 750.20	4.74	好
TK762CH	暗河	自然溶洞	台阶上升	水平井上部剩余油	19.54	1 576.00	0.96	好
TK848CH	暗河	自然溶洞	快速上升	水平井上部剩余油	4.16	2 847.00	1.74	好
TH12135CH	风化壳	酸压裂缝孔洞	快速上升	水平井上部剩余油	2.99	1 839.68	1.12	好
T7-615CX	风化壳＋暗河	酸压裂缝孔洞	快速上升	残丘高剩余油	4.36	3 769.39	0.72	好
TH12182	风化壳＋暗河	酸压裂缝孔洞	快速上升	残丘高剩余油	15.61	4 235.50	1.29	好
TK603CH	风化壳＋暗河	酸压裂缝孔洞	快速上升	水平井上部剩余油	3.89	1 6519.00	5.30	好
TK676	风化壳＋暗河	酸压裂缝孔洞	快速上升	残丘高剩余油	4.78	13.60	0.01	差
TK7-619CH	风化壳＋暗河	酸压裂缝孔洞	快速上升	水平井上部剩余油	2.84	3 668.35	0.77	好
TK7-633CH2	风化壳＋暗河	酸压裂缝孔洞	快速上升	水平井上部剩余油	3.58	877.00	0.27	差

4.2 单井注氮气时机及方式研究

4.2.1 注氮气时机优化研究

TK404 与 T416 井在 2006 年由于产量降低、含水率升高而开展注水替油,故以 2006 年作为注水替油的起始点,注水方案设计如下:自 2006 年开始,注水制度为 300 m^3/d,注水时间为 50 d,焖井时间为 40 d,开井生产制度为定液量 100 m^3/d,周期内生产时间 9 个月,注水 7 个周期,到 2013 年为止(图 4-15、图 4-16)。

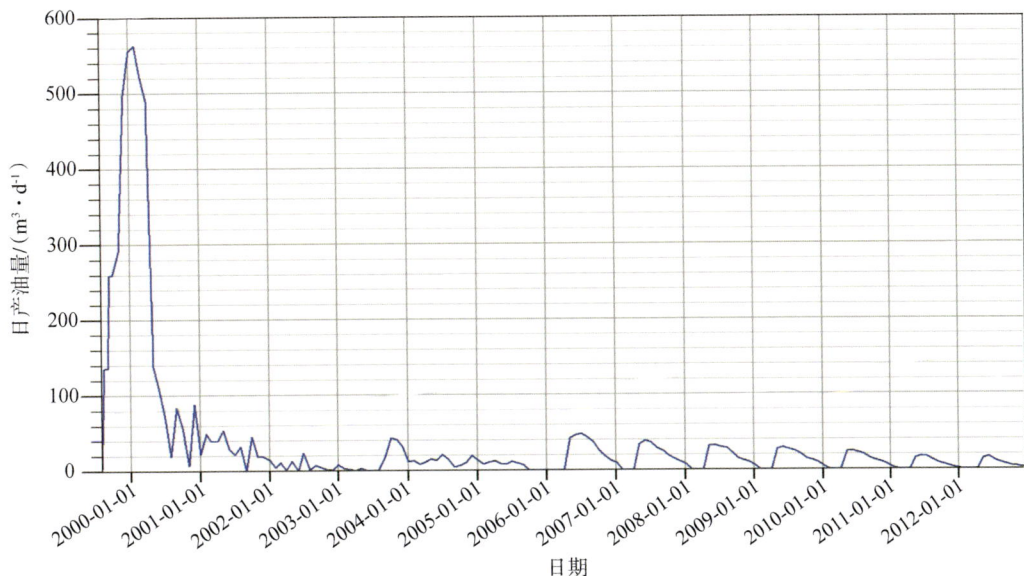

图 4-15　TK404 井多轮次注水替油日产油量曲线

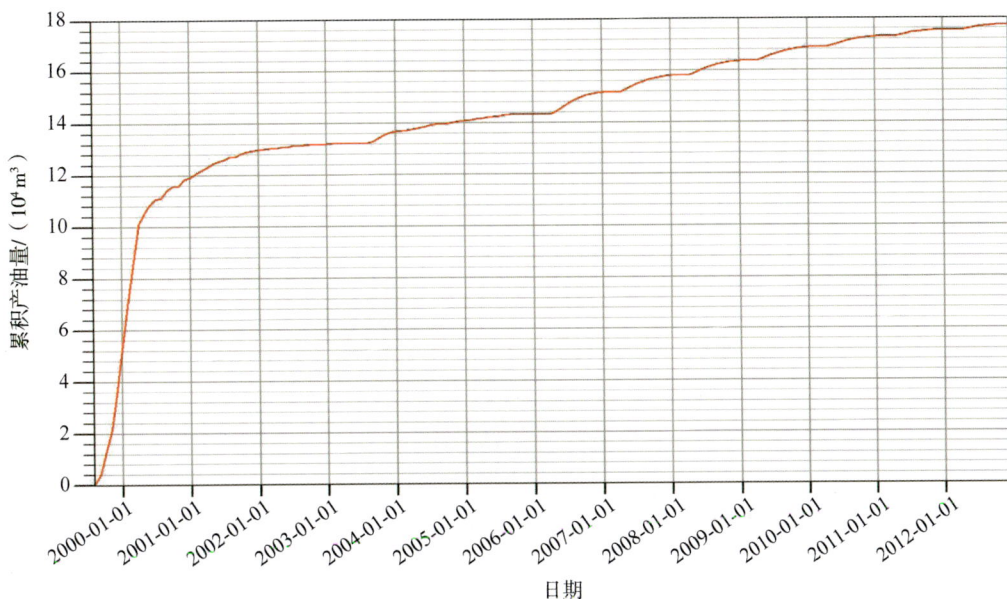

图 4-16　TK404 井多轮次注水替油累积产油量曲线

注气替油方案设计如下:以每一周期的吨油耗水率为标志,在每一个周期之后进行注气替油,生产至 2013 年。注气替油的开展时间分别为 2007 年 1 月、2008 年 1 月、2009 年 1 月、2010 年 1 月、2011 年 1 月、2012 年 1 月。结合现场实际,注气一轮次的时间为 10 d,周期注气量为 60×10^4 m^3,焖井时间为 20 d,开井生产制度为定液量 100 m^3/d。对比方案的日产油量及累积产油量指标,可以得到注气替油效果优于注水替油效果的最佳时机。

基础方案为多轮次注水替油,其数值模拟计算结果如图 4-17、图 4-18 所示。可以看出,随着轮次的增加,注水替油效果逐渐变差,油藏底部剩余油逐渐被抬升采出,射孔段以下剩余油逐渐减少,因此日产油量逐渐降低,含水率逐渐升高。

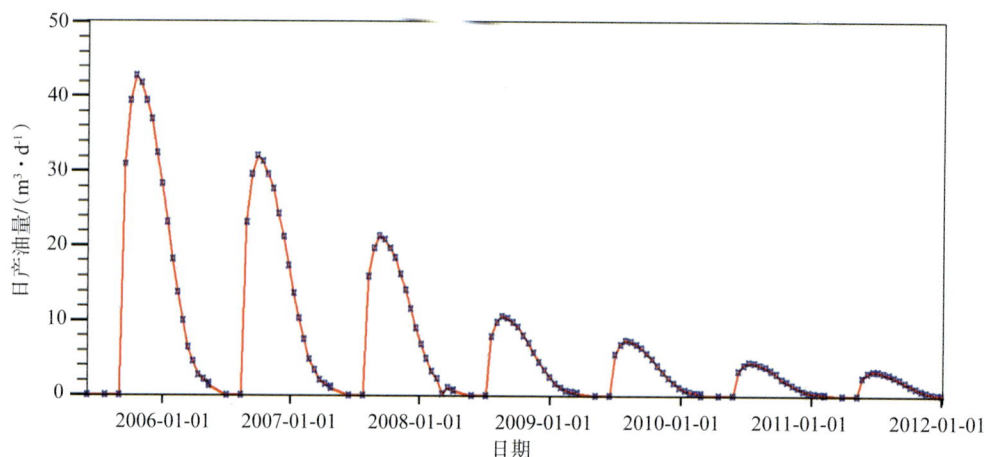

图 4-17　T416 井多轮次注水替油日产油量曲线

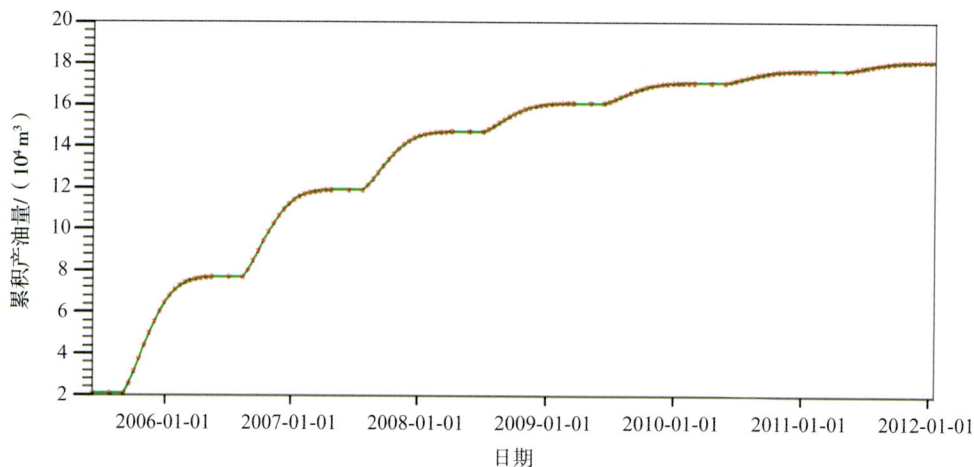

图 4-18　T416 井多轮次注水替油累积产油量曲线

采用多轮次注水替油方案可以得到不同轮次下的吨油耗水率,见表 4-5、表 4-6。

表 4-5　TK404 井多轮次注水替油吨油耗水率数据表

日　　期	累积产油量/m³	周期增油量/m³	周期注水量/m³	吨油耗水率
2006-01	143 016.9	—	—	—
2007-01	151 527.9	8 511.00	15 000	1.76
2008-01	157 925.2	6 397.25	15 000	2.34
2009-01	163 592.4	5 667.25	15 000	2.65
2010-01	168 616.9	5 024.50	15 000	2.98
2011-01	172 755.3	4 138.40	15 000	3.62
2012-01	175 206.7	2 451.42	15 000	6.12

表 4-6　T416 井多轮次注水替油吨油耗水率数据表

日　期	累积产油量/m³	周期增油量/m³	周期注水量/m³	吨油耗水率
2005-06	2 062	—		
2006-06	7 683	5 620	15 000	2.67
2007-06	11 898	4 215	15 000	3.56
2008-06	14 710	2 812	15 000	5.33
2009-06	16 113	1 402	15 000	10.69
2010-06	17 100	987	15 000	15.19
2011-06	17 686	586	15 000	25.59
2012-06	18 126	439	15 000	34.15

在此基础之上设计不同注气方案,见表 4-7、表 4-8。

表 4-7　TK404 井不同注气方案设计

方　案	注气/水时间	注水替油吨油耗水率	周期注气(水)量/(10^4 m³)	焖井时间/d	开井工作制度/(m³·d⁻¹)
基础方案	2006 年注水	—	1.5	40	100
方案一	2007 年之前与基础方案相同,2007 年注气	1.76	60	20	100
方案二	2008 年之前与基础方案相同,2008 年注气	2.34	60	20	100
方案三	2009 年之前与基础方案相同,2009 年注气	2.65	60	20	100
方案四	2010 年之前与基础方案相同,2010 年注气	2.98	60	20	100
方案五	2011 年之前与基础方案相同,2011 年注气	3.62	60	20	100
方案六	2012 年之前与基础方案相同,2012 年注气	6.12	60	20	100

表 4-8　T416 井不同注气方案设计

方　案	注气/水时间	注水替油吨油耗水率	周期注气(水)量/(10^4 m³)	焖井时间/d	开井工作制度/(m³·d⁻¹)
基础方案	2005 年注水	—	0.15	40	100
方案一	2006 年之前与基础方案相同,2006 年注气	2.67	60	20	100
方案二	2007 年之前与基础方案相同,2007 年注气	3.56	60	20	100
方案三	2008 年之前与基础方案相同,2008 年注气	5.33	60	20	100
方案四	2009 年之前与基础方案相同,2009 年注气	10.69	60	20	100
方案五	2010 年之前与基础方案相同,2010 年注气	15.19	60	20	100
方案六	2011 年之前与基础方案相同,2011 年注气	25.59	60	20	100
方案七	2012 年之前与基础方案相同,2012 年注气	34.15	60	20	100

对比并分析注气后生产周期内的日产油量与累积产油量可知,注气替油的原理在于注入气上升替换油藏顶部射孔段以上的部分剩余油,同时在注气过程中存在压锥效应。因

此,在注气替油开采最初阶段,注气替油效果略好于注水替油,但随着开发的进行,底水锥进后开发效果逐渐变差,效果不如注水替油。随着底部剩余油储量的动用程度逐渐加大,注水替油效果变差,注气替油动用顶部剩余油的效果开始好于注水替油,此时可确定为注气最佳时机。

通过对比日产油量、累积产油量曲线及累积产油量数据(图 4-19～图 4-21、表 4-9、表 4-10)可知,对于 TK404 井,2011 年时注气替油效果首次好于注水替油效果,因此注气最佳时机为 2011 年;对于 T416 井,注气最佳时机为 2010 年。

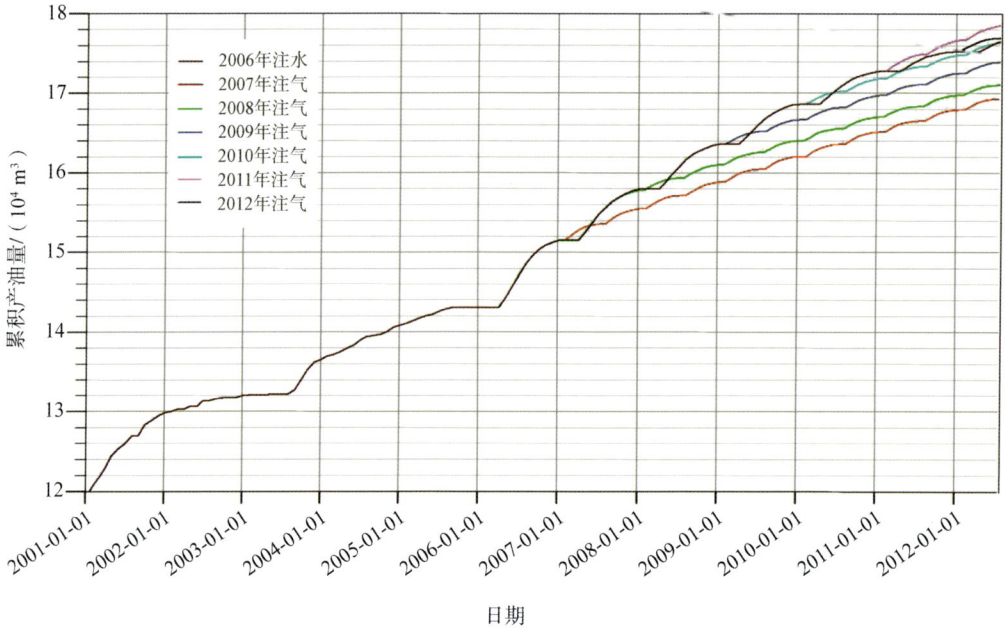

图 4-19　TK404 井不同注气时机注气替油累积产油量对比曲线

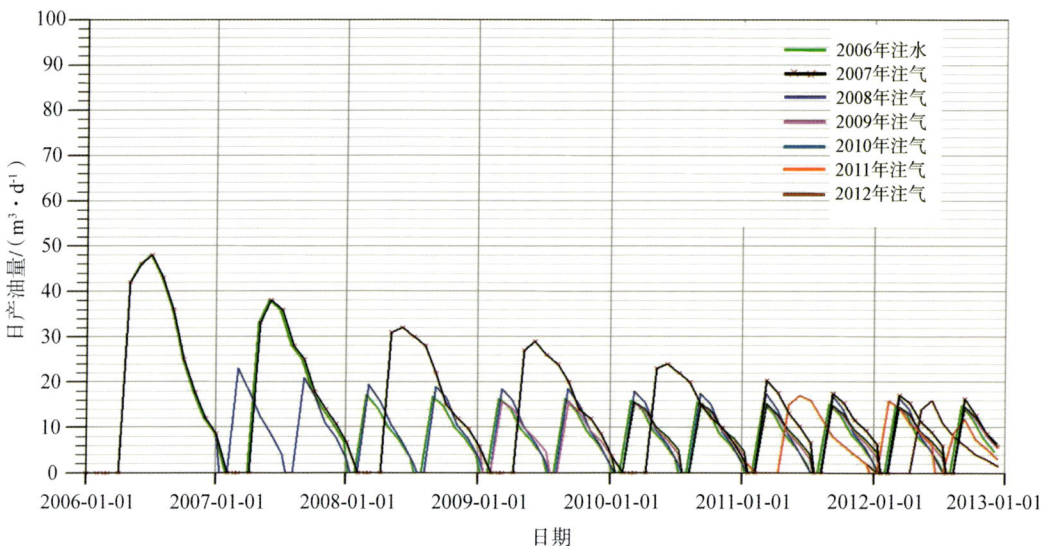

图 4-20　TK404 井不同注气时机注气替油日产油量对比曲线

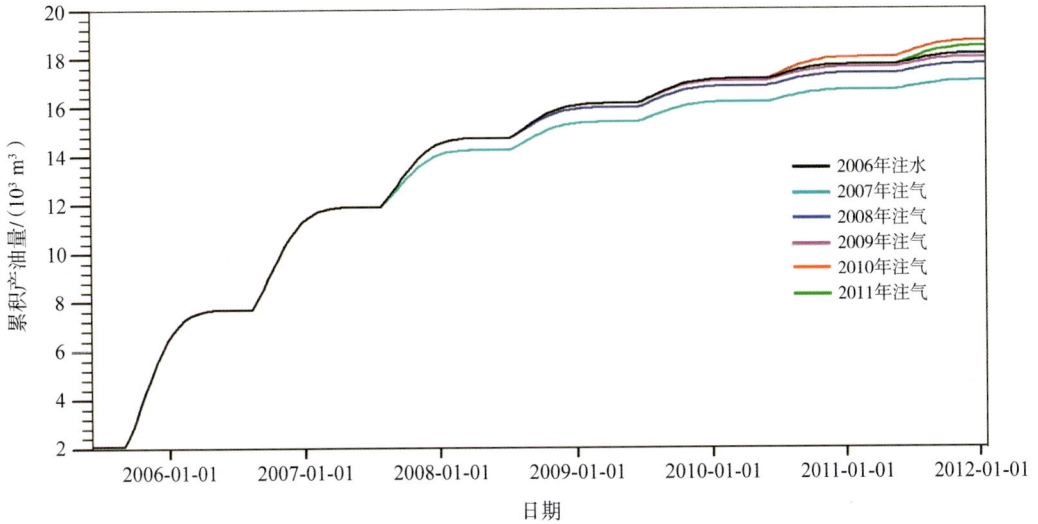

图 4-21　T416 井不同注气时机注气替油累积产油量对比曲线

表 4-9　TK404 井不同注气时机注气替油累积产油量数据

注水时机	累积产油量/m³	注气时机	累积产油量/m³	采收率/%
2012-01	—			
2012-01	177 146	2007-01	169 252	32.93
2012-01	177 146	2008-01	172 240	33.51
2012-01	177 146	2009-01	175 118	34.07
2012-01	177 146	2010-01	177 604	34.55
2012-01	177 146	2011-01	179 841	34.99
2012-01	177 146	2012-01	178 044	34.64

表 4-10　T416 井不同注气时机注气替油累积产油量数据

注水时机	累积产油量/m³	注气时机	累积产油量/m³	采收率/%
2012-01	—	—	—	
2012-01	18 126	2007-01	15 481	9.53
2012-01	18 126	2008-01	17 014	10.48
2012-01	18 126	2009-01	17 710	10.91
2012-01	18 126	2010-01	17 983	11.07
2012-01	18 126	2011-01	18 641	11.48
2012-01	18 126	2012-01	18 427	11.00

  TK404 及 T416 井不同注气时机含油饱和度（图 4-22～图 4-33）显示，2006 年，TK404 及 T416 井底部仍存在大量剩余油，如果此时进行注气替油，则注入气置换残丘高剩余油，底部仍存在大量剩余油。随即进行注水替油的模拟，对比 2006—2011 年单井底部剩余油饱和度的情况可知，底部剩余油得到了充分开发，但底部剩余油的储量多于残丘高剩余油，因此若提前注气替油，则会造成底部剩余油的不充分动用。若延迟进行注气替油，即在底部可动用剩余油逐渐减少，注水替油逐渐失效，持续保持高含水率时进行注气替油，则可开发残丘顶部剩余油，可有效提高储量动用程度，提高开发效率。

  综上，注气最佳时机为底部剩余油减少、注水替油开发效果变差时，由此确定 TK404 井注气时机为 2011 年，T416 井注气时机为 2010 年。由于两口井的开发历程相似，从注气时机来看，弱能量单井（T416 井）的注气时机要比强能量单井（TK404 井）早一些。

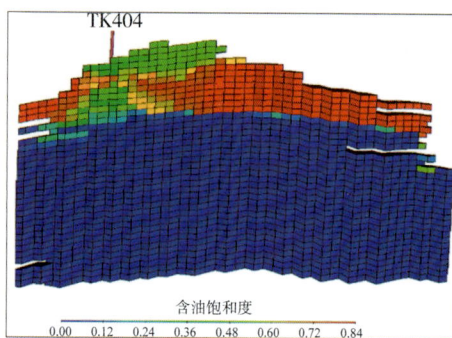

图 4-22 TK404 井注气生产含油饱和度（2006） 图 4-23 TK404 井注气生产含油饱和度（2007）

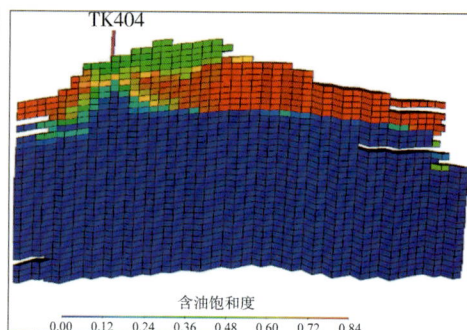

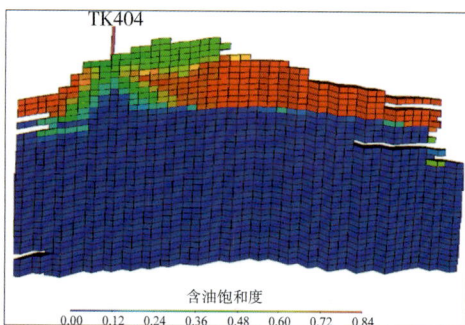

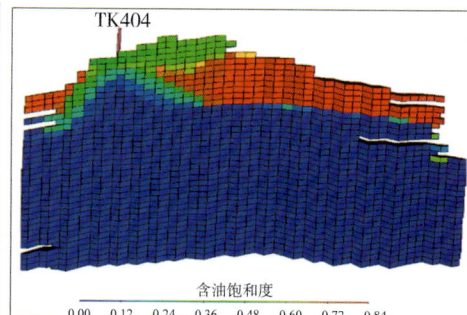

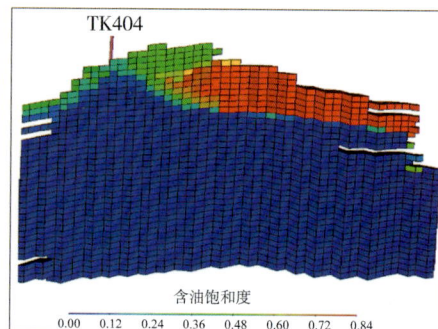

图 4-24 TK404 井注气生产含油饱和度（2008） 图 4-25 TK404 井注气生产含油饱和度（2009）

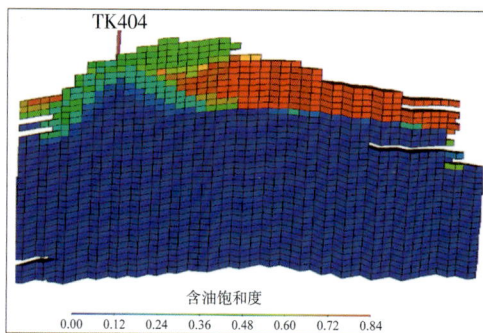

图 4-26 TK404 井注气生产含油饱和度（2010） 图 4-27 TK404 井注气生产含油饱和度（2011）

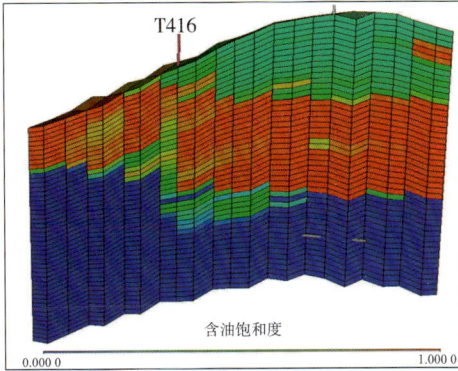

图 4-28　T416 井注气生产含油饱和度(2006)

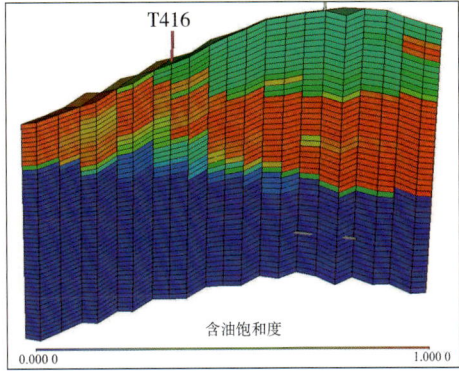

图 4-29　T416 井注气生产含油饱和度(2007)

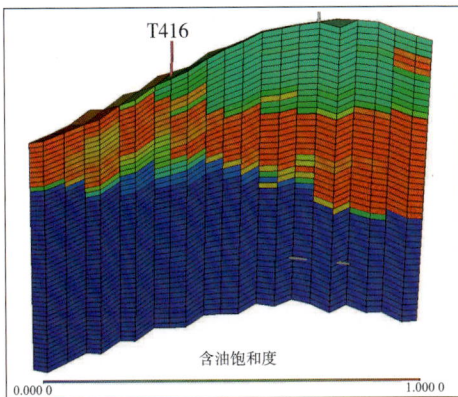

图 4-30　T416 井注气生产含油饱和度(2008)

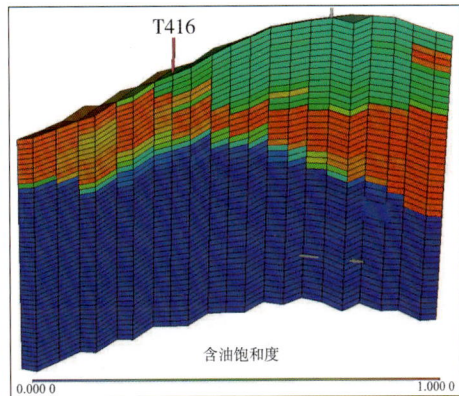

图 4-31　T416 井注气生产含油饱和度(2009)

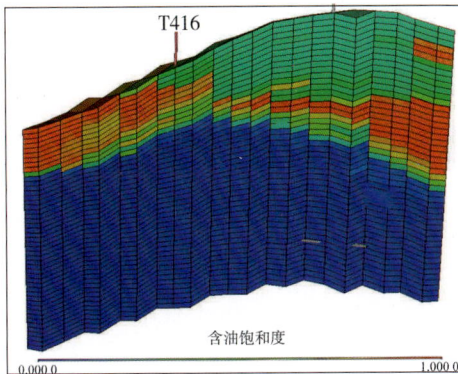

图 4-32　T416 井注气生产含油饱和度(2010)

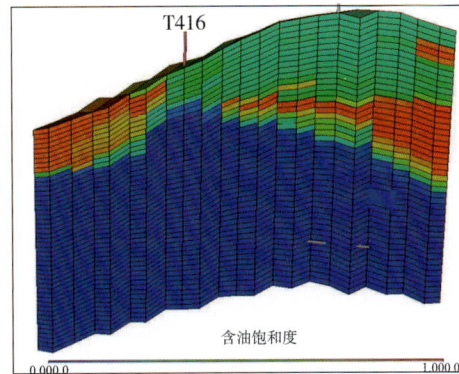

图 4-33　T416 井注气生产含油饱和度(2011)

4.2.2　注氮气方式研究

在理论分析的基础上，对 TK404 井、AD19 井、T416 井等大量单井注气技术政策进行研究。下面以强能量单井 TK404 井注气替油和弱能量单井 T416 井注气替油为例，以两种不同能量类型的缝洞单元历史拟合的数值模型为基础，分析衰竭式、注水替油、注气替油和气水交替 4 种方式的开发效果。

4 种方式的方案(表 4-11)如下:

(1)衰竭式方式:定液量生产,结合生产历史,开井生产制度定为 50 m³/d。

(2)注水替油方式:结合历史注水替油现场实践,TK404 井、T416 井注水量分别设置为 600 m³/d 及 300 m³/d。为了与注气替油形成对比,设定注水时间分别为 10 d 和 20 d,周期注水量为 6 000 m³,焖井时间为 20 d,开井生产制度为定液量 50 m³/d。

(3)注气替油方式:参照现场注气替油实践,注气量为 6×10⁴ m³/d,注气时间为 10 d,周期注气量为 60×10⁴ m³,焖井时间为 20 d,开井生产制度为定液量 50 m³/d。

(4)气水交替方式:在一个轮次的开发过程中,气水交替注入,设计周期注气量为 3×10⁴ m³,注气时间为 10 d,周期注水量为 300 m³,注水时间为 10 d,焖井时间为 10 d,开井生产制度为定液量 50 m³/d。

表 4-11 不同开采方式参数对比数据表

开采方式	周期注入量/(10⁴ m³)	焖井时间/d	开井生产制度/(m³·d⁻¹)
衰竭式	—	—	50
注水替油	0.6	20	50
注气替油	60	20	50
气水交替	气:3;水:0.03	注气:10;注水:10	50

对比 4 种方式下的油水各项指标,以确定更合理的开采方式。图 4-34～图 4-37 为 TK404 井和 T416 井 4 种开采方式下的日产油量、累积产油量对比。可以看出,在注水替油后期阶段,采用注水替油与采用衰竭式的日产油量相差不大,产油效果都非常不理想,而注气替油与气水交替的日产油量均明显高于注水替油或衰竭式。在 4 种开采方式的累积产油量对比中,这种趋势更加明显,注气替油相比于气水交替效果更好。

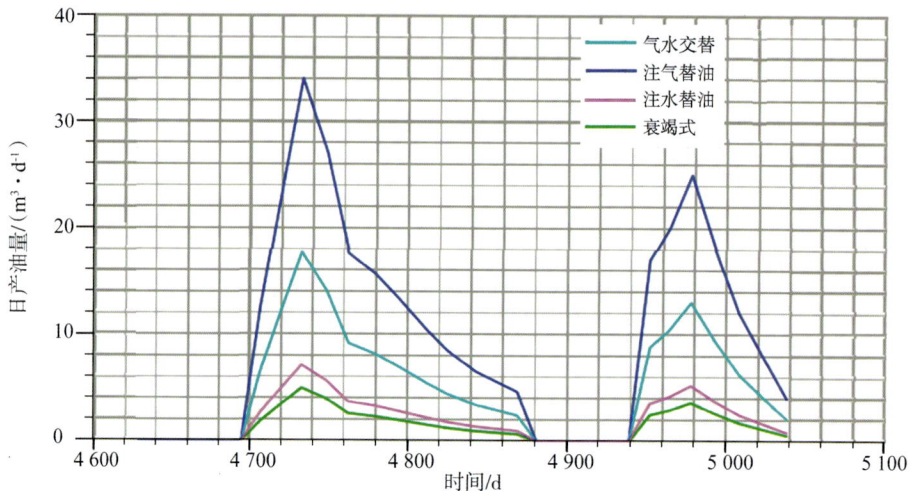

图 4-34 TK404 井两轮次 4 种开采方式日产油量对比曲线

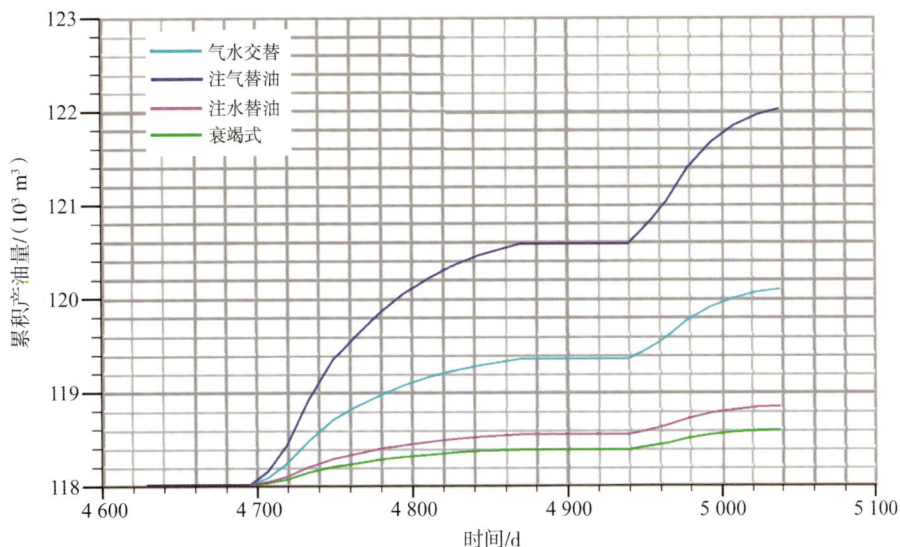

图 4-35　TK404 井两轮次 4 种开采方式累积产油量对比曲线

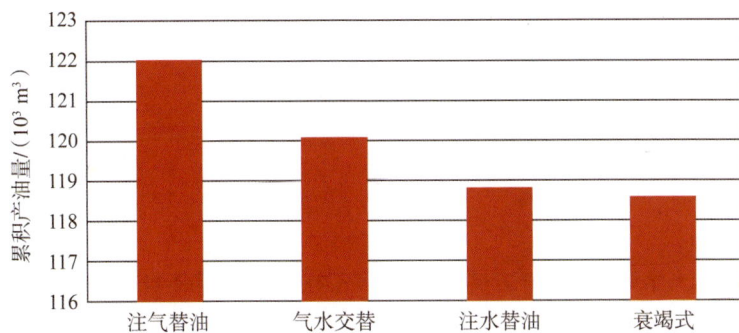

图 4-36　TK404 井 4 种开采方式累积产油量对比柱状图

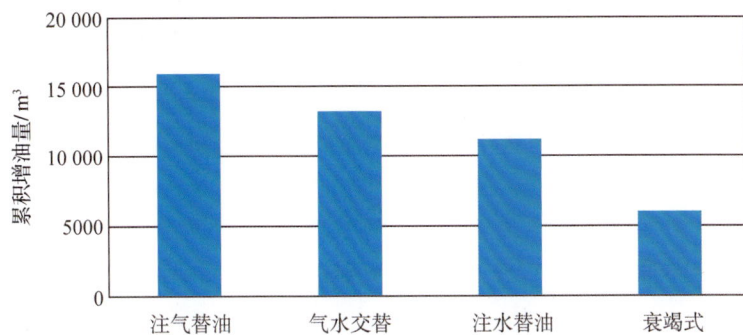

图 4-37　T416 井 4 种开采方式效果对比柱状图

由图 4-36 可知，TK404 井注气替油与气水交替的累积增油量几乎相差一倍，其原因在于气水交替方式的注气量为单纯注气替油方式的一半，因此在注水开发后期阶段继续注水不能起到增加缝洞型油藏动用程度的作用。

通过对比 4 种开采方式下的含水率与日产水量（图 4-38、图 4-39）可知，衰竭式及注水替油日产水量在短暂下降(由于关井时间而存在关井压锥作用)之后快速上升,整个过程中含水率几乎为 1.00;而注气替油与气水交替效果都很好,日产水量都有较大的下降,直至后期底水上升导致日产水量快速增加。

相比之下,注气替油开发效果明显优于气水交替,其原因在于气水交替注入过程中,注入水增加了底水强度,使底水上升更快。

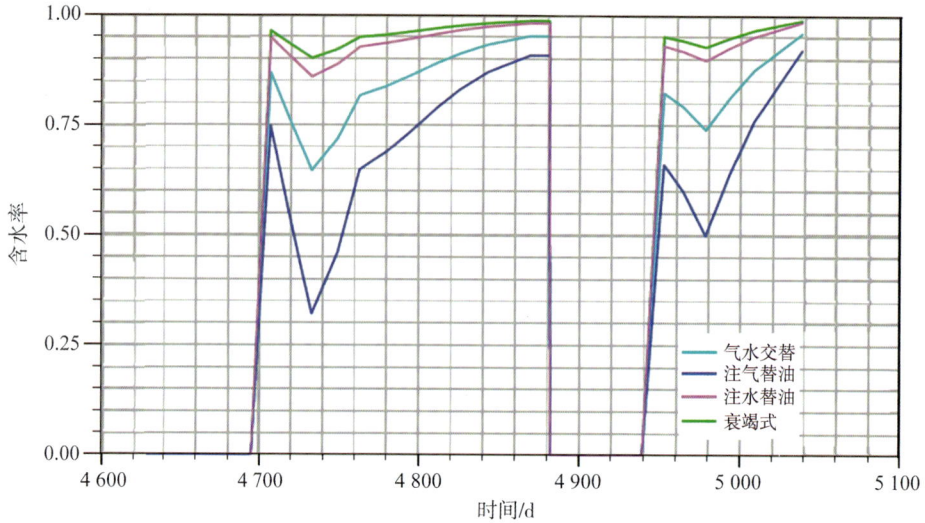

图 4-38 TK404 井两轮次 4 种开采方式含水率对比曲线

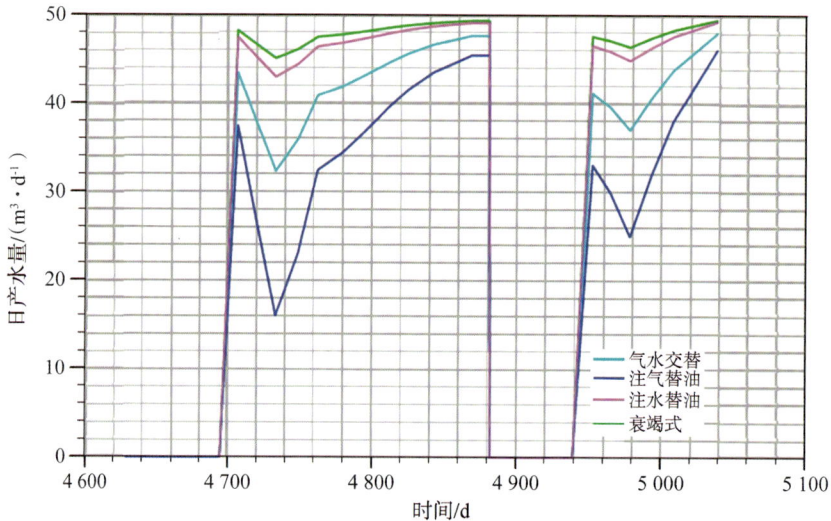

图 4-39 TK404 井单轮次 4 种开采方式日产水量对比曲线

通过对比 4 种开采方式下的含油饱和度(图 4-40～图 4-47)可知,注水替油由于增大了底水强度,相比于衰竭式,提高了井筒周围剩余油的动用程度;气水交替由于注入气上升至构造顶部,形成了向下驱油的作用,效果远远优于注水替油或衰竭式。

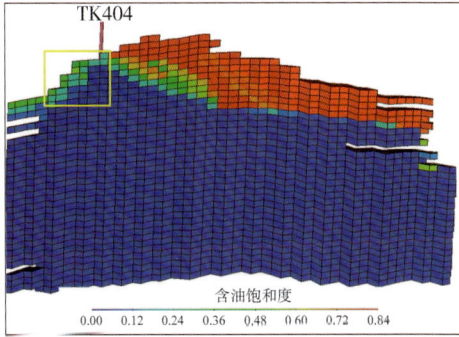
图 4-40　TK404 井衰竭式开采含油饱和度

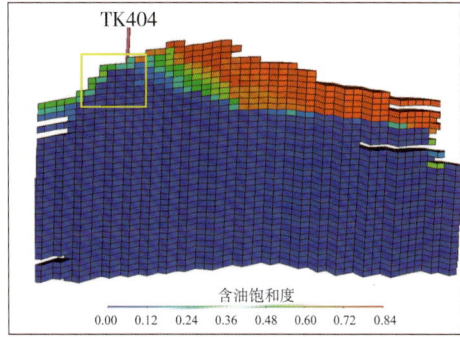
图 4-41　TK404 井注水替油开采含油饱和度

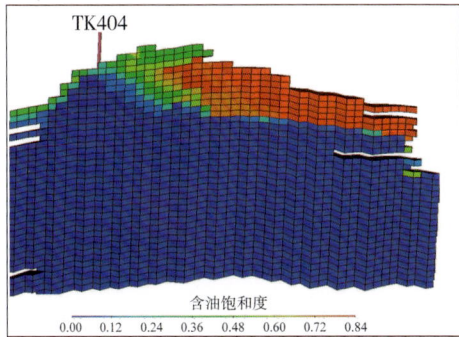
图 4-42　TK404 井注气替油开采含油饱和度

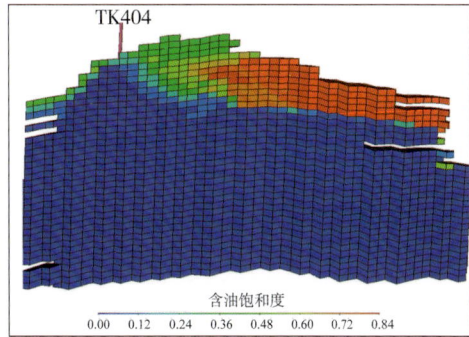
图 4-43　TK404 井气水交替开采含油饱和度

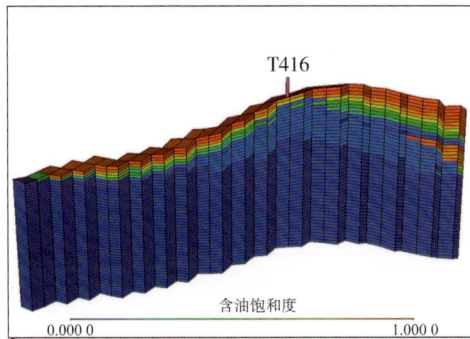
图 4-44　T416 井衰竭式开采含油饱和度

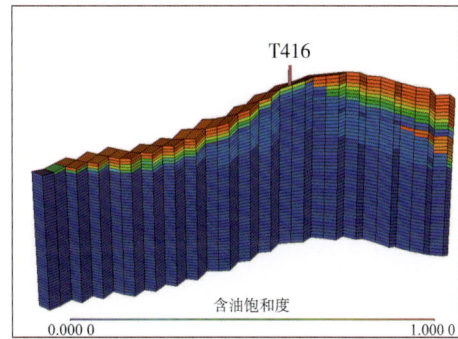
图 4-45　T416 井注水替油开采含油饱和度

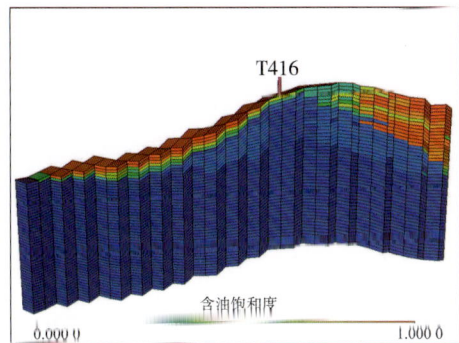
图 4-46　T416 井注气替油开采含油饱和度

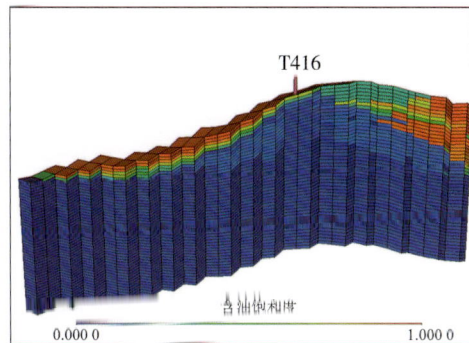
图 4-47　T416 井气水交替开采含油饱和度

综合分析气水交替开采方式,由于注入气形成从构造顶部向井筒方向驱油的效果,注入水在构造底部,增加了底水能量,所以该方式可显著动用构造顶部剩余油;但由于注入水抬升了油水界面,使底水上升的速度加快,再加上气水交替中注气量少于单纯注气替油,所以总体造成采油效果反而比单纯注气替油差。

4.3 注气量设计及优化

注气量分别以 TK404 及 T416 井残丘高部位的孔隙体积为标准,通过储量计算,2 口井残丘高部位的孔隙体积相似,均约为 5 000 m³。设计周期注气量分别为 0.1 PV,0.3 PV,0.5 PV,0.7 PV,0.9 PV,1.1 PV,注气时间为 10 d,焖井时间为 20 d,见表 4-12。

表 4-12　2 口井注气量参数优化基础方案设计

方　案	注气量	注气时间/d	焖井时间/d	开井工作制度/(m³·d⁻¹)
方案一	0.1 PV	10	20	100
方案二	0.3 PV	10	20	100
方案三	0.5 PV	10	20	100
方案四	0.7 PV	10	20	100
方案五	0.9 PV	10	20	100
方案六	1.1 PV	10	20	100

注:具体到各单井,部分方案进行了加密或取舍。

不同注气量下注气替油累积产油量对比曲线如图 4-48～图 4-50 所示。

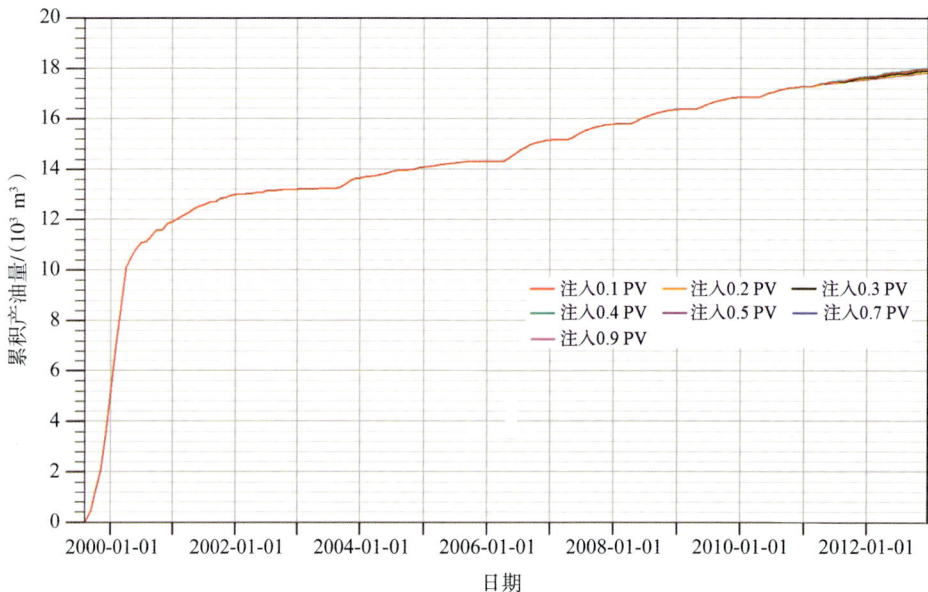

图 4-48　TK404 井不同注气量下注气替油累积产油量对比曲线

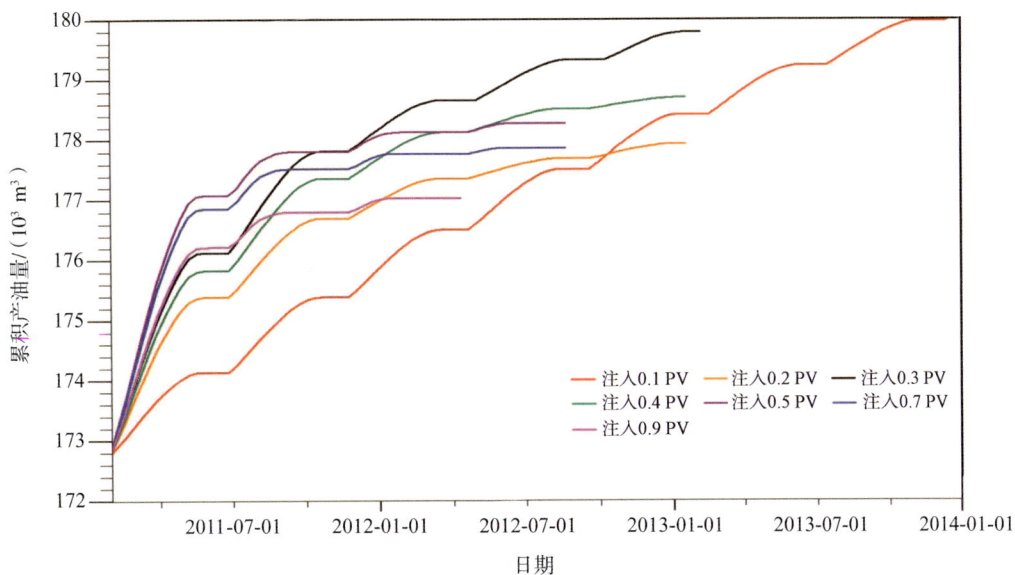

图 4-49　TK404 井不同注气量下注气替油累积产油量对比曲线(局部放大图)

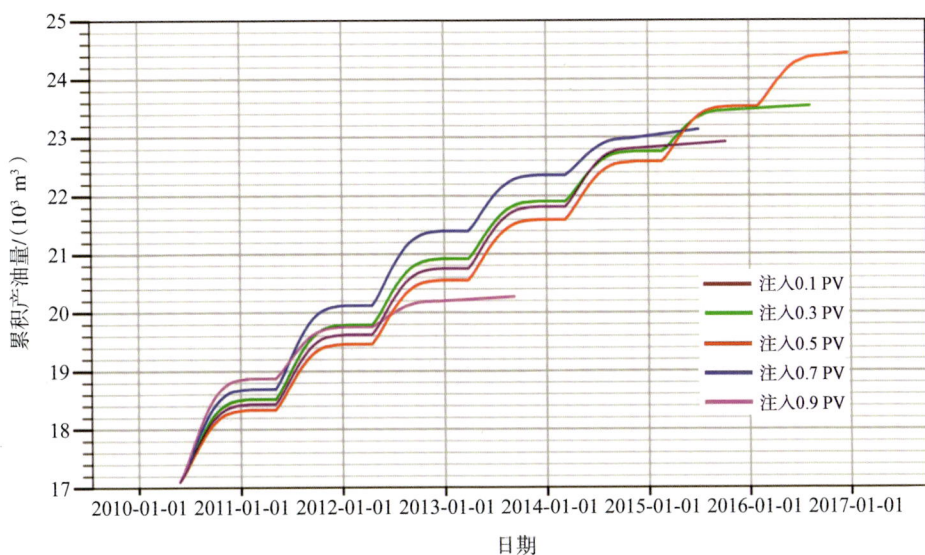

图 4-50　T416 井不同注气量下注气替油累积产油量对比曲线

通过对比单轮次的累积产油量可知,随着注气量的增加,累积产油量逐渐增加,但当注气量过大(0.7 PV 以上)时,注入气驱替顶部剩余油的一部分至射孔段底部,一部分至远离井筒部位而无法动用,因此累积产油量反而降低。

不同注气量下生产轮次、累积产油量及采收率对比如图 4-51、图 4-52、表 4-13、表 4-14 所示。可以看出,当注气量为 0.1 PV 时,采油轮次(7 轮次)高于其他注气量时的采油轮次;当 TK404 井和 T416 井注气量分别为 0.3 PV 和 0.5 PV 时,采油轮次较少而累积产油量较高。

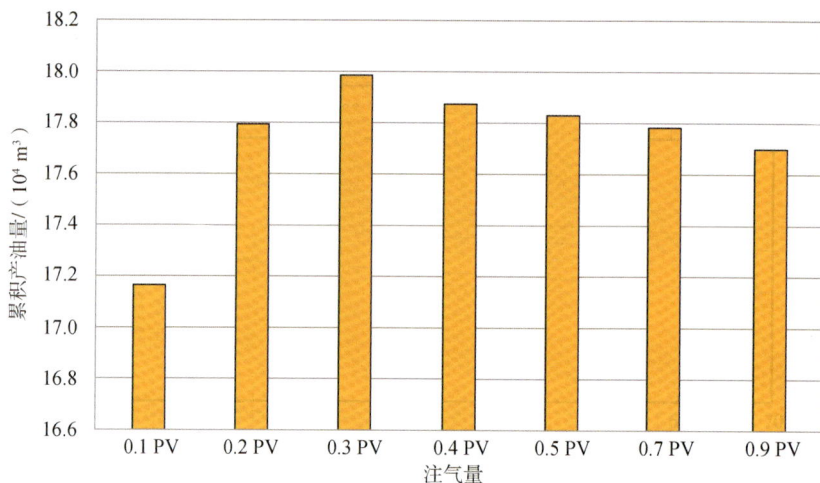

图 4-51 TK404 井不同注气量下累积产油量对比柱状图

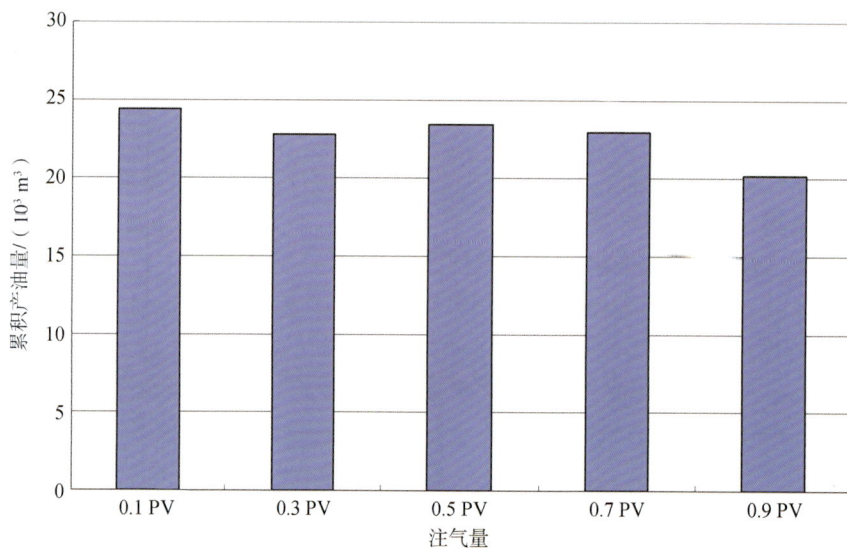

图 4-52 T416 井不同注气量下累积产油量对比柱状图

表 4-13 TK404 井不同注气量下生产轮次、累积产油量及采收率对比数据表

注气量	最多生产轮次	累积产油量/m³	采收率/%
0.1 PV	7	171 658.88	35.342 2
0.2 PV	5	177 935.05	34.617 7
0.3 PV	5	179 792.56	34.979 1
0.4 PV	4	178 704.72	34.767 5
0.5 PV	4	178 273.44	34.683 5
0.7 PV	4	177 867.69	34.604 6
0.9 PV	3	177 032.06	34.442 0

表 4-14　T416 井不同注气量下生产轮次、累积产油量及采收率对比数据表

注气量	最多生产轮次	累积产油量/m³	采收率/%
0.1 PV	7	24 399.055	15.024 1
0.3 PV	5	22 805.193	14.042 6
0.5 PV	4	23 457.049	14.444 0
0.7 PV	4	22 980.684	14.150 7
0.9 PV	3	20 193.639	12.434 5

采用不同参数模拟开发过程,可得不同注气量下含油饱和度的变化如图 4-53～图 4-63 所示。

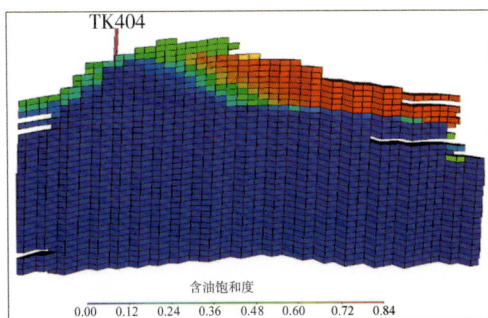

图 4-53　TK404 井注气 0.1 PV 时含油饱和度

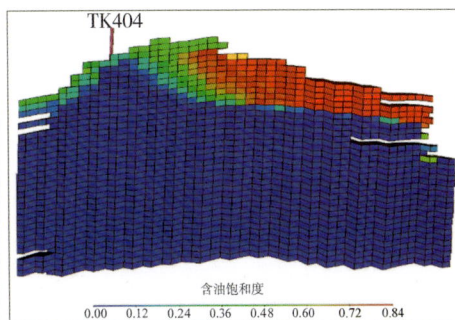

图 4-54　TK404 井注气 0.3 PV 时含油饱和度

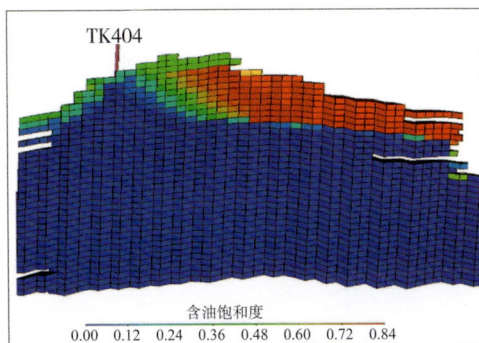

图 4-55　TK404 井注气 0.4 PV 时含油饱和度

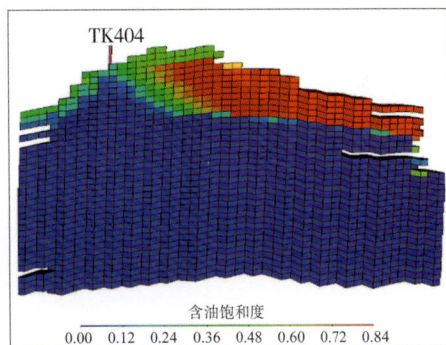

图 4-56　TK404 井注气 0.5 PV 时含油饱和度

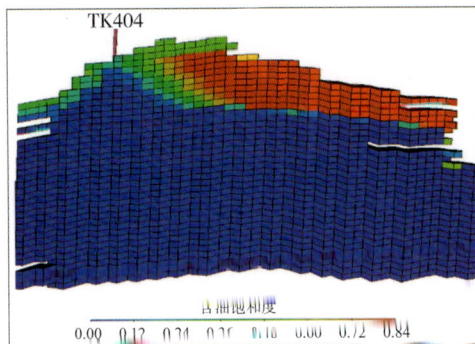

图 4-57　TK404 井注气 0.7 PV 时含油饱和度

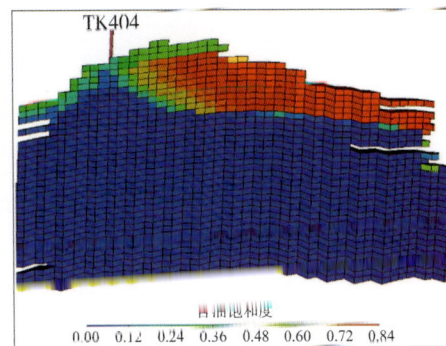

图 4-58　TK404 井注气 0.9 PV 时含油饱和度

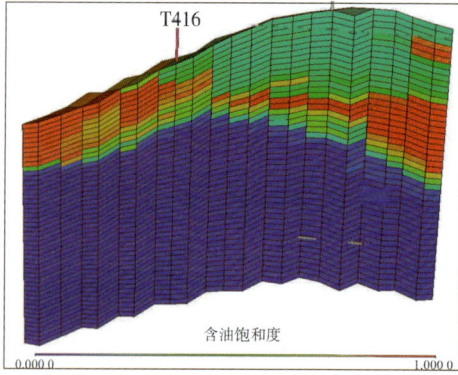

图 4-59　T416 井注气 0.1 PV 时含油饱和度

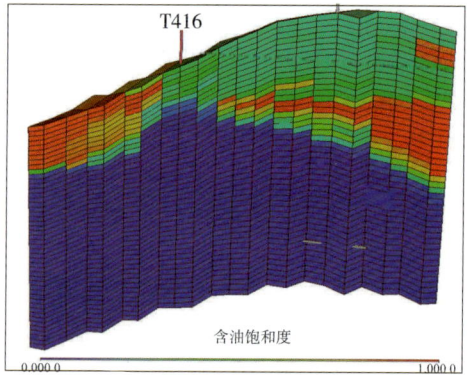

图 4-60　T416 井注气 0.3 PV 时含油饱和度

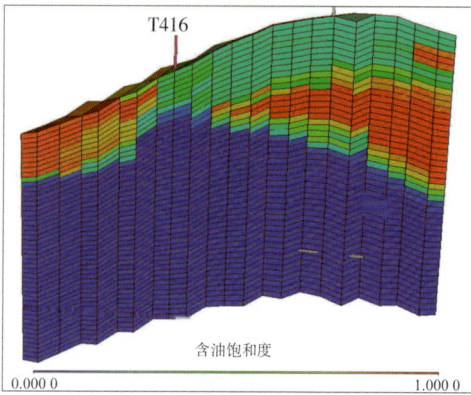

图 4-61　T416 井注气 0.5 PV 时含油饱和度

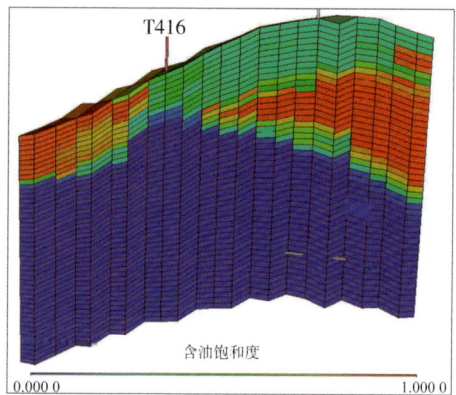

图 4-62　T416 井注气 0.7 PV 时含油饱和度

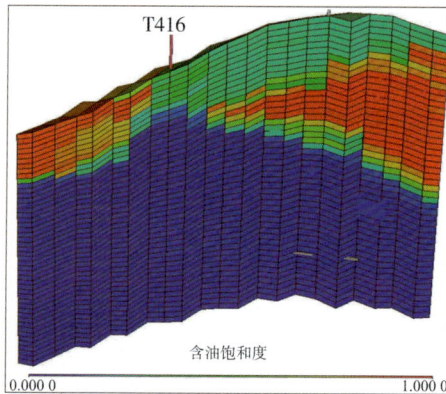

图 4-63　T416 井注气 0.9 PV 时含油饱和度

可以看出,注气量越大,远离井筒部位的剩余油储量越多。主要原因为:注气量过大时,注入气不但将残丘顶部剩余油推向了井筒处,也推向了远离井筒部位,因此采取小排量注气、小排量生产对油藏顶部剩余油的动用最为充分。

然而,考虑到油田开发的经济效益,在进行合适轮次的注气替油开发时,单纯采用小排量注气、小排量生产很难达到较高的经济效益,因此 TK404 井选择注气量 0.3 PV 进行开采,T416 井选择注气量 0.5 PV 进行开采,采用较少轮次可达到较高的产量。从不同能量类型 2 口井的最佳注入量分析来看,其残丘高部位的孔隙体积相似,但最佳注气量相差甚远,弱能量单井由于需要先补充能量才能形成吞吐驱替场,故注气量更大。

4.4 注采比设计及优化

注气替油措施中,考虑到注气为一次性注入,注采比定义为注入氮气的日注入量与日采液量之比,设计注采比分别为 15,10,8,7,6,5(TK404 井)和 30,15,10,8,6(T416 井)。

当注采比过小时,由于注气量少而采液量大,会加速底水的锥进,导致油井高含水而开采效果变差;当注采比过大时,单轮次的产液量较低而影响开发效果。因此,存在一个合理的注采比,既能保证产液量,又能防止底水的快速锥进。

通过对比一轮次下的注气替油效果(图 4-64~图 4-67、表 4-15、表 4-16)可知,对于强能量单井 TK404,当注采比为 6 时累积产油量最大;对于弱能量单井 T416,当注采比为 8 时累积产油量最大,表明弱能量单井需要更高的注采比才能达到更好的单井注气效果。因此,TK404 井选择注采比为 6 的设计方案,T416 井选择注采比为 8 的设计方案。

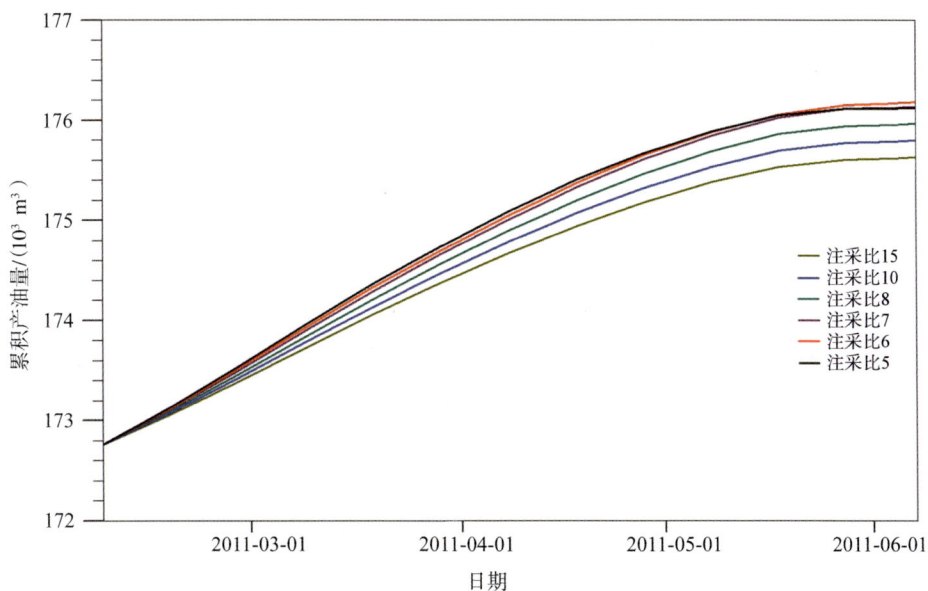

图 4-64 TK404 井不同注采比下注气替油累积产油量对比曲线

表 4-15 TK404 井不同注采比下累积产油量与采收率对比数据表

注采比	15	10	8	7	6	5
累积产油量/m³	175 620	175 788	175 957	176 125	176 171	176 115
采收率/%	34.17	34.20	34.23	34.27	34.28	34.27

表 4-16　T416 井不同注采比下累积产油量与采收率对比数据表

注采比	30	15	10	8	6
累积产油量/m³	222 667	237 817	245 117	247 497	240 057
采收率/%	13.717	14.65	15.10	15.24	14.78

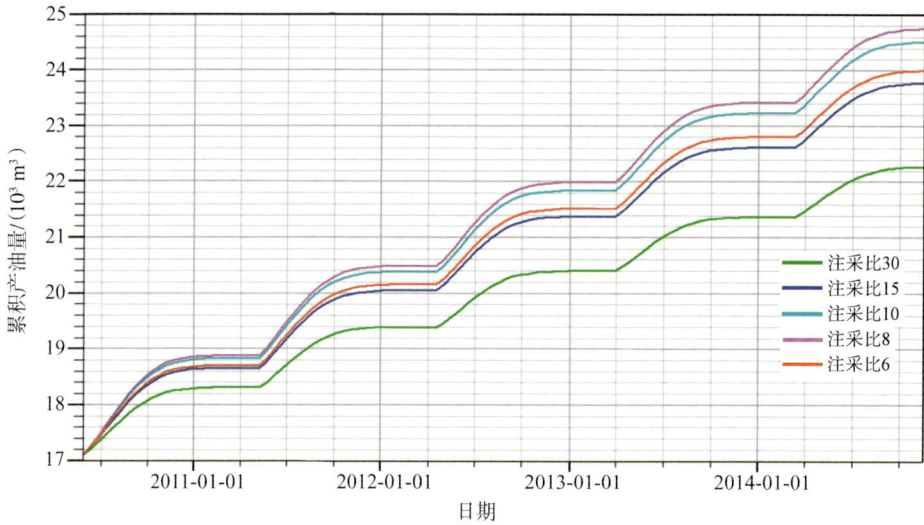

图 4-65　T416 井不同注采比下注气替油累积产油量对比曲线

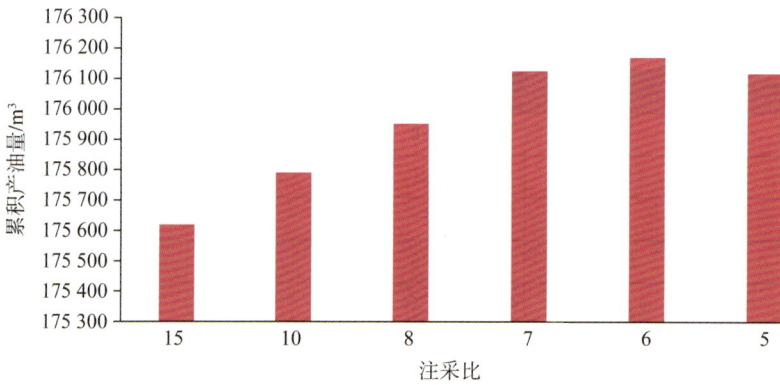

图 4-66　TK404 井不同注采比下累积产油量对比柱状图

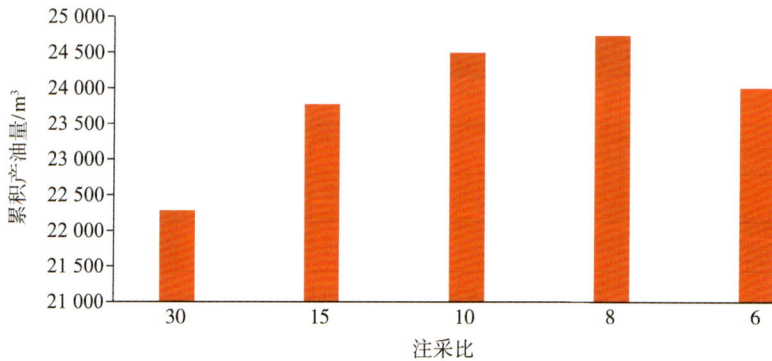

图 4-67　T416 井不同注采比下累积产油量对比柱状图

　　下面通过对比不同注采比下的含油饱和度来分析不同注采比下的产油效果。一般认为，含油饱和度越低，产油效果越好；含油饱和度越高，产油效果越差。通过对比分析 TK404 及 T416 井不同注采比下的含油饱和度（图 4-68～图 4-77）可知，随着注采比减小，油井采油能力逐步提升，产油量逐渐增加，含油饱和度逐渐减小，产油效果逐步变好；但当注采比减小到一定值后，底水锥进加速，使含油饱和度增大，产油效果变差，导致油井高含水，从而降低开采效率。对于 TK404 井，当注采比为 6 时含油饱和度相对较低，故选用注采比 6 作为最佳工作制度；对于 T416 井，选用注采比 8 作为最佳工作制度，与前述结论一致。

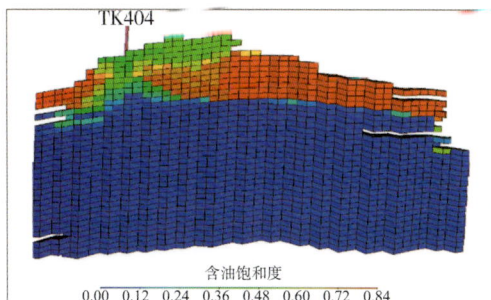

图 4-68　TK404 井注采比 15 时含油饱和度

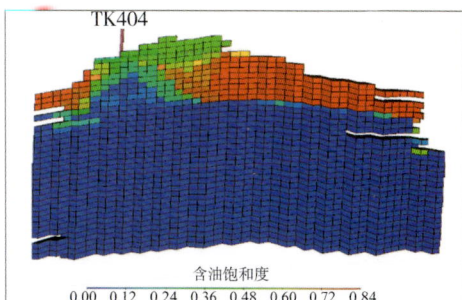

图 4-69　TK404 井注采比 10 时含油饱和度

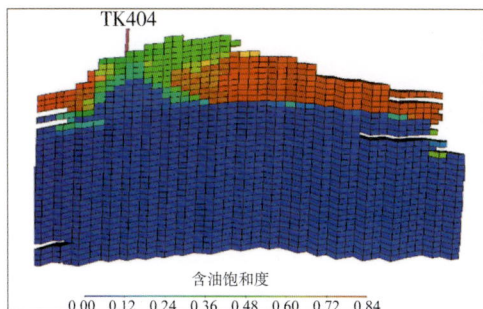

图 4-70　TK404 井注采比 8 时含油饱和度

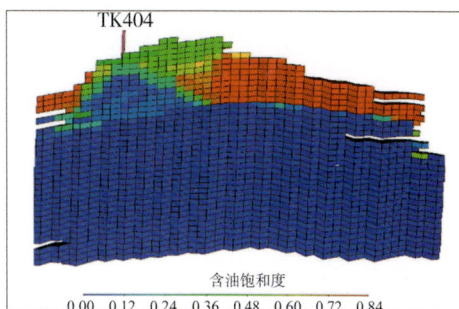

图 4-71　TK404 井注采比 7 时含油饱和度

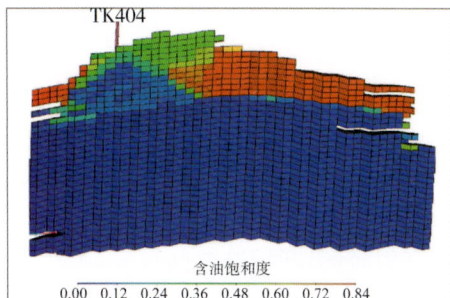

图 4-72　TK404 井注采比 6 时含油饱和度

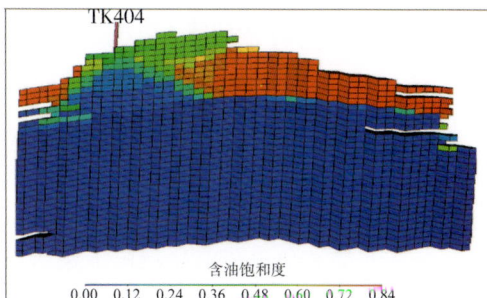

图 4-73　TK404 井注采比 5 时含油饱和度

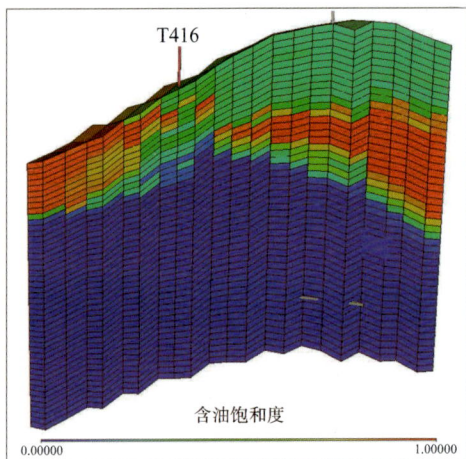

图 4-74　T416 井注采比 30 时含油饱和度

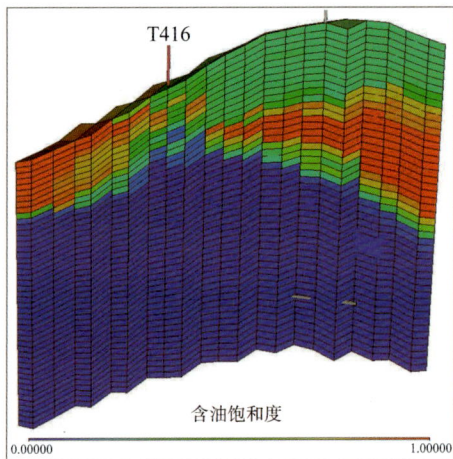

图 4-75　T416 井注采比 15 时含油饱和度

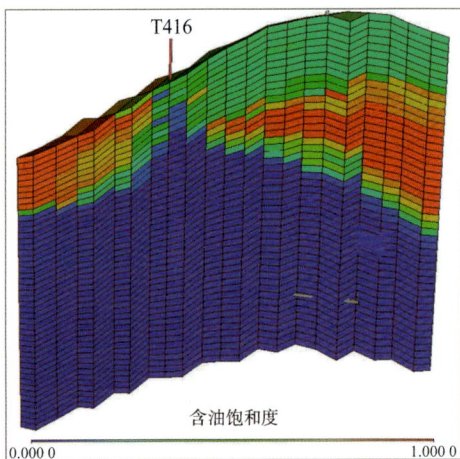

图 4-76　T416 井注采比 8 时含油饱和度

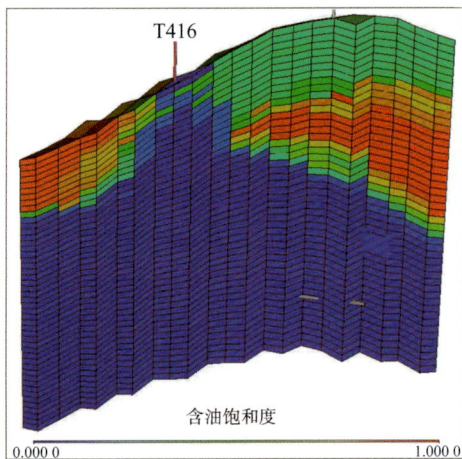

图 4-77　T416 井注采比 6 时含油饱和度

4.5　注气周期设计及优化

在注气周期设计及优化时主要考虑焖井时间。

由 4.3 节得到 TK404 井及 T416 井的最佳注气量分别为 0.3 PV 和 0.5 PV,设定焖井时间分别为 10 d,20 d,30 d,40 d,50 d。

注入气从井筒至油藏顶部并稳定下来需要一定的时间,若焖井时间过短,则注入气存在于井筒与油藏顶部之间,注气替油效果不明显;若焖井时间过长,则会造成生产时间浪费,经济效益下降。因此,需要确定最佳焖井时间。

由不同焖井时间下的注气替油效果(图 4-78～图 4-83、表 4-17、表 4-18)可知,焖井时间 30 d 及 30 d 以上时累积产油量差距较小,由此可确定合理的焖井时间为 30 d。

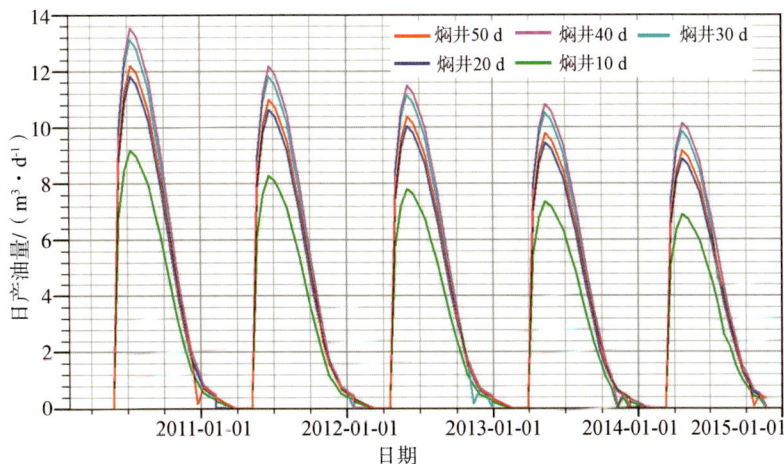

图 4-78　TK404 井不同焖井时间下日产油量对比曲线

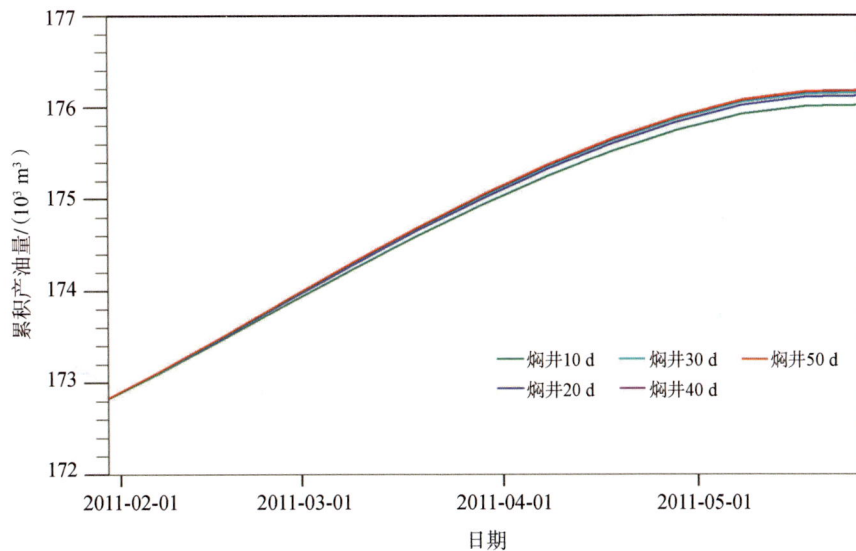

图 4-79　TK404 井不同焖井时间下累积产油量对比曲线

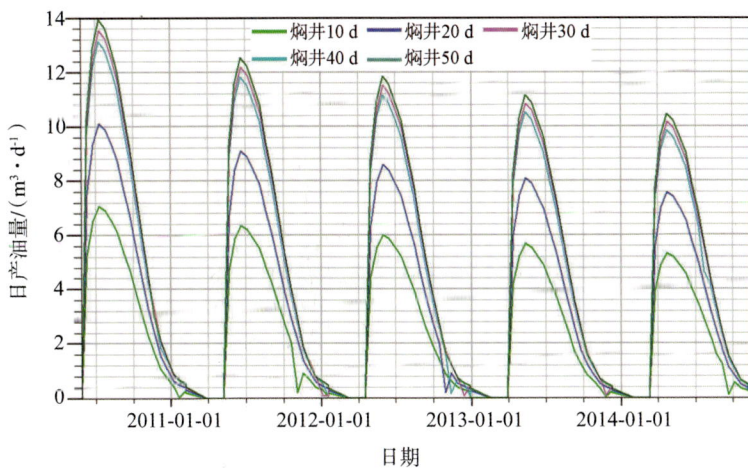

图 4-80　T416 井不同焖井时间下日产油量对比曲线

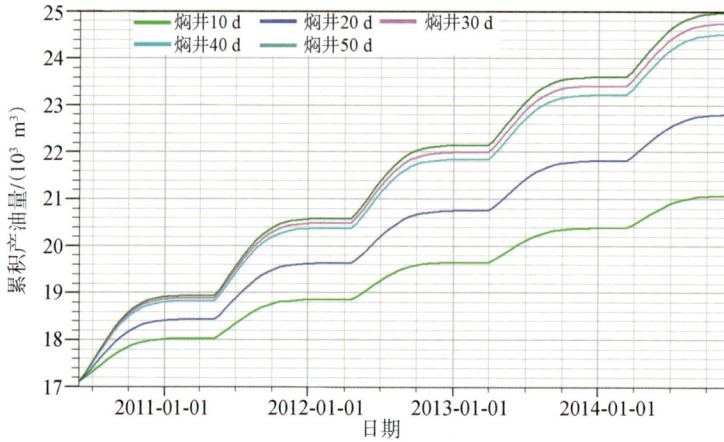

图 4-81 T416 井不同焖井时间下累积产油量对比曲线

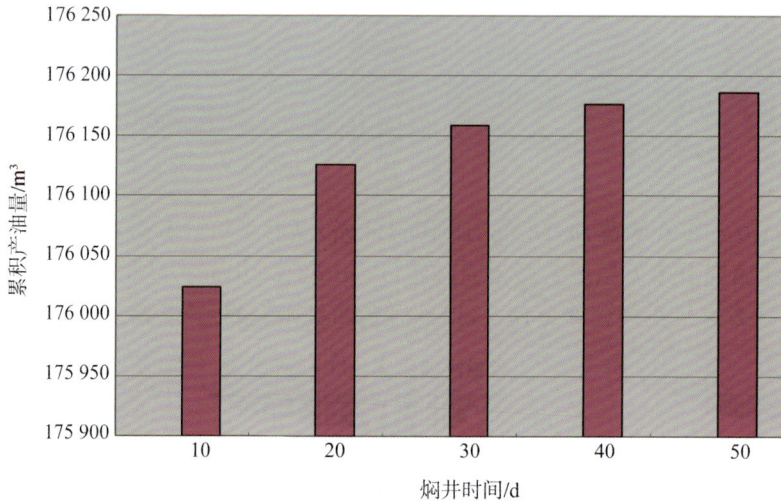

图 4-82 TK404 井不同焖井时间下累积产油量对比柱状图

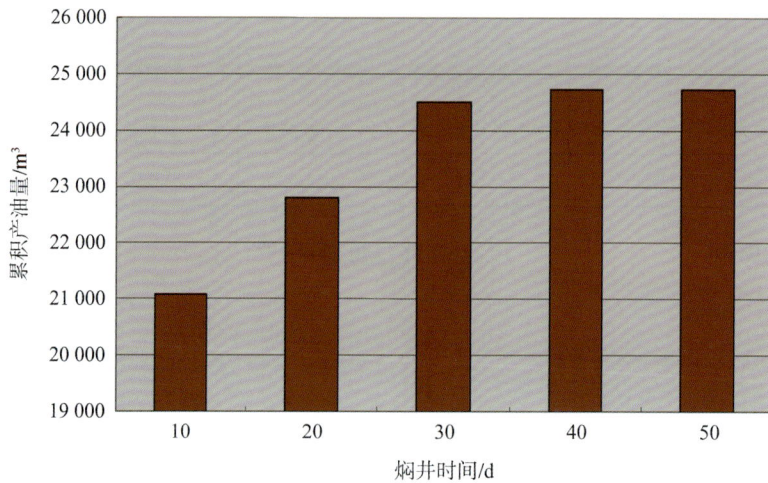

图 4-83 T416 井不同焖井时间下累积产油量对比柱状图

表 4-17　TK404 井不同焖井时间下累积产油量与采收率对比数据表

焖井时间/d	10	20	30	40	50
累积产油量/m³	176 024.5	176 125.7	176 159.4	176 176.2	176 186.3
采收率/%	34.24	34.26	34.27	34.27	34.27

表 4-18　T416 井不同焖井时间下累积产油量与采收率对比数据表

焖井时间/d	10	20	30	40	50
累积产油量/m³	21 073.295	22 805.193	24 511.85	24 741.824	24 741.824
采收率/%	12.98	14.04	15.09	15.24	15.24

对比 2 口不同能量的油井在不同焖井时间下的含油饱和度(图 4-84～图 4-92)可以看出,焖井 10 d 时,注入气初期驱替油藏顶部的剩余油;焖井 20 d 时,注入气的驱替效果较焖井 10 d 的明显,但是未将油藏顶部大部分剩余油驱替出来;焖井 30 d 时,注入气已经将油藏顶部的大部分剩余油驱替出来,气层和油层界面几乎水平;焖井 50 d 时,注气替油效果相差不大,相比于焖井 30 d 驱替出油量减少。综上可见,焖井 30 d 时,注气替油效果明显,经济效益最高,因此确定其为最佳焖井时间。另外,由于注气焖井时间不受油井能量大小的影响,所以 2 口井最佳焖井时间均为 30 d。

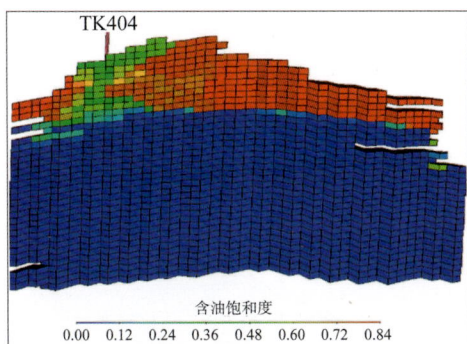

图 4-84　TK404 井焖井 10 d 时含油饱和度

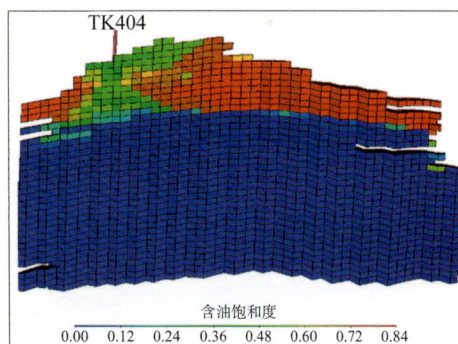

图 4-85　TK404 井焖井 20 d 时含油饱和度

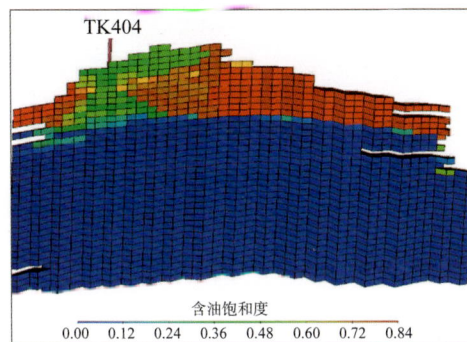

图 4-86　TK404 井焖井 30 d 时含油饱和度

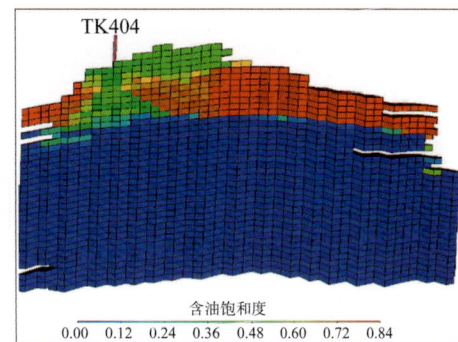

图 4-87　TK404 井焖井 40 d 时含油饱和度

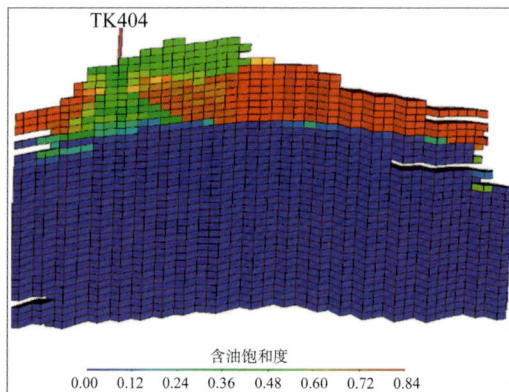

图 4-88　TK404 井焖井 50 d 时含油饱和度

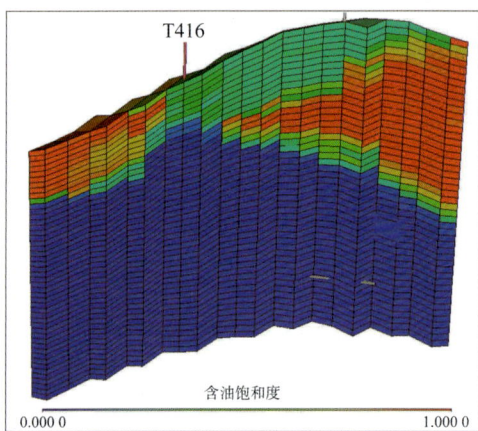

图 4-89　T416 井焖井 10 d 时含油饱和度

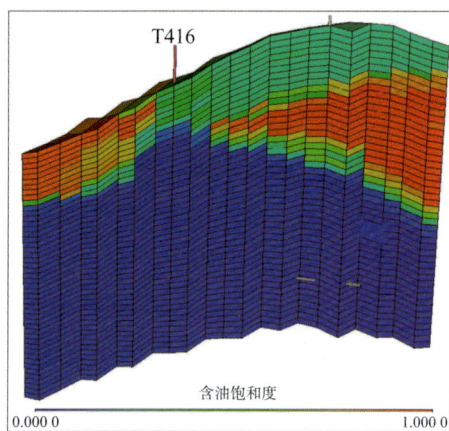

图 4-90　T416 井焖井 20 d 时含油饱和度

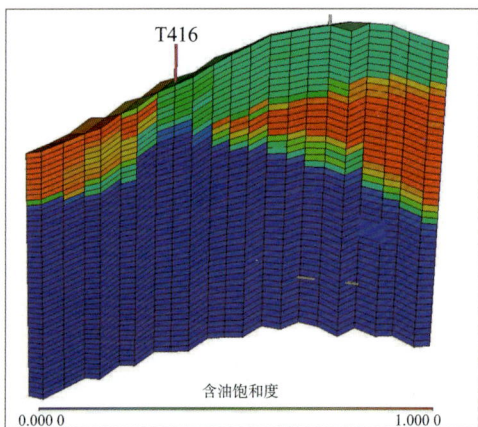

图 4-91　T416 井焖井 30 d 时含油饱和度

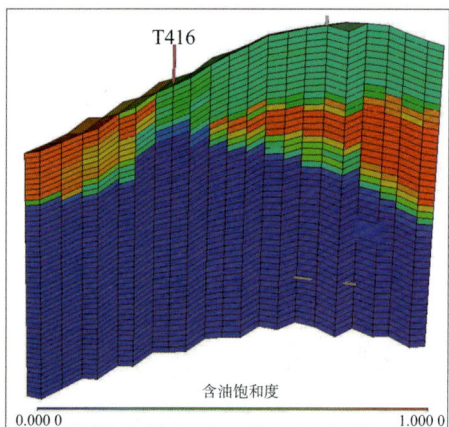

图 4-92　T416 井焖井 50 d 时含油饱和度

4.6　合理日产液量设计及优化

在生产中,开井工作制度影响底水上升速度,对含水率影响较大,根据缝洞型油藏开发产液强度,设计日产液量为 $10 \sim 80 \ \mathrm{m^3/d}$。

当日产液量过大时,会加速底水的锥进,导致油井高含水而开采效果变差;当日产液量过小时,一轮次的产油量较低而影响开发效果。因此,存在一个合理的日产液量,既能保证产油量,又能防止底水的快速锥进。

通过对比不同日产液量下的累积产油量(表 4-19、表 4-20、图 4-93~图 4-96)可以看出,对于强能量单井 TK404,当日产液量为 $60 \ \mathrm{m^3/d}$ 时累积产油量最高;对于弱能量单井 T416,当日产液量为 $40 \ \mathrm{m^3/d}$ 时累积产油量最高。相比于强能量单井,弱能量单井日产液量明显偏低。

表 4-19　TK404 井不同日产液量下累积产油量及采收率对比数据表

日产液量/$(\mathrm{m^3 \cdot d^{-1}})$	20	30	40	50	60	70	80
累积产油量/$\mathrm{m^3}$	175 620	175 788	175 957	176 125	176 171	176 115	176 108
采收率/%	34.17	34.20	34.23	34.27	34.37	34.26	34.35

表 4-20　T416 井不同日产液量下累积产油量及采收率对比数据表

日产液量/$(\mathrm{m^3 \cdot d^{-1}})$	10	20	30	40	50
累积产油量/$\mathrm{m^3}$	22 266	23 781	24 511	24 749	24 005
采收率/%	13.71	14.64	15.09	15.24	14.78

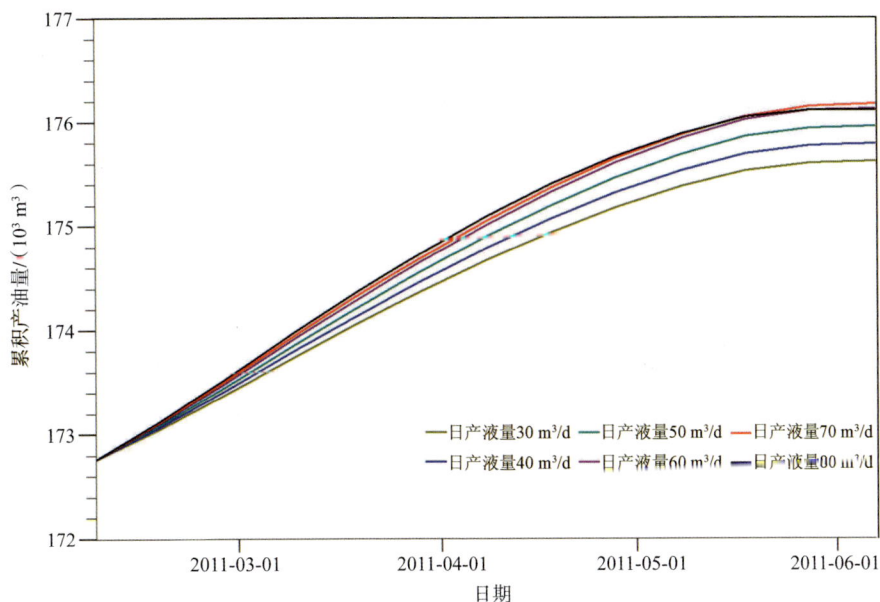

图 4-93　TK404 井不同日产液量下累积产油量对比曲线

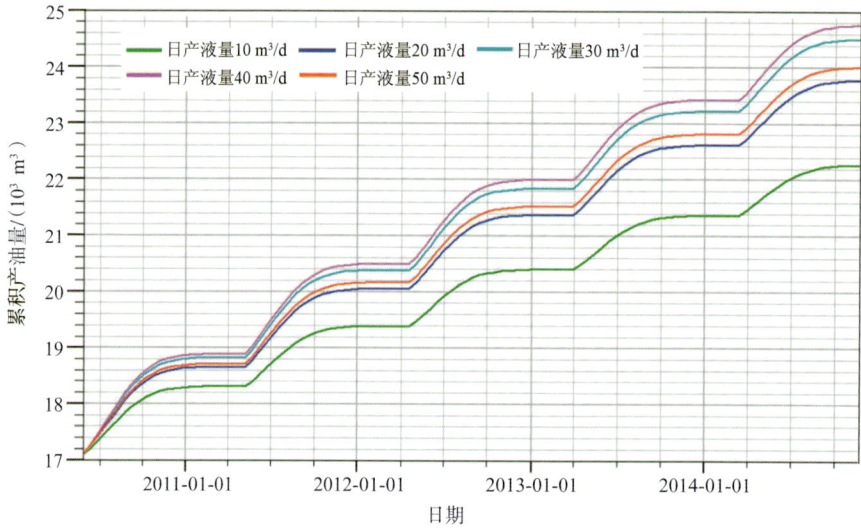

图 4-94　T416 井不同日产液量下累积产油量对比曲线

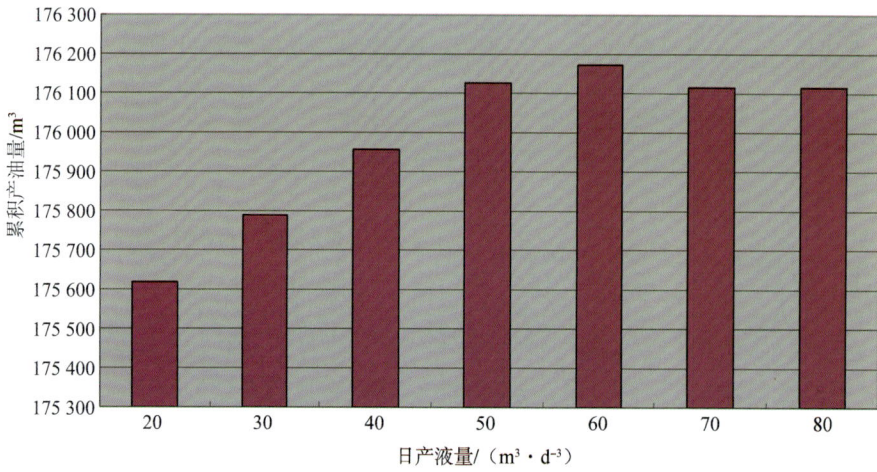

图 4-95　TK404 井不同日产液量下累积产油量对比柱状图

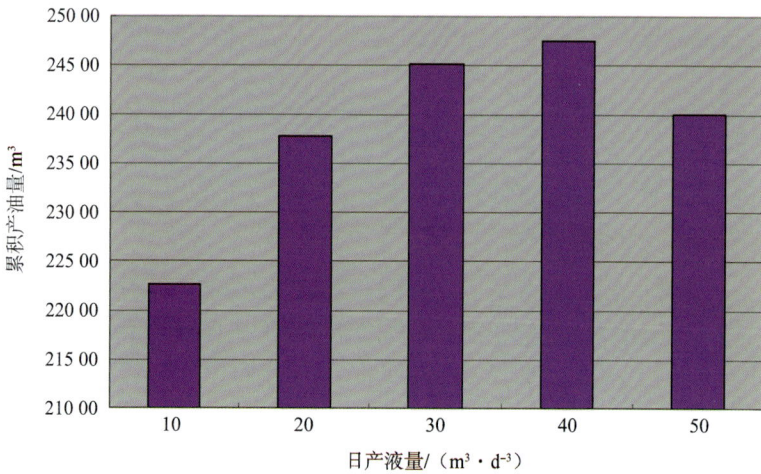

图 4-96　T416 井不同日产液量下累积产油量对比柱状图

下面通过不同日产液量下的含油饱和度来分析不同日产液量下的产油效果。一般认为,含油饱和度越低,产油效果越好;含油饱和度越高,产油效果越差。通过对比分析不同日产液量下的含油饱和度(图 4-97～图 4-106)可知,随着日产液量的增大,油井采油能力逐步提升,产油量逐渐增加,含油饱和度逐渐减小,驱油效果逐步变好;但当日产液量达到一定值后,底水锥进加速,使含油饱和度增大,驱油效果变差,导致油井高含水,从而降低开采效率。对于 TK404 井,当日产液量为 60 m³/d 时含油饱和度相对较低,故选用日产液量 60 m³/d 为最佳工作制度;对于 T416 井,选用日产液量 40 m³/d 为最佳工作制度,与前述结论一致。

综合对比以上 2 口井的相关参数可见,其开发历程类似,末期含水等指标一致,残丘高部位的孔隙体积相当,但能量差异较大,导致注气替油技术对策存在较大差异(表 4-21)。

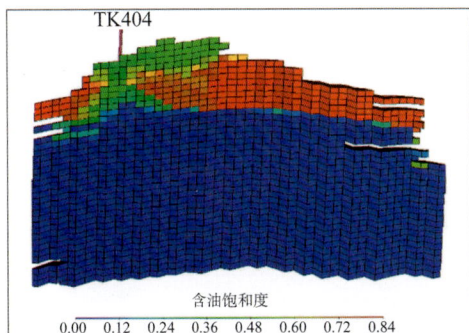
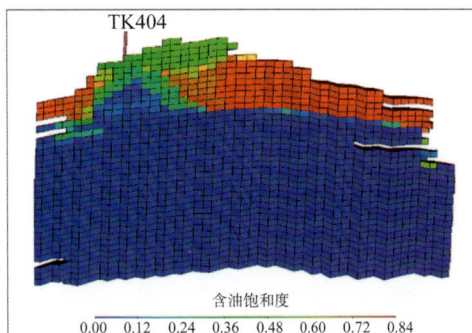

图 4-97　TK404 井日产液量 20 m³/d 时含油饱和度　图 4-98　TK404 井日产液量 30 m³/d 时含油饱和度

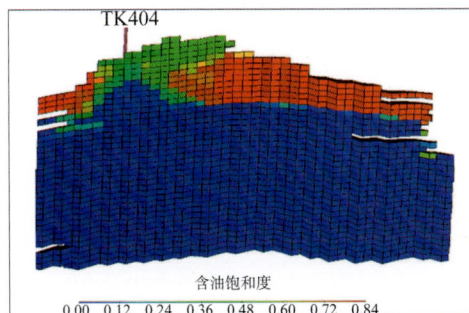
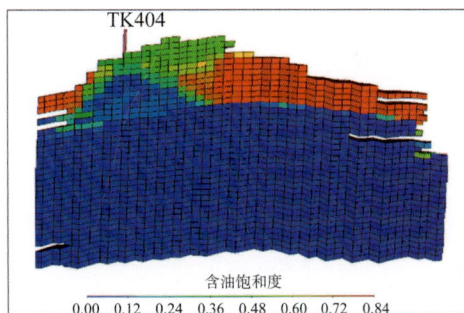

图 4-99　TK404 井日产液量 40 m³/d 时含油饱和度　图 4-100　TK404 井日产液量 50 m³/d 时含油饱和度

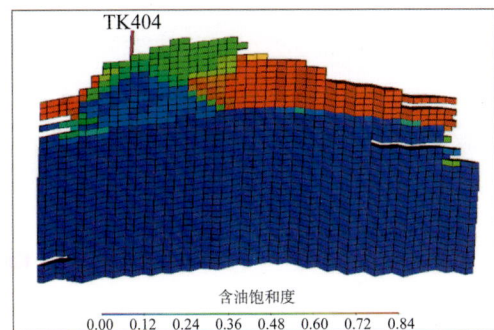
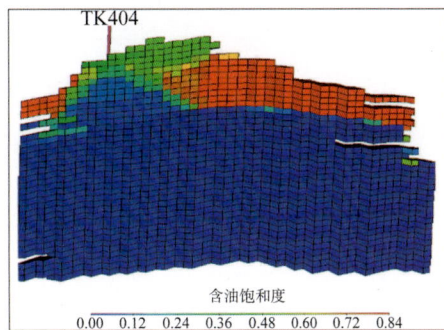

图 4-101　TK404 井日产液量 60 m³/d 时含油饱和度　图 4-102　TK404 井日产液量 70 m³/d 时含油饱和度

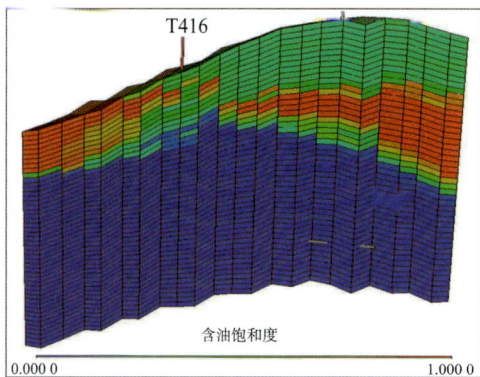

图 4-103　T416 井日产液量 10 m³/d 时含油饱和度

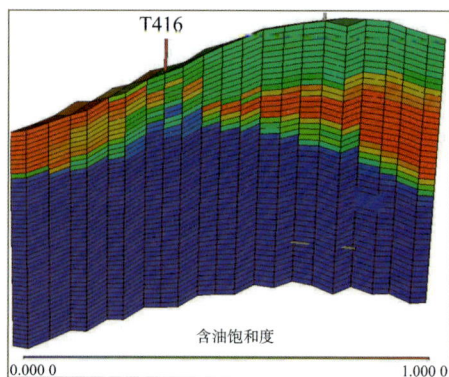

图 4-104　T416 井日产液量 20 m³/d 时含油饱和度

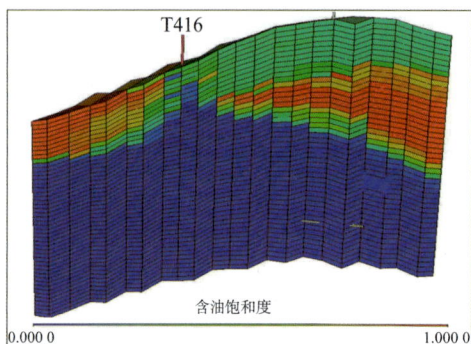

图 4-105　T416 井日产液量 40 m³/d 时含油饱和度

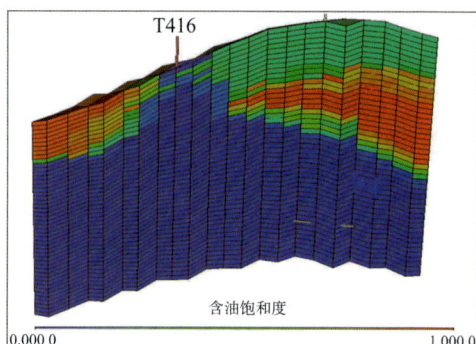

图 4-106　T416 井日产液量 50 m³/d 时含油饱和度

表 4-21　缝洞型油藏不同能量单井注氮气技术政策

油藏分类	因　素	优化方案
强底水油藏 （TK404 井）	注气量	0.3 PV
	注气时机	中后期注气
	注气速度/(10^4 m³·d⁻¹)	4～8
	焖井时间/d	30
	采液速度/(m³·d⁻¹)	60
	最佳周期数	10
	注采比	6
弱底水油藏 （T416 井）	注气量	0.5 PV
	注气时机	中期注气
	注气速度/(10^4 m³·d⁻¹)	4～8
	焖井时间/d	30
	采液速度/(m³·d⁻¹)	40
	最佳周期数	10
	注采比	8

第 5 章
单井注氮气效果评价技术

在调研国内外注气效果评价指标和方法的基础上,针对塔河油田碳酸盐岩缝洞型油藏单井岩溶地质特征和注气开发特征,开展了注气效果评价因素研究,筛选形成了适用于缝洞型油藏地质背景的注气效果评价指标体系。分别应用德尔菲法、聚类分析方法和因素分析法划分指标界限,利用层次分析法(AHP)和主成分分析法(PCA)确定指标权重,同时利用模糊综合评价法和 BP 神经网络方法来综合评价注气效果,形成了单井注气效果评价体系和标准。

5.1 油藏注气效果评价方法及评价指标调研

5.1.1 油藏注气效果评价方法调研

1)评价方法

目前,注气效果评价方法主要有以下 2 种:

(1)单因素评价方法:主要针对评价对象的某个具体评价指标进行研究,分析该指标的变化过程或者目前状态,进而评价该对象目前的生产情况。在注气效果评价中,基于采收率、含水率以及自然递减率的单因素评价方法研究较多。

(2)多因素综合评价方法:该方法是对评价对象的多个评价指标进行综合分析研究。该方法通常根据不同的油藏地质背景以及评价要求提出个性化的评价指标体系,然后通过一定的数学方法分析该评价对象对开发效果的综合影响。目前针对注水效果的多因素综合评价研究较多,如中原油田、江苏油田均已开展过相关研究,并根据油田的地质状况提出了相应的评价指标。而在注气效果的多因素综合评价领域,由于气体压缩性较强、注入气地下分布模型多样、注气受效时间以及受效效果差异较大等因素,相关研究较少。

2)评价指标体系模式

目前,注气效果评价指标体系的构建模式主要有以下 3 种。

(1)分类模式。

将不同的注采指标进行归纳总结,可形成描述注采状况、开发水平、效果效益、井网完善程度的各类指标体系,在每一类指标体系中再逐个筛选,剔除重复指标、无效指标以及关联性不明显指标,最终形成注气效果指标评价体系(图 5-1)。

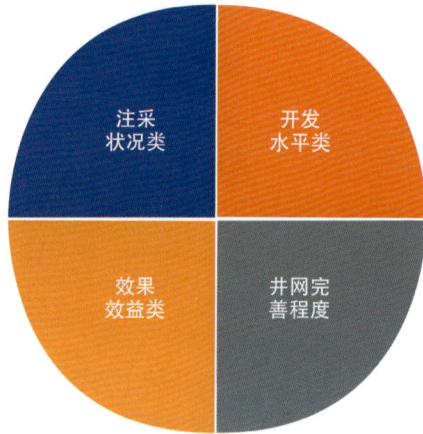

图 5-1 分类模式中常见的分类方法

(2)输入—产出追踪模式。

注水和注气效果评价均是通过一定的油藏指标来反映油藏的开发状态,在评价原理、评价对象以及评价方法上具有一定的相似性。在注水效果评价领域,近年来有学者指出,可以通过追踪注入水的去向,利用不同的指标对注入水的各个去向进行评价,进而建立注水效果评价指标体系。对于缝洞型油藏,注入水的主要作用有漏失、升压、水窜以及驱油,分别可以利用存水率、能量保持程度、含水率以及人工水驱指数进行评价(图 5-2)。该模式的优点是思路清晰,可以利用公式进行精确的刻画描述,但存在指标不能完全反映水流去向以及各个指标之间有交叉的问题。

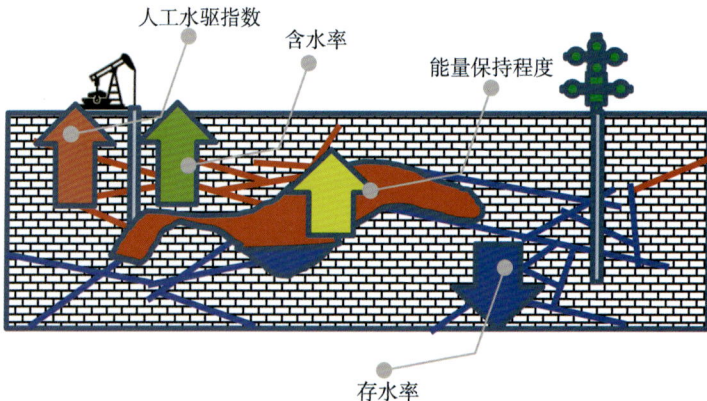

图 5-2 输入—产出追踪模式原理示意图

(3)相关性分析模式。

有些学者通过统计大量的注气单元各个指标的评价数据,利用相关性分析方法,逐步分析各个指标之间的相关性,每次分析后均会剔除一个相关性指数最高的注气效果评价指标,经过多次分析后,直到剩下 7~8 个指标为止。其计算方法为:

$$r_{xy} = \frac{S_{xy}}{S_x S_y} \tag{5-1}$$

式中　r_{xy}——样本相关系数;

　　　S_{xy}——样本协方差;

　　　S_x——x 的样本标准差;

　　　S_y——y 的样本标准差。

协方差 S_{xy}、标准差 S_x 和 S_y 的计算方法为:

$$S_{xy} = \frac{\sum_{i=1}^{n}(X_i - \overline{X})(Y_i - \overline{Y})}{n-1} \tag{5-2}$$

$$S_x = \sqrt{\frac{\sum(x_i - \overline{x})^2}{n-1}} \tag{5-3}$$

$$S_y = \sqrt{\frac{\sum(y_i - \overline{y})^2}{n-1}} \tag{5-4}$$

该方法完全是建立在数学相关性分析的基础上的,并没有考虑到油藏工程的实际意义,最终得出的结果可能数学相关性较小,由此避免了指标重复的问题,但脱离了注气效果评价的最初目的,即并不能提出充分反映油田注气效果的评价指标(表 5-1)。

表 5-1　各指标相关性分析

指　标	1	2	3	4	5	6	7	8
第一轮相关性分析	0.82	0.84	0.92	0.95	0.63	0.74	0.72	0.96
第二轮相关性分析	0.93	0.70	0.85	0.89	0.86	0.82	0.75	排　除
第三轮相关性分析	排　除	0.76	0.92	0.90	0.76	0.84	0.83	排　除

通过以上分析可以认为,要想构建适用性与实用性均较高的注气效果评价指标,需要采用分类模式和相关性分析模式相结合的方法,即进行板块分类,分析各个指标的影响机理,并排除无效指标,筛选有用指标,同时结合数学分析方法,排除相关性较高的指标,最终形成较为完善的缝洞型油藏注气效果评价指标体系。

5.1.2　油藏注气效果评价指标调研

目前,油藏注气开发中有注氮气、注二氧化碳、注空气等多种方法,部分油田根据自身不同的注入介质,结合自身的开发方式以及开发阶段提出了相应的注气效果评价指标体系,通过对这些指标体系的研究能够进一步了解目前油藏注气效果评价的进展。

1) 注氮气效果评价指标

中国石化雁翎油田开展过注氮气驱油效果评价指标体系的研究,根据其地质及开发状况提出了以下适用于雁翎油田的注氮气效果评价指标:

(1) 年采油速度:年产油量与动用地质储量的比值,一般用百分数表示。

(2) 周期增油量:累积增油量与周期数的比值。

（3）累注方气换油率：累积增油量和累积注气量的比值。

（4）累积存气率：（累积注入气量－累积产出气量）/累积注入气量。

（5）提高采收率：（注气开发状况下的可采储量－未注气时标准的可采储量）/地质储量。

（6）吨油成本：累积注气成本和累积增油量的比值。

该评价指标体系是针对雁翎油田的开发状况提出的，存在注气效果评价指标较少、评价指标的全面性以及针对性没有明确等问题。

2）注二氧化碳效果评价指标

辽河油田稀油区开展过注二氧化碳提高采收率的相关试验，并初步建立了注 CO_2 效果评价指标体系：

（1）地层能量保持程度：注气处理后的地层压力与原始地层压力的比值。

（2）平均日产油水平：累积产油量和开井天数的比值。

（3）累注方气换油率：累积产油量和累积注气量的比值。

（4）采出程度：累积产油量和可动用地质储量的比值。

（5）提高采收率：（注气开发状况下的可采储量－未注气时标准的可采储量）/地质储量。

（6）周期增油率：周期增油量与累积增油量的比值。

（7）吨油成本：累积注气成本和累积增油量的比值。

（8）年采油速度：年产油量与动用地质储量的比值，一般用百分数表示。

3）注空气效果评价指标

胜利油田稀油区开展过注空气提高采收率的相关试验，并初步建立了注空气效果评价指标体系：

（1）吨油成本：累积注气成本和累积增油量的比值。

（2）年采油速度：年产油量与动用地质储量的比值，一般用百分数表示。

（3）累计存气率：（累积注入气量－累积产出气量）/累积注入气量。

（4）自然递减率：没有新井投产及各种增产措施情况下的产量递减率。

（5）周期注入量：在注气增产方式下一个周期内注入地层的总气量。

4）油藏注气效果评价指标统计

基于上述分类的维度以及相关的调研成果，结合塔河油田碳酸盐岩缝洞型油藏储集空间类型、连通状况以及开发状况，采用注采平衡、开发水平以及效果效益 3 个评价维度，分别从注采平衡状况、能量平衡状况、注气效率、产水状况、采油状况、注气效果以及注气效益 7 个评价角度进行油藏注气效果评价指标筛选（表 5-2）。

（1）注采平衡评价维度：主要反映油藏注氮气开发过程中注采关系以及注采平衡状况。

（2）注气状况评价维度：主要评价注入氮气的利用状况、含水变化状况以及油井产能状况。

（3）效果效益评价维度：主要评价油藏注氮气替油效果以及替油效益的状况。

表 5-2　注气效果评价指标统计表

评价维度	评价角度	评价指标
注采平衡	注采平衡状况	阶段(累计)注采比、储采平衡系数、储采比、剩余可采储量、采油速度、地层压力、地层总压降、地层压力保持水平
	能量平衡状况	储采平衡系数、累积亏空、能量保持程度
开发水平	注气效率	轮次存气率
	产水状况	含水率、含水变化率、含水上升速度、含水-可采储量采出程度关系
	采油状况	产能保有率、自然递减率、地质储量采油速度、无因次采油速度、自然递减变化率、综合递减率、总递减率、采油指数
效果效益	注气效果	周期(或累积)增油量、提高采出程度
	注气效益	方气换油率、日增油水平

5.2　缝洞型油藏注气效果评价指标研究

5.2.1　注采平衡评价维度

针对缝洞型油藏注氮气过程,注采平衡包含 2 个方面内容:氮气注入和采出平衡以及缝洞体能量平衡。

氮气注入和采出平衡通常采用阶段注采比和累积注采比 2 个指标,分别从 2 个不同时间节点进行对比分析,具体需要根据不同的评价时间、目标范围进行选择。

缝洞体能量平衡一般常用的评价指标有储采平衡系数、累计亏空以及能量保持程度等,主要从不同范围和角度对注入氮气后缝洞体的能量状态进行表征。然而,储采平衡系数表征的范围为开发区块,针对的是单井刻画能力的不足;累积亏空更多地反映了缝洞体内剩余油的开发水平,无法实现不同规模缝洞体的横向比较;能量保持程度能够反映注氮气后缝洞体的能量大小与原有状况的变化情况,但根据现场数据实测发现,缝洞型油藏储集空间状况以及连通状况复杂,注入氮气后缝洞体的能量保持程度差异较小,横向比较能力较弱。

综上,在注采平衡评价维度中,一般采用阶段(累积)注采比进行动态表征。

5.2.2　开发水平评价维度

在塔河油田缝洞型油藏注气开发过程中,开发水平一般是一个复杂的综合概念,包含注气效率、油井产水状况以及油井采油状况。

注气效率是指缝洞型油藏中注入氮气的利用率,一般采用轮次存气率表征不同时间段的氮气利用情况。

油井产水状况通常用含水率和含水变化率进行表征,可以评价单井目前的开发阶段以及开发水平。缝洞型油藏的开发通常会经历衰竭式开发、注水替油以及注气替油 3 个阶段,而选择进行注气替油的油井一般是在注水替油已经失效的状况下,其含水率以及含水变化率通常较高,难以在不同的单井间进行横向比较。

油井采油状况通常包含产能保有率、自然递减率等评价指标。

综上,在开发水平评价维度中,一般采用轮次存气率进行表征。

5.2.3 效果效益评价维度

效果效益评价维度包含注气效果和注气效益2个评价角度。

注气效果是指缝洞型油藏注入氮气的开发过程中氮气注入后直接产生的经济效果(增油效果)。由于氮气注入过程具有周期性,所以注气效果通常可分为轮次效果以及累积效果。轮次效果通常采用周期增油量进行表征,累积效果通常采用累积增油量和提高采出程度进行综合表征。

注气效益包含经济效益和时间效益,即将一定量的氮气注入后能够带来的增油量以及单位时间内能够产生的增油量。两者可以分别用方气换油率和日增油水平进行评价描述。

综上,在效果效益评价维度中,采用周期增油量、累积增油量、提高采出程度、方气换油率以及日增油水平5个评价指标进行综合表征。

5.2.4 不同阶段的注气效果评价指标体系

缝洞型油藏注气和注水在驱(替)油机理、驱替范围以及驱替效果等方面均具有许多不同之处。缝洞型油藏注气通常是在注水完成之后进行的,一般会进行多个轮次,因此缝洞型油藏注气效果评价需要根据注气时间的不同进行精细划分。

1) 注气前评价指标体系

由于注气通常是在注水之后采用的进一步提高采收率的手段,因此对注气之前的油藏生产开发状况进行评价十分重要。其目的主要有:

(1) 明确油藏目前的开发状态以及剩余油开发潜力,进一步深刻认识油藏,为注气选井奠定基础;

(2) 为后续注气效果的评价增加对比参考标准,精确评估油藏注气效果。

基于以上目的,注气前效果评价的核心意义是评价油藏的水驱效果,由此建立缝洞型油藏注气前效果评价指标体系见表5-3。

表5-3 缝洞型油藏单井注气前效果评价指标体系

评价角度	评价指标	评价目的
开采状态	累积注采比	评价注采平衡状态
	存水率	评价注水利用状态
	含水上升率	评价生产含水状态
剩余油生产能力	能量保持程度	从能量角度评价剩余油生产能力
	自然递减率	从产能角度评价剩余油生产能力
效果对比指标	提高采出程度	评价注气前状况,作为注气后效果对比指标

2）注气中效果评价指标体系

由于注入氮气的密度和油气界面张力较小，所以注气替油是一个逐渐进行的缓慢过程。缝洞型油藏注气替油通常采用多个轮次进行，不同轮次可能采用不同的注气速度、注气量以及生产时间，因此其不同轮次的替油效果有较大的差异。缝洞型油藏注气中效果评价指标体系需要着重考虑不同轮次的替油效果（表 5-4）。

表 5-4　缝洞型油藏单井注气中效果评价指标体系

评价角度	评价指标	定义或计算方法
注采平衡	累积注采比	注水和注气的总注入量与产气和产液的总产量之比
开发水平	轮次存气率	注入气量与产出气量之差和注入总气量之比
注气效果	累积增油量	注气开采后总产油量与未采取增油措施状况下的产油量之差
	提高采出程度	累积增油量与可采储量之比
	周期增油量	累积增油量与周期数之比
注气效益	平均日增油水平	累积增油量与开井天数之比
	吨油盈利	当前油价下的吨油盈利水平

3）注气后效果评价指标体系

注气后效果评价是在注气替油完成之后对整个注气阶段的生产效果进行的评价，此时不再局限于生产过程中具体的生产指标，而需要突出整个注气过程中的生产状态、生产效果以及生产效益（表 5-5）。

表 5-5　缝洞型油藏单井注气后效果评价指标体系

评价角度	评价指标	定义或计算方法
注采平衡	累积注采比	注水和注气的总注入量与产气和产液的总产量之比
开发水平	累积存气率	累积注入气量与累积产出气量之差和累积注入气量之比
注气效果	累积增油量	注气开采后总产油量与未采取增油措施状况下的产油量之差
	提高采出程度	累积增油量与可采储量之比
注气效益	平均日增油水平	累积增油量与开井天数之比
	吨油盈利	当前油价下的吨油盈利水平

5.3　缝洞型油藏注气效果评价方法研究

5.3.1　权重分配方法研究

在多属性决策中，常用的权重分配方法主要有主观法和客观法两类，且这两类方法可以衍生出很多算法。在油藏开发效果评价领域，目前主观法中采用较多的是层次分析法，而客观法中采用较多的是主成分分析法。这两种方法各具特点，需要根据实际情况合理选用。

1）层次分析法

（1）分析。

设有备选方案集$\{A_1,A_2,\cdots,A_n\}$，依据某一准则C，方案两两进行重要性比较，确定的判断矩阵为：

$$A=\begin{bmatrix} a_{11} & a_{12} & \cdots & a_{1n} \\ a_{21} & a_{22} & \cdots & a_{2n} \\ \vdots & \vdots & & \vdots \\ a_{n1} & a_{n2} & \cdots & a_{nn} \end{bmatrix} \tag{5-5}$$

式中　a_{ij}——方案判定条件比值。

定义指标集

$$I=\{1,2,\cdots,n\} \tag{5-6}$$

当正互反判断矩阵$A=(a_{ij})_{m\times n}$为具有一致性的判断矩阵时，矩阵A的元素与权重矢量$w=(w_1,w_2,\cdots,w_n)^T$具有如下逻辑关系：

$$a_{ij}=\frac{w_i}{w_j}, \quad \forall i,j\in n \tag{5-7}$$

式中　w_i——第i个判定条件的权重。

设多属性决策问题中各个方案的权重矢量$w=(w_1,w_2,\cdots,w_n)^T$，依据方案A_i与方案A_j的权重比w_i/w_j，可构造权重比的正反一致性矩阵为：

$$A=(a_{ij})_{n\times n}=\begin{bmatrix} w_1/w_1 & w_1/w_2 & \cdots & w_1/w_n \\ w_2/w_1 & w_2/w_2 & \cdots & w_2/w_n \\ \vdots & \vdots & & \vdots \\ w_n/w_1 & w_n/w_2 & \cdots & w_n/w_n \end{bmatrix} \tag{5-8}$$

其中，矩阵元素$a_{ii}=w_i/w_i=1$，$a_{ij}=w_i/w_j=1/(w_j/w_i)=1/a_{ji}$，且$a_{ij}=a_{ik}/a_{jk}$。将权重矢量$w$右乘矩阵$A$，则有：

$$Aw=\begin{bmatrix} w_1/w_1 & w_1/w_2 & \cdots & w_1/w_n \\ w_2/w_1 & w_2/w_2 & \cdots & w_2/w_n \\ \vdots & \vdots & & \vdots \\ w_n/w_1 & w_n/w_2 & \cdots & w_n/w_n \end{bmatrix}\begin{bmatrix} w_1 \\ w_2 \\ \vdots \\ w_n \end{bmatrix}=\lambda\begin{bmatrix} w_1 \\ w_2 \\ \vdots \\ w_n \end{bmatrix}=\lambda w \tag{5-9}$$

将求出的最大特征值$\lambda_{\max}$代入齐次线性方程组

$$(A^T-\lambda_{\max}E)w^T=0 \tag{5-10}$$

从而解出$\lambda_{\max}$对应的特征矢量为：

$$w'=(w'_1,w'_2,\cdots,w'_n)^T \tag{5-11}$$

如果判断矩阵A^T具有一致性，则$\lambda_{\max}$对应的特征矢量w'就是方案集的权重矢量w。一般判断矩阵A^T未必是正互反且具有一致性的判断矩阵。为了达到满意的一致性，使除$\lambda_{\max}$之外的其余特征根尽量接近于零，取其余$n-1$个特征根和的绝对平均值作为检验判断矩阵一致性的指标，即

$$C.I=\frac{\lambda_{\max}-n}{n-1} \tag{5-12}$$

式中　$C.I$——一致性判定指标。

一般来说，$C.I$ 越大，偏离一致性越大；反之，偏离一致性越小。另外，判断矩阵的阶数 n 越大，判断的主观因素造成的偏差越大，偏离一致性也就越大；反之，偏离一致性越小。因此，还必须引入平均随机一致性指标，记为 $R.I$。$R.I$ 随判断矩阵的阶数而变，其值是通过用随机方法构造判断矩阵，经多次重复计算求出一致性指标并加以平均而得到的，见表 5-6。

表 5-6　R.I 变化数值表

阶　数	1	2	3	4	5	6	7	8	9	10
$R.I$	0	0	0.52	0.89	1.12	1.26	1.36	1.41	1.46	1.49

$C.I$ 与同阶 $R.I$ 的比值称为一致性比率，记为

$$C.R = \frac{C.I}{R.I} \tag{5-13}$$

可用一致性比率 $C.R$ 检验判断矩阵的一致性。$C.R$ 越小，判断矩阵的一致性越好。一般认为，当 $C.R < 0.1$ 时，判断矩阵能够达到令人满意的一致性；否则，需要修正判断矩阵。

（2）评价。

层次分析法的优点主要有：

① 系统性的分析。该方法把研究对象作为一个系统，按照分解、比较判断、综合的思维方式进行决策，成为继机理分析、统计分析之后发展起来的系统分析的重要工具。系统的思想在于不割断各个因素对结果的影响。层次分析法中每层的权重设置最后都会直接或间接影响结果，而且在每个层次中每个因素对结果的影响程度都是可量化的，非常清晰、明确。

② 简洁实用的决策。该方法既不单纯地追求高深的数学知识，又不片面地注重行为、逻辑、推理，而是把定性方法与定量方法有机地结合起来，使复杂的系统分解，能够将人们的思维过程数学化、系统化，便于人们接受，且能够把多目标、多准则而又难以全部量化处理的决策问题化为多层次单目标问题，通过两两比较确定同一层次元素相对于上一层次元素的数量关系后再进行简单的数学运算。

层次分析方法的缺点主要有：

① 不能为决策提供新方案。该方法用于从备选方案中选择较优者。这一作用正好说明了该方法只能从原有方案中进行选取，而不能为决策者提供解决问题的新方案。

② 定性成分占比较大。该方法是一种带有模拟人脑决策方式的方法，因此必然带有较多的定性色彩。对于一个问题，若指标太多，反而会更加难以确定方案。

2）主成分分析法

（1）分析。

在处理信息时，若两个变量之间有一定的相关关系，则可以解释为这两个变量反映的信息有一定的重叠。为了解决该问题，最简单和最直接的解决方案是削减变量的个数，但这必然会导致信息丢失和信息不完整等问题的产生。为此，人们希望探索一种更为有效的解决方法，既能大大减少参与数据建模的变量个数，又不会造成信息的大量丢失。主成分分析正是这样一种能够有效减少变量个数，并已得到广泛应用的分析方法。

设 $X_1, X_2, \cdots, X_p$ 为某实际问题所涉及的 p 个随机变量，记

$$\boldsymbol{X} = (X_1, X_2, \cdots, X_p)^{\mathrm{T}} \qquad (5\text{-}14)$$

其协方差矩阵为：

$$\sum_{i=1}^{p} (\sigma_{ij})_{p \times p} = E\left[(\boldsymbol{X} - E(\boldsymbol{X})) (\boldsymbol{X} - E(\boldsymbol{X}))^{\mathrm{T}} \right] \qquad (5\text{-}15)$$

即一个 p 阶非负定矩阵。设

$$\begin{cases} Y_1 = \boldsymbol{l}_1^{\mathrm{T}} \boldsymbol{X} = l_{11} X_1 + l_{12} X_2 + \cdots + l_{1p} X_p \\ Y_2 = \boldsymbol{l}_2^{\mathrm{T}} \boldsymbol{X} = l_{21} X_1 + l_{22} X_2 + \cdots + l_{2p} X_p \\ \cdots\cdots \\ Y_p = \boldsymbol{l}_p^{\mathrm{T}} \boldsymbol{X} = l_{p1} X_1 + l_{p2} X_2 + \cdots + l_{pp} X_p \end{cases} \qquad (5\text{-}16)$$

式中 Y_i——第 i 个主成分；

     l_i——特征向量。

记 $\boldsymbol{Y} = (Y_1, Y_2, \cdots, Y_p)^{\mathrm{T}}$ 为主成分向量，则 $\boldsymbol{Y} = \boldsymbol{P}^{\mathrm{T}} \boldsymbol{X} [\boldsymbol{P} = (\boldsymbol{e}_1, \boldsymbol{e}_2, \cdots, \boldsymbol{e}_p)]$，且

$$\mathrm{Cov}(\boldsymbol{Y}) = \mathrm{Cov}(\boldsymbol{P}^{\mathrm{T}} \boldsymbol{X}) = \boldsymbol{P}^{\mathrm{T}} \sum \boldsymbol{P} = \boldsymbol{\Lambda} = \mathrm{Diag}(\lambda_1, \lambda_2, \cdots, \lambda_p) \qquad (5\text{-}17)$$

由此可得主成分向量的总方差为：

$$\sum_{i=1}^{p} \mathrm{Var}(Y_i) = \sum_{i=1}^{p} \lambda_i = \mathrm{tr}(\boldsymbol{P}^{\mathrm{T}} \sum \boldsymbol{P}) = \mathrm{tr}(\sum \boldsymbol{P} \boldsymbol{P}^{\mathrm{T}}) = \mathrm{tr}(\sum) = \sum_{i=1}^{p} \mathrm{Var}(X_i) \qquad (5\text{-}18)$$

即 p 个原始变量 $X_1, X_2, \cdots, X_p$ 的总方差为：

$$\sum_{i=1}^{p} \mathrm{Var}(X_i) \qquad (5\text{-}19)$$

式中   tr——矩阵的迹；

     Diag——对角矩阵。

由于 $\boldsymbol{Y} = \boldsymbol{P}^{\mathrm{T}} \boldsymbol{X}$，故 $\boldsymbol{X} = \boldsymbol{P}\boldsymbol{Y}$，从而：

$$X_j = e_{1j} Y_1 + e_{2j} Y_2 + \cdots + e_{pj} Y_p \qquad (5\text{-}20)$$

$$\mathrm{Cov}(Y_i, X_j) = \lambda_i e_{ij}$$

$$X_i^* = \frac{X_i - \mu_i}{\sqrt{\sigma_{ii}}} \quad (i = 1, 2, \cdots, p) \qquad (5\text{-}21)$$

式中 $\mathrm{Cov}(Y_i, X_j)$——期望值分别为 $E(Y_i)$ 和 $E(X_j)$ 的协方差；

     $\mu_i = E(X_i)$——X_i 的期望值；

     $\sigma_{ii} = \mathrm{Var}(X_i)$——$X_i$ 的方差。

$$\boldsymbol{X}^* = (X_1^*, X_2^*, \cdots, X_p^*)^{\mathrm{T}} \qquad (5\text{-}22)$$

的协方差矩阵为：

$$\boldsymbol{X} = (X_1, X_2, \cdots, X_p)^{\mathrm{T}} \qquad (5\text{-}23)$$

设 $\boldsymbol{X}^* = (X_1^*, X_2^*, \cdots, X_p^*)^{\mathrm{T}}$ 为标准化的随机向量，其协方差矩阵（即 $\boldsymbol{X}$ 的相关矩阵）为 $\boldsymbol{\sigma}$，则 $\boldsymbol{X}^*$ 的第 i 个主成分为：

$$Y_i^* = (\boldsymbol{e}_i^*)^{\mathrm{T}} \boldsymbol{X}^* = e_{i1}^* \frac{X_1 - \mu_1}{\sqrt{\sigma_{11}}} + e_{i2}^* \frac{X_2 - \mu_2}{\sqrt{\sigma_{22}}} + \cdots + e_{ip}^* \frac{X_p - \mu_p}{\sqrt{\sigma_{pp}}} \quad (i = 1, 2, \cdots, p) \qquad (5\text{-}24)$$

（2）评价。

主成分分析法的优点主要有：

① 可消除评价指标之间的相关影响。主成分分析法在对原指标变量进行变换后形成了彼此相互独立的主成分,而且实践证明指标之间的相关程度越高,主成分分析效果越好。

② 指标选择相对容易,可减少指标选择的工作量。其他评价方法由于难以消除评价指标间的相关影响,所以选择指标时要花费不少精力,而主成分分析法由于可以消除这种相关影响,所以在指标选择上相对容易,工作量相应减少。

主成分分析法的缺点主要有:

① 变量降维后的信息量须保持在一个较高水平上。在主成分分析中,首先应保证所提取的前几个主成分的累积贡献率达到一个较高的水平,然后能够对这些被提取的主成分给出符合实际背景和意义的解释,否则主成分将空有信息量而无实际含义。

② 主成分的解释中,其含义一般多少带有模糊性,不像原始变量的含义那么清楚、明确。这是变量降维过程中不得不付出的代价。因此,提取的主成分个数 m 通常应明显小于原始变量个数 p(除非 p 本身较小),否则维数降低的"利"可能抵不过主成分含义不如原始变量清楚的"弊"。

5.3.2　指标界限划分方法研究

在最终确定的缝洞型油藏注气效果评价指标中,如何确定各个指标的划分界限是关键。在现场实践中,通常做法是在指标的变化曲线上将曲线转折点作为指标界限,但该方法确定的指标界限很难在油藏工程意义上进行解释,且在最终统计的指标变化曲线上想要找到一个合适的转折点是较为困难的。为此,在大量调研前人研究成果的基础上,笔者指出了指标界限划分可采用的三类方法,即德尔菲法、聚类分析方法和因素分析法。

1) 德尔菲法

(1) 分析。

德尔菲法(也称为专家打分法)是指通过匿名方式征询有关专家的意见,然后对专家意见进行统计、处理、分析和归纳,客观地综合多数专家经验与主观判断,对大量难以采用技术方法进行定量分析的因素做出合理估算,经过多轮意见征询、反馈和调整后,对可实现程度进行分析的方法。

(2) 评价。

该方法的优点是专家通过实际经验得出的界限数值具有较高的现场实际应用价值,但同时缺点也十分明显,即完全依靠主观经验会使确定的指标界限缺乏客观性,对其他区块的可推广性和指导性不强。

2) 聚类分析方法

聚类分析方法(Cluster Analysis,CA)是非监督模式识别的重要分支,在模式识别、数据挖掘、计算机视觉以及模糊控制等领域具有广泛的应用,也是近年来得到迅速发展的一类分析方法。聚类与分类的不同在于:聚类所要求划分的类是未知的。聚类是将数据分类到不同的类或者簇的过程,所以同一个簇中的对象有很大的相似性,而不同簇之间的对象有很大的差异性。

聚类分析的主要流程包括数据预处理、定义距离函数、聚类或分组、评估和输出,如图

5-3 所示。

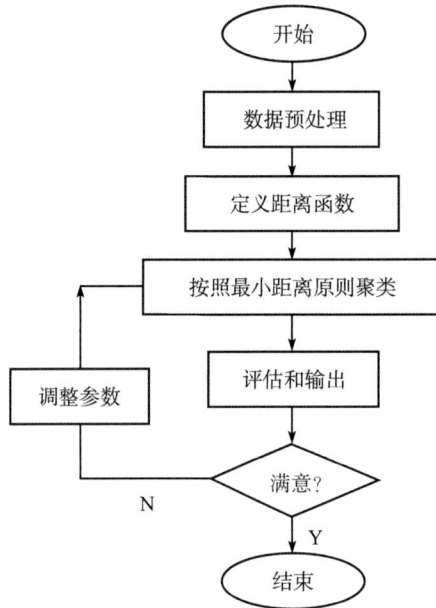

图 5-3 聚类分析流程图

（1）分析。

系统聚类分析算法的一个共同特点是某个模式一旦划分到某一类之后，在后续的算法流程中就不再改变，因此这类方法的效果一般不太理想。为此，人们提出了动态聚类分析方法，其原理如图 5-4 所示。

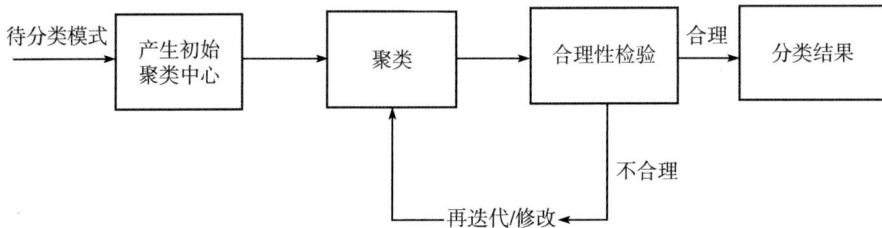

图 5-4 动态聚类分析原理图

动态聚类分析方法中也有较多的分支算法，在此主要采用最为常用的 K-means 聚类算法（算法简单、收敛且聚类效果较好）。其本质是根据函数准则进行分化的聚类算法，使聚类准则函数最小化。

设待分类模式的特征矢量集为 $\{x_1, x_2, \cdots, x_n\}$，类的数目 c 是取定的。取定 c 个类并选取 c 个初始聚类中心，按最小距离原则将各模式分配到 c 个类中的某一类，不断地计算类心并调整各模式的类别，使每个模式的特征矢量到其所属类别的距离平方和最小。具体计算步骤如下。

任取 c 个模式特征矢量作为初始聚类中心：

$$z_1^{(0)}, z_2^{(0)}, \cdots, z_c^{(0)} \tag{5-25}$$

式中 $z_i^{(0)}$ —— 第 i 个初始（0 次）聚类中心的特征矢量。

将待分类模式的特征矢量集$\{x_i\}$中的模式逐个按最小距离原则分划给 c 个类中的某一类,如果

$$d_{ik}^{(k)} = \min_j |d_{ij}^{(k)}| \quad (i=1,2,\cdots,N) \tag{5-26}$$

则认为:

$$x_i \in w_i^{(k+1)} \tag{5-27}$$

式中　k——迭代次数;

$d_{ij}^{(k)}$——第 k 次迭代中待分类模式特征矢量与聚类中心的距离(x_i 和 $w_i^{(k)}$ 的中心 $z_i^{(k)}$ 的距离);

$w_i^{(k+1)}$——第 i 个新的聚类。

计算重新分类后的各类聚类中心:

$$z_j^{(k+1)} = \frac{1}{n_j^{(k+1)}} \sum x_i \quad (j=1,2,\cdots,c) \tag{5-28}$$

式中　$n_j^{(k+1)}$——$w_j^{(k+1)}$ 类中所含模式的个数。

如果

$$z_j^{(k+1)} \neq z_j^{(k)} \quad (j=1,2,\cdots,c) \tag{5-29}$$

则转至式(5-26)。如果

$$z_j^{(k+1)} = z_j^{(k)} \tag{5-30}$$

则结束计算。

(2)评价。

聚类分析不仅可以用于样本聚类,还可以用于变量聚类,即对 m 个指标进行聚类。由于有时指标太多而不能全部考虑,需要提取出主要因素,但往往指标之间又有很多相关联的地方,所以可以先对变量聚类,然后从每一类中选取出一个代表性的指标,这样就可大大减少指标数量,并且没有造成巨大的信息丢失。

聚类分析是研究"物以类聚"的一种科学有效的方法。做聚类分析时,出于不同的目的和要求,可以选择不同的统计量和聚类方法。宏观上看,聚类分析的核心优点是其具有直观的分裂效果,计算速度相对较快,但它也具有如下缺点:

① 无法确定样本的个数;

② 对离群点敏感,容易导致中心点偏移;

③ 算法复杂度不易控制,迭代次数可能较多;

④ 只能得出局部最优解,而不是全局最优解;

⑤ 结果不稳定。

3）因素分析法

因素分析法又称指数因素分析法,是利用统计指数体系中各个因素影响程度不同的一种统计分析方法。因素分析法是现代统计学中一种重要且实用的方法,是多元统计分析的一个分支。使用该方法能够使研究者把一组反映事物性质、状态、特点等的变量简化为少数几个能够反映事物内在联系的、固有的、决定事物本质特征的因素。

在注气效果评价中,根据指标定义的不同,不同指标之间常常存在基于油藏工程原理上的一定的内部联系。针对某些指标,进行二维关系分析,即可确定其指标界限。

5.3.3 效果综合评价方法研究

1）模糊综合评价法

缝洞型油藏注气效果的影响因素很多，前文已确定了很多影响因素，并建立了相应的指标评价体系，但是有些评价指标或者指标体系受很多因素的影响，并且各因素关系很复杂，特别是在注气开发潜力评价的地质特征因素构成的指标体系中，导致有些因素对油田气驱开发潜力的影响评价不够精准或者评判结果不十分确切。鉴于这种模糊性，引入模糊数学中的模糊综合评判理论，可以将注气效果影响因素引入注气综合效果中进行考虑。

模糊综合评价法是一种基于主观信息的综合评价方法。实践证明，综合评价结果的可靠性和准确性依赖于合理选取因素、因素的权重分配和综合评价的合成算子等。因此，无论如何，都必须根据综合评价问题的具体目的、要求及其特点，从中选取合适的评价模型和算法，使所做的评价更加客观、科学和有针对性。

模糊综合评价法应用的关键在于模糊综合评判矩阵的建立，它是由单因素评判向量所构成的。同时要注意评判指标的属性，合理选择隶属函数。进行模糊综合评价时，需要根据问题的实际情况，选择恰当的模型进行计算。

（1）基本理论。

对于一个普通的集合，一个元素要么属于这个集合，要么不属于这个集合，两者必居且仅居其一，即这个元素表现出"非此即彼"的特性。但对于一个模糊集合，一个元素就不能明确地与之划清界限了，此时可用闭区间$[0,1]$上的实数来表示该元素对模糊集合的一种隶属程度。因此，这种"非此即彼"的特性便转化为"亦此亦彼"的特性。将这种"亦此亦彼"的模糊概念用定量的数值表达出隶属程度，就是应用模糊数学进行评价的出发点。

对于论域U的每一个元素$x \in U$和某一个子集$A \in U$，有$x \in A$或$x \notin A$，二者有且仅有一个成立。于是，对于子集A，定义映射

$$\mu_A : U \to \{0,1\} \tag{5-31}$$

对于论域U，如果给定一个映射

$$\mu_A : U \to [0,1] x \to \mu_A(x) \in [0,1] \tag{5-32}$$

就确定了一个模糊集A，其映射μ_A既为模糊集A的隶属函数，又可称为x对模糊集A的隶属度。

当论域$U = \{x_1, x_2, \cdots, x_n\}$为有限集时，若$A$是$U$上的任一个模糊集，则其隶属度为$\mu_A(x_i)(i=1,2,\cdots,n)$，$A$通常有以下两种表示方法。

① 将论域中的元素x_i与其隶属度$\mu_A(x_i)$构成序偶来表示A，即

$$A = \{(x_1, \mu_A(x_1)), (x_2, \mu_A(x_2)), \cdots, (x_n, \mu_A(x_n))\} \tag{5-33}$$

此种表示方法中，隶属度为0的项可不写入。

② 向量表示法。

$$\boldsymbol{A} = (\mu_A(x_1), \mu_A(x_2), \cdots, \mu_A(x_n)) \tag{5-34}$$

此种表示方法中，隶属度为0的项不能省略。

模糊集与普通集具有相同的运算规律。

若$B \subseteq A$，且$A \subseteq B$，则称A与B相等，记为$A = B$。

设模糊集 $A, B \in F(U)$，其隶属函数为：

$$\mu_A(x), \mu_B(x) \tag{5-35}$$

$$\mu_{A^C}(x) = 1 - \mu_A(x) \tag{5-36}$$

式中，上标 C 表示补集。另外，模糊集的并和交运算可以直接推广到任意有限的情况，同时也满足普通集的交换律、结合律、分配律等运算。

（2）方法分析。

模糊综合评价通常包括以下 3 个方面：设与被评价事物相关的因素有 n 个，记为 $U = \{u_1, u_2, \cdots, u_n\}$，称为因素集；设所有可能出现的评语有 m 个，记为 $V = \{v_1, v_2, \cdots, v_m\}$，称为评判集；各种因素所处地位不同，作用也不同，通常考虑用权重来衡量，记为 $A = \{a_1, a_2, \cdots, a_n\}$。

模糊综合评价通常按以下步骤进行：

① 确定因素集：

$$U = \{u_1, u_2, \cdots, u_n\} \tag{5-37}$$

式中　u_i——第 i 个评价因素。

② 确定评判集：

$$V = \{v_1, v_2, \cdots, v_m\} \tag{5-38}$$

式中　v_i——第 i 个评价结论。

③ 进行单因素评价，得：

$$r_{ij} = \{v_{i1}, v_{i2}, \cdots, v_{im}\} \tag{5-39}$$

式中　r_{ij}——被评价事物相关的因素。

④ 构造综合评判矩阵：

$$\boldsymbol{R} = \begin{bmatrix} r_{11} & r_{12} & \cdots & r_{1m} \\ r_{21} & r_{22} & \cdots & r_{2m} \\ \vdots & \vdots & & \vdots \\ r_{n1} & r_{n2} & \cdots & r_{nm} \end{bmatrix} \tag{5-40}$$

⑤ 构建评判权重：

$$A = \{a_1, a_2, \cdots, a_n\} \tag{5-41}$$

⑥ 计算 $B = A \circ \boldsymbol{R}$（$\circ$表示算子），并根据最大隶属度原则做出评价。

在进行模糊综合评判时，根据算子的不同定义，可以得到不同的模型。

① 模型 1：$M(\wedge, \vee)$（"$\vee$"表示取大运算，"$\wedge$"表示取小运算）——主因素决定型。

运算法则为：

$$b_j = \max\{a_i \wedge r_{ij}, i = 1, 2, \cdots, n\} \quad (j = 1, 2, \cdots, m) \tag{5-42}$$

该模型评价结果只取决于在总评价中起主要作用的那个因素，其余因素均不影响评价结果。该模型比较适用于单项评价最优就能认为综合评价最优的情形。

② 模型 2：$M(\cdot, \vee)$——主因素突出型。

运算法则为：

$$b_j = \max\{(a_i \cdot r_{ij}), i = 1, 2, \cdots, n\} \quad (j = 1, 2, \cdots, m) \tag{5-43}$$

该模型与模型 1 比较类似，但比模型 1 更精细，不仅突出了主要因素，也兼顾其他因素，比较适用于对因素评价的情形。

（3）方法评价。

模糊综合评价方法最终的追求不是"模糊"而是"精确"。该方法根据模糊数学的隶属度理论把定性评价转化为定量评价，即用模糊数学对受到多种因素制约的事物或对象做出一个总体的评价。它具有结果清晰、系统性强的特点，能够较好地解决模糊的、难以量化的问题，适合各种非确定性问题的解决。模糊综合评价方法的显著优点主要有：

① 模糊综合评价通过精确的数学手段处理模糊的评价对象，能够对蕴藏信息呈现模糊性的资料做出比较科学、合理、贴近实际的量化评价；

② 评价结果是一个矢量，而不是一个点值，包含的信息比较丰富，既可以比较准确地刻画被评价对象，又可以被进一步加工，得到更多的参考信息。

模糊综合评价方法的缺点主要有：

① 计算复杂，对指标权重矢量的确定主观性较强；

② 当指标集 U 较大，即指标个数较多时，在权矢量和为 1 的条件约束下，相对隶属度权系数往往偏小，权矢量与模糊矩阵不匹配，结果会出现超模糊现象，分辨率很差，无法区分谁的隶属度更高，甚至造成评价失败，此时可用分层模糊评价方法加以改进。

2）BP 神经网络方法

（1）基本原理。

BP（Back Propagation）神经网络是 1986 年由以 Rinehart 和 McCleland 为首的科学家小组提出的，是一种按误差逆传播算法训练的多层前馈网络，是目前应用最广泛的神经网络模型之一。BP 神经网络能够学习和存储大量的输入—输出模式映射关系，而无须事前揭示描述这种映射关系的数学方程。它的学习规则是使用最速下降法，通过反向传播不断调整网络的权值和阈值，使网络的误差平方和最小。BP 神经网络模型拓扑结构包括输入层、隐含层和输出层（图 5-5）。

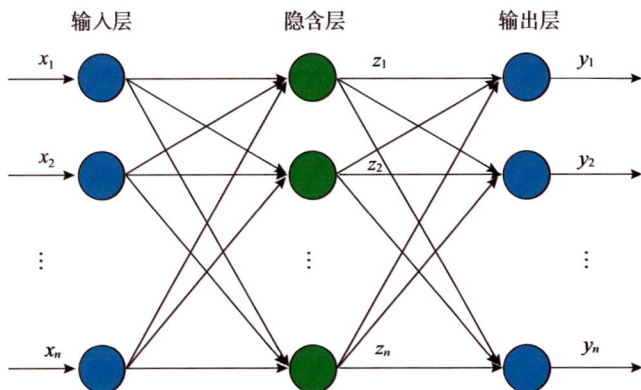

图 5-5　神经网络结构关系示意图

BP 神经网络的学习可以理解为：对于确定的网络结构，寻找一组满足要求的权系数，使给定的函数误差最小。设计多层前馈网络时，主要侧重实验、探讨多种模型方案，在实验中改进，直到选取一个满意方案为止。可按下列步骤进行训练：对于任何实际问题，首先都只选用一个隐含层，通过不断增加隐含层节点数，直到获得满意性能为止；否则，再采用两个隐含层重复上述过程。训练过程实际上是根据目标值与网络输出值之间误差的大小反复调整权值和阈值,直到此误差达到预定值为止。

（2）计算方法。

① BP 神经元。

BP 神经元（节点）只模仿了生物神经元所具有的 3 个最基本也是最重要的功能:加权、求和与转移。设 $x_1,x_2,\cdots,x_i,\cdots,x_n$ 分别表示来自神经元 $1,2,\cdots,i,\cdots,n$ 的输入;w_{j1},$w_{j2},\cdots,w_{ji},\cdots,w_{jn}$ 分别表示神经元 $1,2,\cdots,i,\cdots,n$ 与第 j 个神经元的连接强度,即权值;b_j 为阈值;$f(\cdot)$ 为传递函数;y_j 为第 j 个神经元的输出值。第 j 个神经元的净输入值 S_j 为:

$$S_j = \sum_{i-1}^{n} (w_{ji}x_i + b_i) = \boldsymbol{w}_j\boldsymbol{X} + b_j \tag{5-44}$$

其中:

$$\boldsymbol{X} = (x_1,x_2,\cdots,x_i,\cdots,x_n)^{\mathrm{T}} \tag{5-45}$$

$$\boldsymbol{w}_j = (w_{j1},w_{j2},\cdots,w_{ji},\cdots,w_{jn}) \tag{5-46}$$

若令 $x_0=1,w_{j0}=b_j$,即令 $\boldsymbol{X}$ 及 $\boldsymbol{w}_j$ 包含 x_0 及 w_{j0},则

$$\boldsymbol{X} = (x_0,x_1,x_2,\cdots,x_i,\cdots,x_n)^{\mathrm{T}} \tag{5-47}$$

$$\boldsymbol{w}_j = (w_{j0},w_{j1},w_{j2},\cdots,w_{ji},\cdots,w_{jn}) \tag{5-48}$$

② BP 神经网络。

BP 神经网络由数据流的前向计算（正向传播）和误差信号的反向传播 2 个过程构成。正向传播时,传播方向为输入层→隐含层→输出层,每层神经元的状态只影响下一层神经元(图 5-6)。若在输出层得不到期望的输出,则转向误差信号的反向传播过程。通过这 2 个过程的交替进行,在权向量空间执行误差函数梯度下降策略,动态迭代搜索一组权向量,使网络误差函数达到最小值,从而完成信息提取和记忆过程。

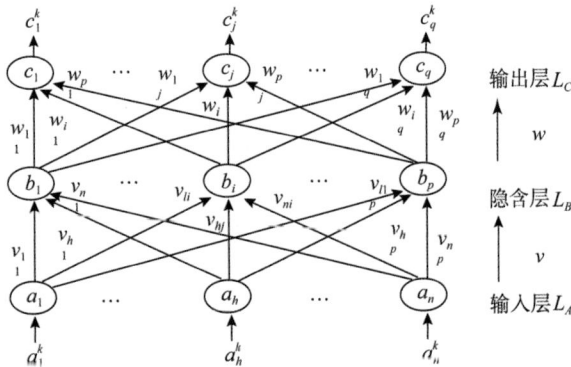

图 5-6　三层 BP 神经网络的拓扑结构

设 BP 神经网络的输入层有 n 个节点,隐含层有 p 个节点,输出层有 q 个节点,输入层与隐含层之间的权值为 v_{kj},隐含层与输出层之间的权值为 w_{jk},隐含层的传递函数为 $f_1(\cdot)$,输出层的传递函数为 $f_2(\cdot)$,则隐含层节点的输出（将权值写入求和项中）为:

$$z_k = f_1\left(\sum_{i=0}^{n} v_{kj}x_i\right) \quad (k=1,2,\cdots,p) \tag{5-49}$$

输出层节点的输出为:

$$y_i = f_2\left(\sum_{k=0}^{m} w_{jk}z_k\right) \quad (j=1,2,\cdots,q) \tag{5-50}$$

至此,BP 神经网络就完成了 n 维空间向量对 m 维空间的近似映射。

③ 计算 BP 神经网络结构。

确定了网络层数、每层节点数、传递函数、初始权系数、学习算法等,也就确定了 BP 神经网络。虽然在确定这些选项时有一定的指导原则,但更多的是靠经验和试凑。

a. 隐含层数确定。

1998 年,Robert Hecht-Nielson 证明了对于任何在闭区间内的连续函数,都可以用一个隐含层的 BP 神经网络来逼近,因此一个三层 BP 神经网络可以完成任意的 n 维空间向量到 m 维空间的映射,并从含有一个隐含层的 BP 神经网络开始训练。

b. 常用传递函数。

BP 神经网络常用的传递函数有多种,如 Log-sigmoid 型传递函数 logsig 的输入值可取任意值,输出值在 0 和 1 之间;tan-sigmoid 型传递函数 tansig 的输入值可取任意值,输出值在 $-1 \sim +1$ 之间;线性传递函数 purelin 的输入与输出值可取任意值。BP 神经网络通常有一个或多个隐含层,层中的神经元均采用 sigmoid 型传递函数,输出层的神经元则采用线性传递函数,整个网络的输出值可取任意值。

只改变传递函数而其余参数均固定,用样本集训练 BP 神经网络时可以发现,传递函数使用 tansig 函数时要比使用 logsig 函数时的误差小。因此,在以后的训练中隐含层传递函数可改用 tansig 函数,输出层传递函数仍选用 purelin 函数。

④ BP 神经网络评价。

多层前向 BP 神经网络是目前应用最多的一种神经网络形式,它具备神经网络的普遍优点,但它不是非常完美的。为了更好地理解并应用 BP 神经网络求解问题,需要充分了解 BP 神经网络的优缺点。BP 神经网络的优点主要有:

a. 非线性映射能力:BP 神经网络实质上实现了一个从输入到输出的映射功能,数学上可证明三层 BP 神经网络就能够以任意精度逼近任何非线性连续函数。这使其特别适合于求解内部机制复杂的问题,即 BP 神经网络具有较强的非线性映射能力。

b. 自学习和自适应能力:BP 神经网络在训练时能够通过学习自动提取输入、输出数据间的"合理规则",并自适应地将学习内容记忆于网络的权值中,即 BP 神经网络具有高度自学习和自适应能力。

BP 神经网络的缺点主要有:

a. 局部极小化问题:从数学角度看,传统的 BP 神经网络为一种局部搜索的优化方法,它要解决的是一个复杂非线性化问题,网络的权值是通过沿局部改善的方向逐渐进行调整的,这样会使算法陷入局部极值,使权值收敛到局部极小点,从而导致网络训练失败。另外,BP 神经网络对初始网络权重非常敏感,以不同的权重初始化网络时往往会收敛于不同的局部极小点,这也是很多学者每次训练得到不同结果的根本原因。

b. 收敛速度慢:由于 BP 神经网络算法本质上为梯度下降法,它所要优化的目标函数是非常复杂的,所以必然会出现"锯齿形现象",使 BP 神经网络算法低效;优化的目标函数很复杂,它必然会在神经元输出接近 0 或 1 的情况下出现一些平坦区,在这些区域内权值误差改变很小,使训练过程几乎停顿;在 BP 神经网络模型中,为了使网络执行 BP 神经网络算法,不能使用传统的一维搜索法求每次迭代的步长,而必须把步长的更新规则预先赋予网络,由此导致算法低效。

5.4　缝洞型油藏注气效果评价流程研究

基于对各类注气效果指标的筛选和评价方法的分析,建立了缝洞型油藏注气效果评价计算主要流程。

(1) 基于各个指标的界限划分:对每个评价指标,通过聚类分析判定各个指标的界限范围。

(2) 基于各个指标的权重计算:对每个评价指标设立权计算,通常采用基于德尔菲法的层次分析法,可以最大限度地减小专家打分系统产生的随意性和不一致性,快速实现指标权重的建立。

(3) 基于注气效果的综合评价:在上述指标界限划分以及权重建立的基础上,采用模糊综合评判法,同时基于 BP 神经网络方法,充分利用其包含多个隐含层节点的自适应学习能力,实现注气效果的评价分析。

5.4.1　指标界限划分

1) 单井注气前指标界限

(1) 自然递减率。

基于生产现场大量样本指标的聚类分析结果反映了缝洞型油藏注气前的自然递减率指标变化关系,根据 K-means 聚类分析方法,该指标的"优秀""良好""较差"三类层次较为明显,其界限分别为 12% 与 23%(图 5-7)。

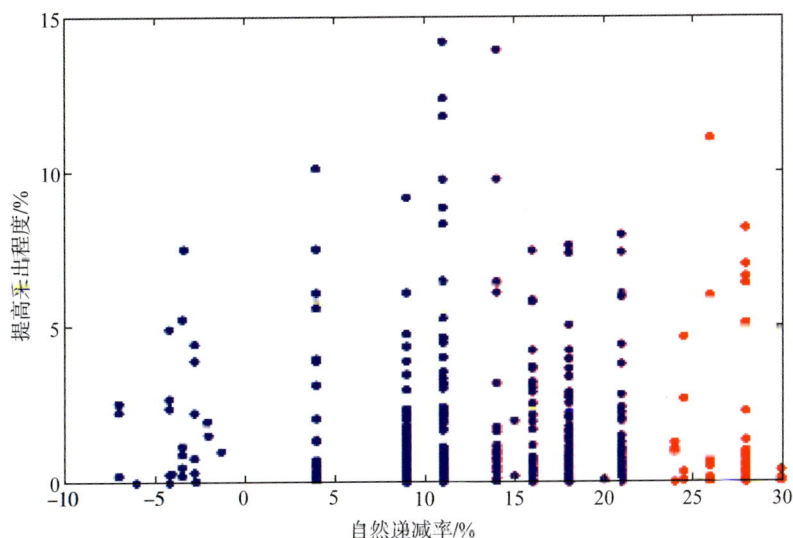

图 5-7　自然递减率聚类分析成果图

(2) 存水率。

基于生产现场大量样本指标的聚类分析结果反映了缝洞型油藏注气前的存水率指标

变化关系,根据 K-means 聚类分析方法,该指标的"优秀""良好""较差"三类层次较为明显,其界限分别为 -80% 与 20%（图 5-8）。

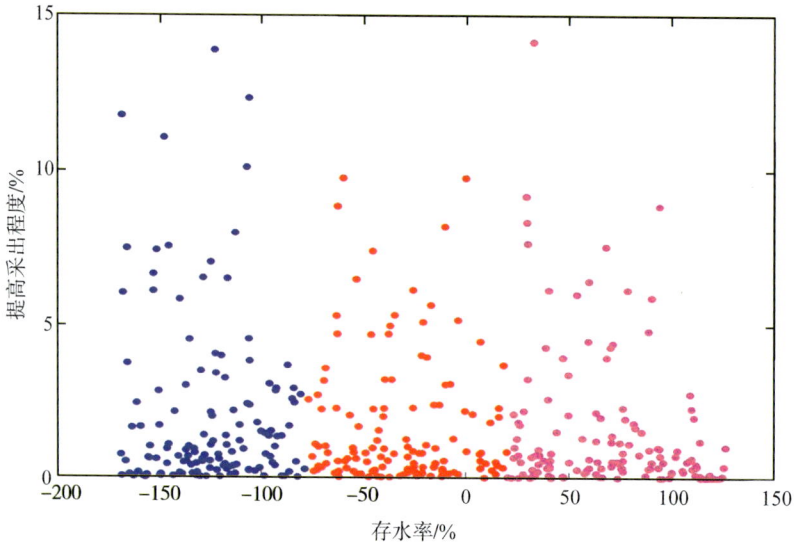

图 5-8 存水率聚类分析成果图

（3）累积注采比。

基于生产现场大量样本指标的聚类分析结果反映了缝洞型油藏注气前的累积注采比指标变化关系,根据 K-means 聚类分析方法,该指标的"优秀""良好""较差"三类层次较为明显,其界限分别为 0.28 与 0.58（图 5-9）。

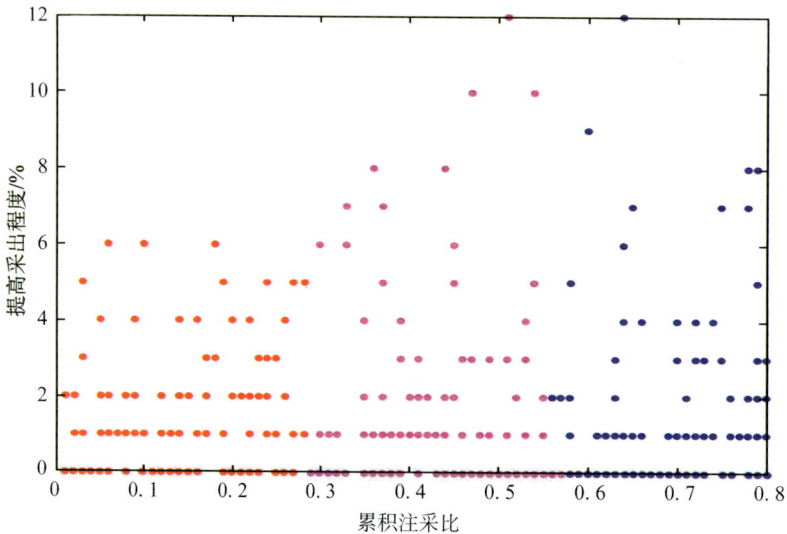

图 5-9 累积注采比聚类分析成果图

（4）含水上升率。

基于生产现场大量样本指标的聚类分析结果反映了缝洞型油藏注气开发前的含水上升率指标变化关系,根据 K-means 聚类分析方法,该指标的"优秀""良好""较差"三类层次较为明显,其界限分别为 2.5% 与 6.2%（图 5-10）。

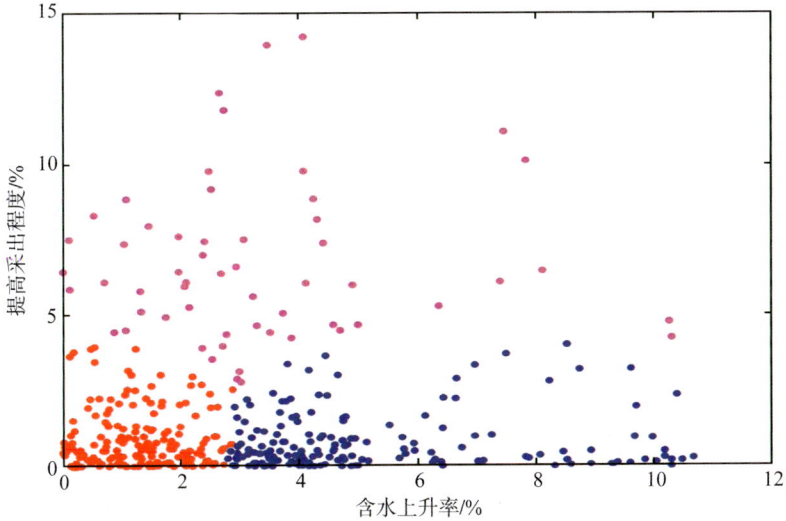

图 5-10　含水上升率聚类分析成果图

（5）能量保持程度。

基于生产现场大量样本指标的聚类分析结果反映了缝洞型油藏注气前的能量保持程度指标变化关系，根据 K-means 聚类分析方法，该指标的"优秀""良好""较差"三类层次较为明显，其界限分别为 85% 与 93%（图 5-11）。

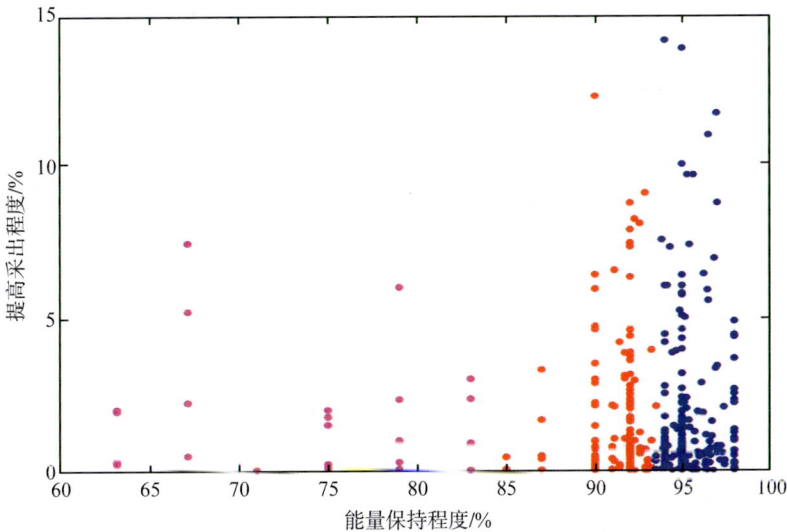

图 5-11　能量保持程度聚类分析成果图

2）单井注气中指标界限

（1）方气换油率。

基于生产现场大量样本指标的聚类分析结果反映了缝洞型油藏注气中的方气换油率指标变化关系，根据 K-means 聚类分析方法，该指标的"优秀""良好""较差"三类层次较为明显，其界限分别为 0.15 与 0.34（图 5-12）。

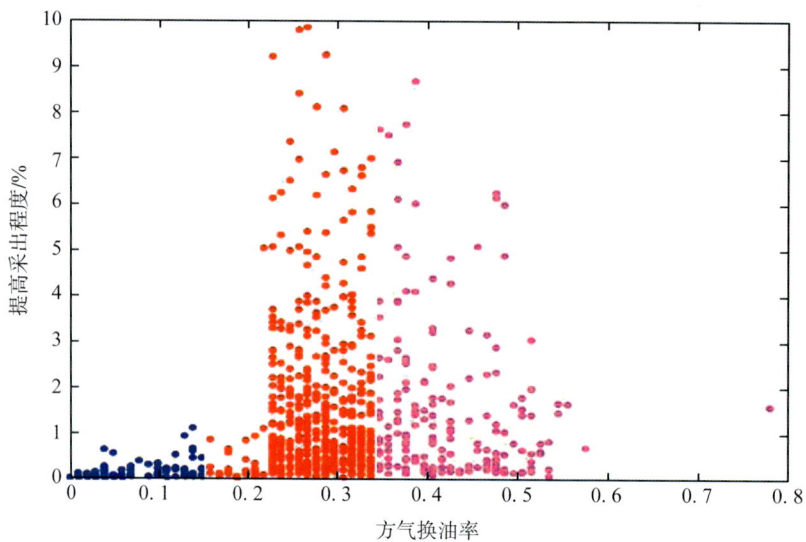

图 5-12　方气换油率聚类分析成果图

（2）累积注采比。

基于生产现场大量样本指标的聚类分析结果反映了缝洞型油藏注气中的累计注采比指标变化关系，根据 K-means 聚类分析方法，该指标的"优秀""良好""较差"三类层次较为明显，其界限分别为 1.1 与 1.8（图 5-13）。

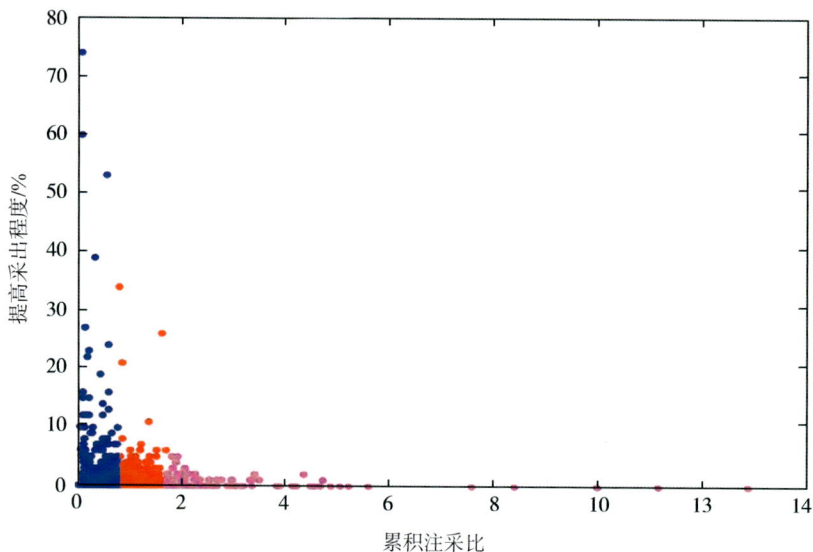

图 5-13　累积注采比聚类分析成果图

（3）存气率。

基于生产现场大量样本指标的聚类分析结果反映了缝洞型油藏注气中的存气率指标变化关系，根据 K-means 聚类分析方法，该指标的"优秀""良好""较差"三类层次较为明显，其界限分别为 78％与 92％（图 5-14）。

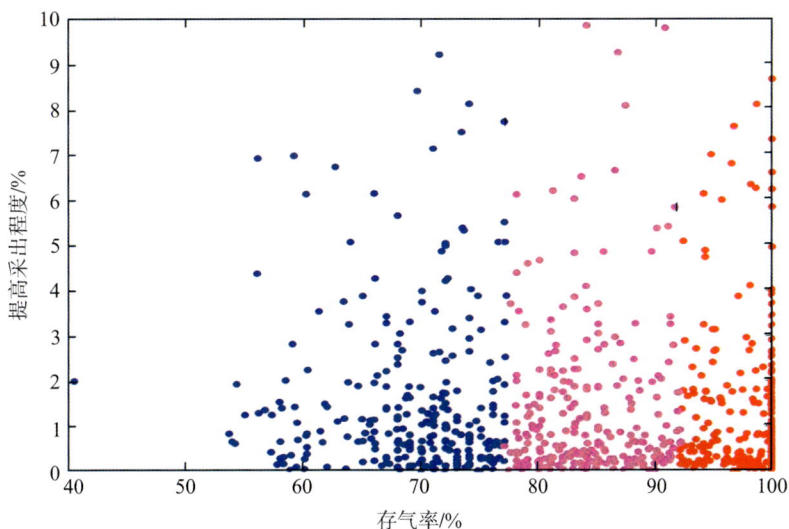

图 5-14 存气率聚类分析成果图

（4）平均日产油水平。

基于生产现场大量样本指标的聚类分析结果反映了缝洞型油藏注气中的平均日产油水平指标变化关系，根据 K-means 聚类分析方法，该指标的"优秀""良好""较差"三类层次较为明显，其界限分别为 3.5 t/d 与 8.9 t/d（图 5-15）。

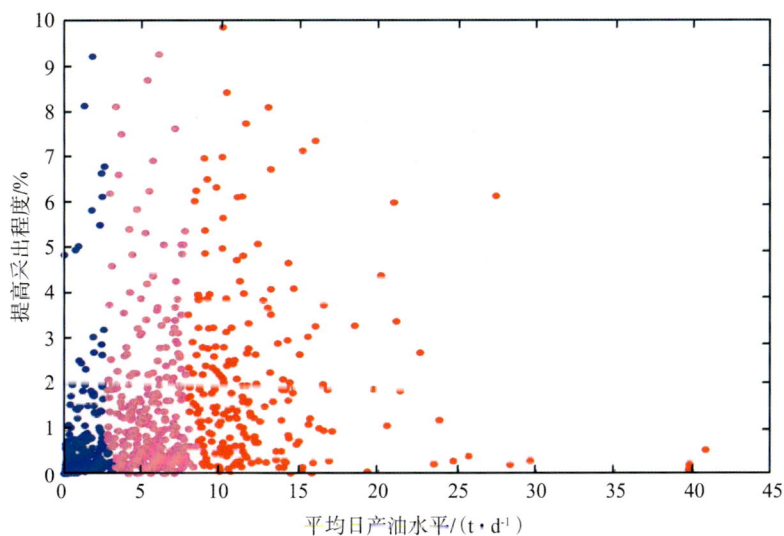

图 5-15 平均日产油水平聚类分析成果图

(5) 累积增油量。

基于生产现场大量样本指标的聚类分析结果反映了缝洞型油藏注气中的累积增油量指标变化关系,根据 K-means 聚类分析方法,该指标的"优秀""良好""较差"三类层次较为明显,其界限分别为 3 000 t 与 7 000 t(图 5-16)。

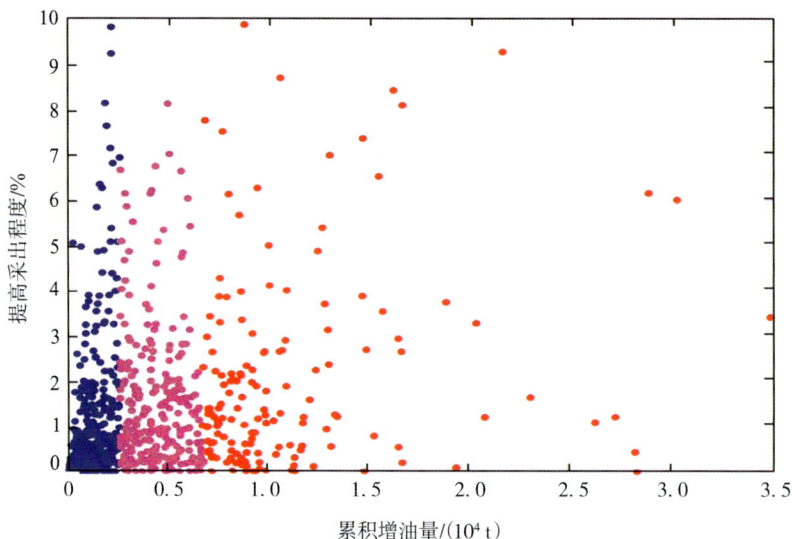

图 5-16　累积增油量聚类分析成果图

(6) 周期增油量。

基于生产现场大量样本指标的聚类分析结果反映了缝洞型油藏注气中的周期增油量指标变化关系,根据 K-means 聚类分析方法,该指标的"优秀""良好""较差"三类层次较为明显,其界限分别为 2 000 t 与 5 000 t(图 5-17)。

3) 单井注气后指标界限

(1) 方气换油率。

基于生产现场大量样本指标的聚类分析结果反映了缝洞型油藏注气后的方气换油率指标变化关系,根据 K-means 聚类分析方法,该指标的"优秀""良好""较差"三类层次较为明显,其界限分别为 0.12 t/m^3 与 0.24 t/m^3(图 5-18)。

(2) 存气率。

基于生产现场大量样本指标的聚类分析结果反映了缝洞型油藏注气后的存气率指标变化关系,根据 K-means 聚类分析方法,该指标的"优秀""良好""较差"三类层次较为明显,其界限分别为 77% 与 92%(图 5-19)。

(3) 累积注采比。

基于生产现场大量样本指标的聚类分析结果反映了缝洞型油藏注气后的累积注采比指标变化关系,根据 K-means 聚类分析方法,该指标的"优秀""良好""较差"三类层次较为明显,其界限分别为 0.8 与 1.9(图 5-20)。

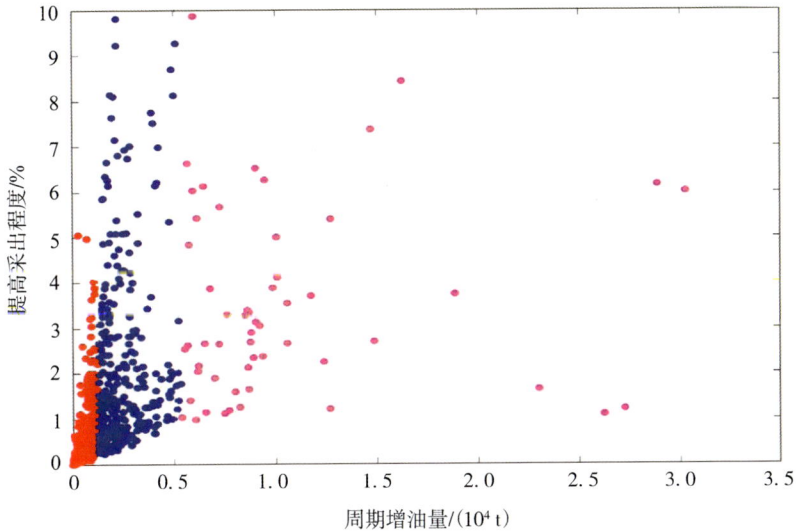

图 5-17　周期增油量聚类分析成果图

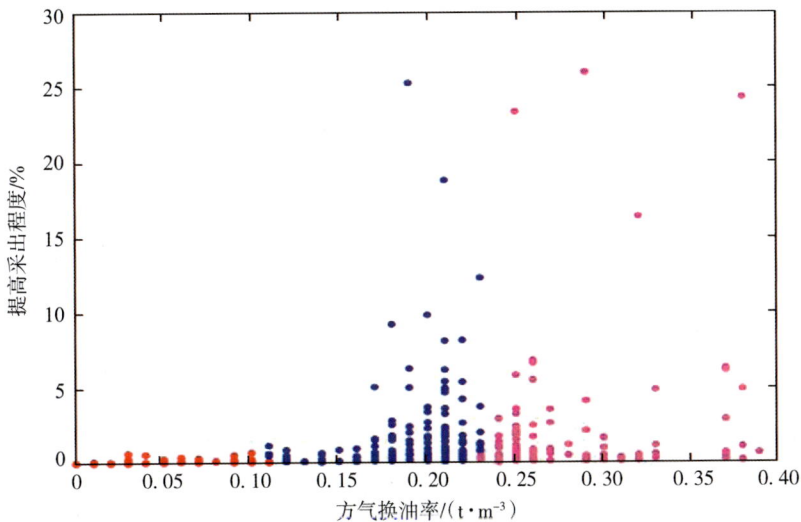

图 5-18　方气换油率聚类分析成果图

（4）平均日产油水平。

基于生产现场大量样本指标的聚类分析结果反映了缝洞型油藏注气后的平均日产油水平指标变化关系，根据 K-means 聚类分析方法，该指标的"优秀""良好""较差"三类层次较为明显，其界限分别为 2.5 t/d 与 8.5 t/d（图 5-21）。

（5）累积增油量。

基于生产现场大量样本指标的聚类分析结果反映了缝洞型油藏注气后的累积增油量指标变化关系，根据 K-means 聚类分析方法，该指标的"优秀""良好""较差"三类层次较为明显，其界限分别为 2 000 t 与 6 000 t（图 5-22）。

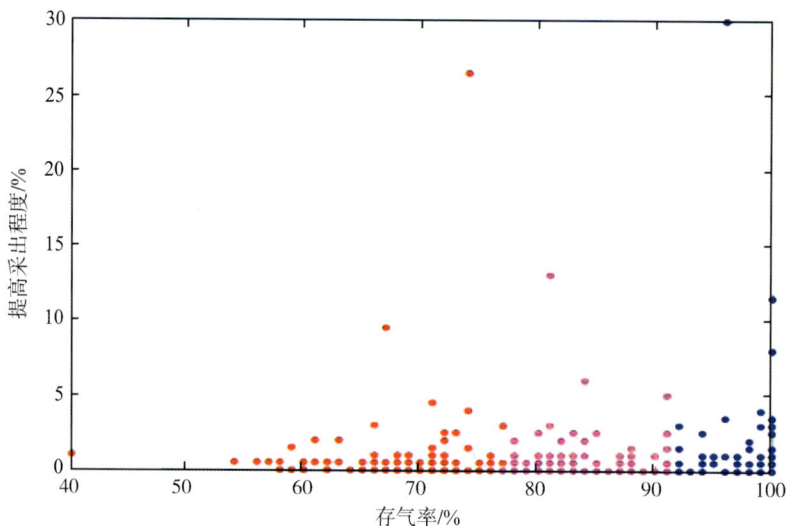

图 5-19　存气率聚类分析成果图

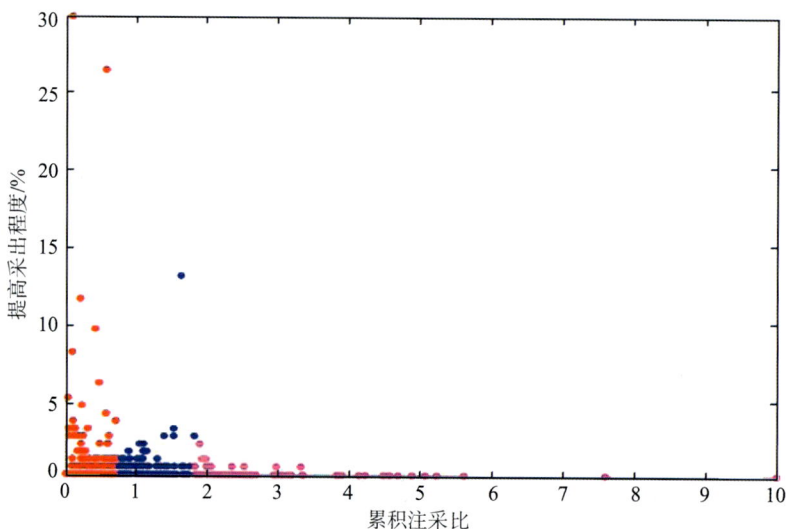

图 5-20　累积注采比聚类分析成果图

5.4.2　指标权重计算

1) 评判矩阵构建原则

对缝洞型油藏单井注气效果进行评价,主要根据前述确定的效果评价指标,同时结合油田注气基本原理,以及缝洞型油藏油田注气开发关键点,并基于以下原则,建立了效果评价指标体系。

(1)评价核心目的:注气开发成本较高,注气效果评价首先需要评价注气效益,核心表征指标为方气换油率。

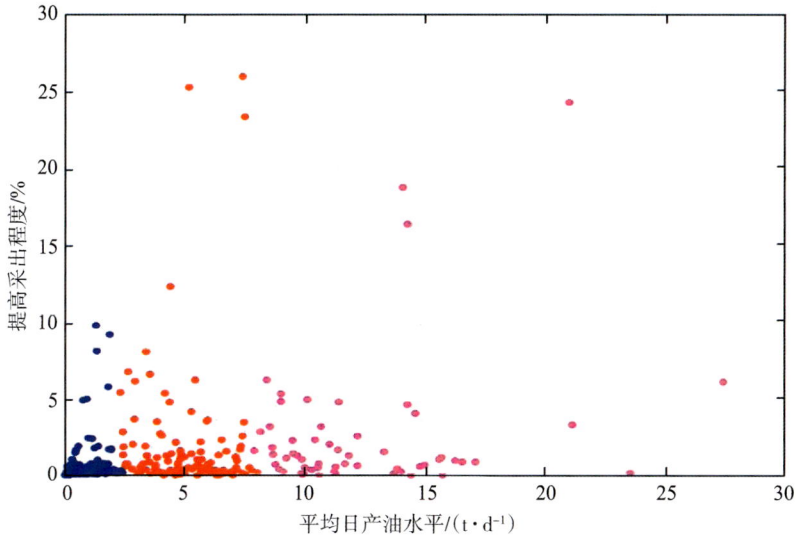

图 5-21　平均日产油水平聚类分析成果图

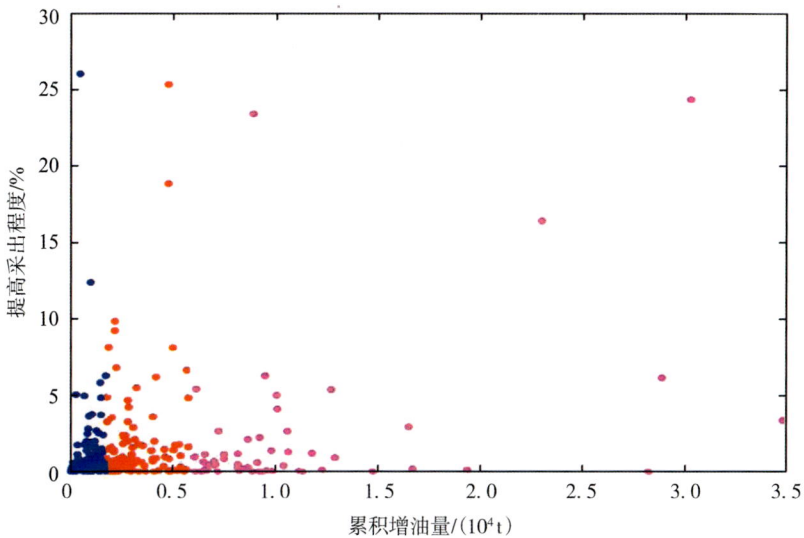

图 5-22　累积增油量聚类分析成果图

（2）评价基本目标：凸显注气效果，从不同角度评价注气后的增油状况，主要表征指标为提高采收率、累积增油量以及周期增油量。

（3）突出评价指标：权重集体现出注气开发常规评价指标的影响，主要表征指标为平均日产油水平。

（4）参考相关技术指标：权重集体现出相关技术参考指标的影响，主要表征指标为存气率以及累积注采比。

根据上述原则，分析得到权重指标重要性排序，见表 5-7。

表 5-7　权重指标重要性排序表

指　标	方气换油率	提高采收率	累积增油量	周期增油量	平均日产油水平	存气率	累积注采比
排　序	1	2	3	4	5	6	7

2）指标权重

在上述排序的基础上，采用德尔菲法建立层次分析矩阵，见表 5-8。

表 5-8　层次分析矩阵

指　标	方气换油率	提高采收率	累积增油量	周期增油量	平均日产油水平	存气率	累积注采比
方气换油率	1.00	1.17	1.40	1.75	2.33	3.50	7.00
提高采收率	0.86	1.00	1.20	1.50	2.00	3.00	6.00
累积增油量	0.71	0.83	1.00	1.25	1.67	2.50	5.00
周期增油量	0.57	0.67	0.80	1.00	1.33	2.00	4.00
平均日产油水平	0.43	0.50	0.60	0.75	1.00	1.50	3.00
存气率	0.29	0.33	0.40	0.50	0.67	1.00	2.00
累积注采比	0.14	0.17	0.20	0.25	0.33	0.50	1.00

注：表中数据均为无因次量。

最大特征值为：

$$\lambda_{\max}=9.216\,3$$

一致性指标计算结果为：

$$C.I=\frac{\lambda_{\max}-n}{n-1}=7.326\,5\times10^{-4}$$

一致性比率为：

$$C.R=\frac{C.I}{R.I}=5.324\,1\times10^{-4}$$

因为

$$C.R<0.1$$

故其一致性较好，可以进行下一步计算，最终得到权重指标值，见表 5-9～表 5-11。

表 5-9　注气前权重指标分析结果

指　标	提高采收率	自然递减率	能量保持程度	含水上升率	存水率	累积注采比
权　重	0.26	0.22	0.17	0.15	0.12	0.08

表 5-10　注气中权重指标分析结果

指　标	方气换油率	提高采收率	累积增油量	周期增油量	平均日产油水平	存气率	累积注采比
权　重	0.25	0.21	0.18	0.14	0.11	0.07	0.04

表 5-11　注气后权重指标分析结果

指　标	方气换油率	提高采收率	累积增油量	平均日产油水平	存气率	累积注采比
权　重	0.26	0.22	0.17	0.15	0.12	0.08

5.4.3　注气效果综合评价

针对不同的注气阶段，利用模糊综合评价法和 BP 神经网络方法评价塔河油田单井注气效果，其值越大表明效果越好，与实际生产结果相吻合。

1）单井注气前效果评价

针对注水替油失效单井，应用前文优选的评价指标和评价方法，评价目前油井开发状态以及剩余油注气开发潜力，结果（表 5-12）显示 T443CH 和 TH10262 井有较好的注气前景。

表 5-12　单井注气前效果评价结果

井　名	岩溶背景	轮　次	提高采收率/%	自然递减率/%	能量保持程度/%	含水上升率/%	存水率/%	累积注采比	模糊评价分值	BP 神经网络分值
T443CH	断裂＋岩溶管道	注气前	10.60	14.00	95.0	3.48	−122.6	0.51	92.32	90.34
TH10262	地表水系＋断裂	注气前	6.81	28.00	92.6	4.31	−10.1	0.75	91.20	82.39
TP119	断溶体	注气前	5.00	26.00	90.0	4.91	−167.9	0.28	88.48	82.22
TH10142X	暗河＋断裂	注气前	0.81	28.00	90.0	1.11	23.8	0.77	82.87	80.25
TH10203	断溶体	注气前	5.09	9.00	94.0	7.40	40.2	0.79	85.25	79.01
TK265	断裂＋岩溶管道	注气前	1.86	21.00	92.0	6.65	−69.9	0.78	83.90	78.88
TH10104	地表水系＋断裂	注气前	0.66	28.00	95.0	5.14	41.3	0.42	80.28	78.42
TP9	断溶体	注气前	4.96	21.00	96.4	2.07	53.8	0.54	88.67	77.45
TH12224CH	残丘	注气前	6.63	21.00	92.0	1.46	−112.4	0.78	80.45	76.42
TK604	古水系＋残丘	注气前	5.39	11.00	90.0	8.12	−116.2	0.79	90.83	75.49
TK678	古暗河＋断裂＋残丘	注气前	6.34	18.00	93.8	1.97	30.1	0.33	87.08	75.35
TK863	断裂＋残丘	注气前	5.84	28.00	96.8	2.38	−124.7	0.64	92.13	75.26
TH10260	断裂＋上覆水系	注气前	7.64	9.00	92.9	2.52	29.3	0.79	88.46	74.93

2）单井注气中效果评价

单井注气中效果评价结果见表 5-13。可以看出，TH12361 等井注气效果好，与实际生产结果相吻合。

表 5-13　单井注气中效果评价结果

井 名	岩溶背景	轮 次	方气换油率	提高采收率/%	累积增油量/t	周期增油量/t	平均日产油水平/(t·d⁻¹)	存气率	累积注采比	模糊评价分值	BP神经网络分值
TH12361	断 裂	1	0.38	0.60	30 280	30 280	20.9	0.96	0.09	95.20	97.62
TH12137	断 裂	1	0.37	0.06	28 891	28 891	27.4	0.66	0.04	92.63	94.63
S80	复 合	1	0.20	0.10	26 222	26 222	20.5	0.77	0.12	84.69	94.01
TH10345	断溶体	1	0.84	0.16	12 086	8 050	11.6	0.98	0.59	90.36	93.36
TP182X	断溶体	1	0.19	0.74	14 720	14 720	16.0	1.00	0.10	93.21	92.28
TK603CH	复 合	1	0.22	0.27	14 896	14 896	22.6	0.85	0.13	83.06	89.70
TH12110	断 裂	1	0.37	0.12	20 763	12 687	13.8	0.68	0.20	80.08	89.68
AD19	断 裂	1	0.32	0.16	23 024	23 024	14.2	1.00	0.09	87.65	89.40
TH10110CH2	暗河＋断裂	1	0.22	0.39	14 679	9 875	8.6	0.65	0.33	74.16	84.54
TH12115CH	河 道	1	0.44	0.01	2 093	2 093	5.6	0.59	0.84	43.31	45.04

3）单井注气后效果评价

单井注气后效果评价结果见表 5-14。可以看出，TH12361 等井注气效果好，与实际生产结果相吻合。

表 5-14　单井注气后效果评价结果

井 名	岩溶背景	轮 次	方气换油率	提高采收率/%	累积增油量/t	平均日产油水平/(t·d⁻¹)	存气率	累积注采比	模糊评价分值	BP神经网络分值
TH12361	断 裂	注气后	0.38	0.60	30 280	20.9	0.96	0.09	94.65	96.36
TH12137	断 裂	注气后	0.37	0.06	28 891	27.4	0.66	0.04	95.70	94.65
S80	复合控制区	注气后	0.20	0.03	34 856	21.1	0.74	0.17	88.58	93.21
S115-4	断溶体	注气后	0.37	0.06	9 505	8.4	1.00	0.13	82.55	92.46
TH12251	断裂＋残丘	注气后	0.25	0.23	8 945	7.5	1.00	0.21	78.22	89.17

井　名	岩溶背景	轮　次	方气换油率	提高采收率/%	累积增油量/t	平均日产油水平/(t·d⁻¹)	存气率	累积注采比	模糊评价分值	BP神经网络分值
TH10144	暗河＋断裂	注气后	0.38	0.01	5 394	16.2	0.70	0.32	77.54	89.17
AD19	断　裂	注气后	0.32	0.16	23 024	14.2	1.00	0.09	87.23	86.36
TK674XCH	复合控制区	注气后	0.19	0.53	4 799	5.1	0.74	0.57	78.90	82.84
TH10237	断溶体	注气后	0.29	0.04	10 120	14.5	0.98	0.22	77.81	78.59
TK209CH2	复合控制区	注气后	0.33	0.05	5 793	11.4	0.83	0.11	73.34	78.47
TH10232	断裂＋上覆水系	注气后	0.30	0.01	6 061	16.5	1.00	0.62	75.79	74.27

第6章
单井注氮气矿场实践

针对缝洞型油藏注水替油后期井周高部位剩余油难以采出的问题,在明确缝洞型油藏注氮气机理的基础上,2012 年选择 TK404 井开展了单井注氮气先导试验,取得了巨大突破。2013—2014 年在总结先导试验井取得的效果和认识的基础上,开展了单井注氮气扩大试验,对 4 种不同剩余油类型油井实施注氮气试验,自然递减率有效降低,采收率提高。采用边研究边试验的方式,逐步形成了塔河油田碳酸盐岩缝洞型油藏单井注氮气技术。

6.1 先导试验方案设计及效果

6.1.1 先导试验阶段选井

1)选井原则

结合缝洞型油藏储集体发育特征、剩余油分布特征、氮气在高温高压下的物理特性和井控安全 4 项选井要素,制定了先导试验阶段的 5 项选井原则:

(1)地震反射特征表明储集体具有一定规模,位于残丘高部位油井;

(2)井点周围的高部位有明显储集体反射特征;

(3)钻遇溶洞或主要生产层段距离 T_7^4 面 10~30 m 以下;

(4)生产动态具有明显定容体生产特征,注水替油效果变差或失效,具有一定剩余油潜力;

(5)7 in 套管回接井口,满足注气工程施工要求。

2)选井结果

根据选井原则,对前期注水替油效果变差或失效的 175 口井进行逐一排查,其中满足工程施工要求的 7 in 套管回接井口的油井共计 115 口,优选出符合生产动态特征且具有较大剩余油潜力的 10 口井(表 6-1)。

表 6-1　注气提高采收率试验井筛选结果

区　块	井　号	排序	产层距 T_7^4 距离/m	投产方式	累积注水量/(10^4 t)	注水期间产油/(10^4 t)	反射特征	产层相对位置	近井有无反射特征
四　区	TK404	1	3~10,15~24	酸　压	10.12	3.23	杂乱弱	顶	有
四　区	TK489	2	0~108.54	酸　压	5.45	2.04	表层强+内幕串珠	中	无
八　区	TK718	3	85~130	酸　压	2.15	2.83	表层弱+内幕串珠	中	有
四　区	TK412	4	79.47	自　然	2.82	0.26	表层弱+内幕串珠	中	有
八　区	TK839	5	84.26~114.9	自　然	7.04	3.58	整体串珠	中	无
七　区	TK730	6	4~41.84	酸　压	2.63	0.79	表层强+内幕串珠	中	有
十　区	TH10310	7	38.56~43	自　然	2.78	1.53	杂乱弱	中	有
十　区	TH10201	8	64.77~84.19	自　然	3.20	1.43	表层弱+内幕串珠	中	无
十二区	TH12326	9	1.04~76	酸　压	0.84	0.50	表层弱+内幕串珠	中	有
十二区	TH12124	10	3.5~11.5	酸　压	0.89	0.46	整体串珠	顶	无

经过综合分析评价,分别选取"钻遇溶洞顶部,井周有局部构造高点"和"钻遇储集体中底部"2 种类型的油井进行首轮注气试验,先导试验阶段选取 TK404 井进行首轮注气试验。

3)油藏特征及潜力分析

(1)地质特征。

TK404 井是艾协克 2 号构造北高点上钻的一口滚动评价井。该井完钻井深 5 612.7 m,完钻层位奥陶系中—下统鹰山组($O_{1-2}y$),T_7^4 顶深 5 410 m。

该井井周显示振幅变化率(0~40 ms)较强(图 6-1),且规模较大;结合地震剖面(图 6-2)显示,初步判断该井处于局部残丘相对高部位,且钻遇缝洞体边部,井周存在局部构造高点。

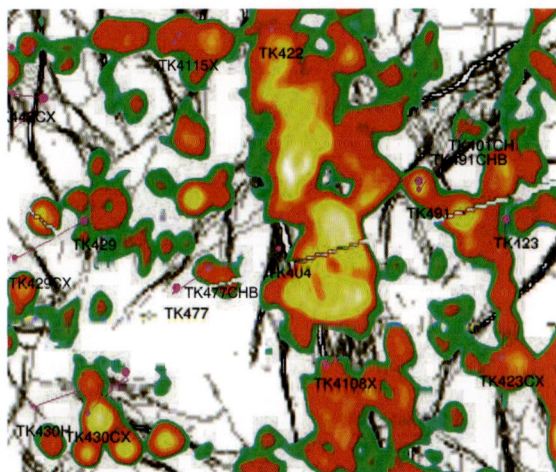

图 6-1　TK404 井 T_7^4 以下 0~40 ms 振幅变化率图

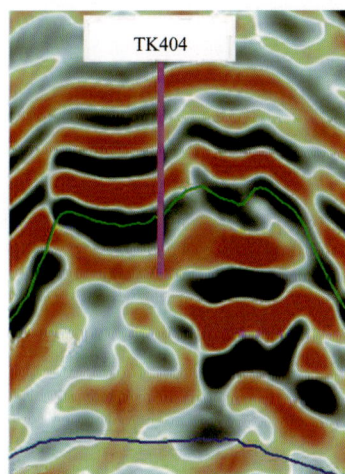

图 6-2　TK404 井地震剖面

（2）生产动态特征。

1999 年 5 月对 TK404 井 5 353.59～5 612.7 m 井段进行了试油开采,折算日产油量 16.13 m^3/d。为防止井底坍塌,下入 5 in 尾管完井,并对 5 416～5 420 m 和 5 428～5 432 m 射孔井段进行 DST 测试。由于储层污染,1999 年 7 月对射孔井段进行酸压改造,初期 6 mm 油嘴生产,油压 12.5 MPa,套压 14 MPa,日产液量 174 t/d,不含水。由于高速开采（日产油量大于 500 t/d）,底部水体快速锥进,导致油井水淹。为抑制底部水体快速上升, 采取缩嘴控液的办法,含水呈波动变化。2003 年 7 月由于油井高含水,对生产井段 5 410～ 5 422.95 m 进行堵水作业,但是措施有效期短,底部水体相对活跃,含水仍然快速上升。 2006 年 9 月转注水替油,通过注水抑制水锥效果明显,含水波动幅度大（99%→26%→ 100%）。该井累计注水 7 轮次,注水 10.12×10^4 m^3,增油 3.27×10^4 t,之后替油效果变差 （表 6-2、图 6-3）,油井高含水关井。截至 2011 年 12 月,累计产液 44.33×10^4 t,产油 17.60× 10^4 t。

表 6-2 TK404 井周期注水评价表

序号	注水时间	周期注水量/m^3	周期产液量/t	周期产油量/t	周期产水量/t	周期含水率/%
1	2006-09-12—2007-01-16	52 533	26 524	5 791	20 733	78.17
2	2008-06-09—2008-07-11	20 437	9 697	3 997	5 700	58.78
3	2009-04-06—2009-05-04	5 000	32 888	14 795	18 093	55.01
4	2010-07-09—2010-07-30	10 845	23 042	7 491	15 551	67.49
5	2011-05-04—2011-05-19	10 208	12 827	767	12 060	94.02

该井从天然能量开采到注水开发都表现出水体相对活跃、含水波动变化特征。分析含 水变化规律可知,由于油井累计产油较多,油水界面抬升至井底附近,引起含水波动变化, 虽然通过注水替油补充了能量,但是由于注水波及体积有限,抑制水锥效果变差,导致油井 高含水,形成了顶部"阁楼油"。

（3）潜力分析。

综上分析,TK404 井具备井周剩余油开发潜力:

① 地处构造残丘,地震剖面显示杂乱强反射特征,且具有一定规模,近井周存在局部 构造高点;

② 发育较大规模储集体,且酸压以及注水未对顶部剩余油进行有效动用,标定采收率 46.30%,截至 2012 年采出程度仅 34.24%,剩余油开发潜力较大;

③ 注水过程中,压锥效果明显,含水波动变化,存在"阁楼油",可通过改变驱油方式挖 潜储集体顶部剩余油。

4）剩余可采储量计算

先导试验方案设计中分别采用容积法、物质平衡法、水驱特征曲线法 3 种方法计算 TK404 单井缝洞单元可采储量。

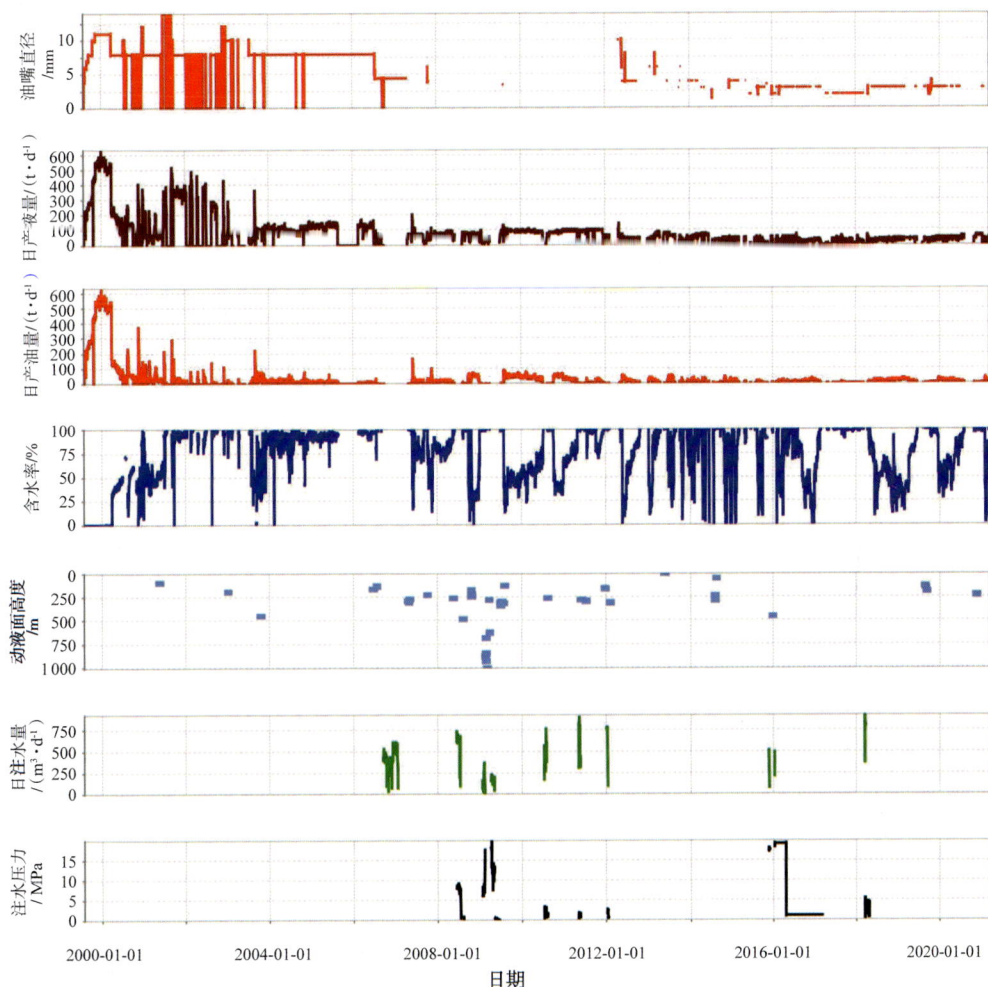

图 6-3　TK404 井生产动态特征

（1）容积法。

根据塔河油田奥陶系油藏储量参数确定方法，用容积法计算地质储量，基本公式为：

$$N_o = 100Ah\phi S_{oi}\rho_o / B_{oi}$$　　　　　　　　（6-1）

式中　N_o——原油地质储量，10^4 t；

　　　A——含油面积，km^2；

　　　h——平均有效厚度，m；

　　　ϕ——平均有效孔隙度；

　　　S_{oi}——原始含油饱和度；

　　　ρ_o——地面原油密度，g/cm^3；

　　　B_{oi}——原油原始体积系数。

按上述方法计算得到 TK404 井石油地质储量为 51.5×10^4 t（表 6-3）。

表 6-3 容积法计算地质储量基本参数取值

井 名	油水界面深度/m	单元基本参数			Ⅰ类					Ⅱ类		
		A/km²	ρ_o/(g·cm³)	B_{oi}	h/m	ϕ_f/%	ϕ_{bh}/%	S_{obh}/%	$N_{oⅠ}$/(10⁴ t)	h/m	ϕ_f/%	$N_{oⅡ}$/(10⁴ t)
TK404	5 432	0.930	0.96	1.1793	13.3	1.37	6.65	55.22	49.4	8.6	0.35	2.1

注：ϕ_f 为裂缝的孔隙度，ϕ_{bh} 为溶蚀孔洞的孔隙度，S_{obh} 为溶蚀孔洞中的含油饱和度。

（2）物质平衡法。

由于油藏开发初期压降较小，油藏主要靠弹性能量驱动，加之生产时间短，所以水侵量较小，甚至可以忽略。此时，封闭未饱和油藏的物质平衡方程可以简化为封闭未饱和弹性驱油藏的物质平衡方程：

$$N_p B_o + W_p B_w = N B_{oi} C_e \Delta p \tag{6-2}$$

式中 N_p——地面累积产油量，m³；

B_o——原油体积系数；

W_p——累积产水量，m³；

B_w——水的体积系数；

N——地质储量，m³；

Δp——总压降，MPa；

C_e——总压缩系数，MPa⁻¹。

由于 TK404 井在生产过程中明显表现出水侵现象，故封闭未饱和弹性驱油藏的物质平衡方程不适用于该井。

（3）水驱特征曲线法。

水驱特征曲线是指油田注水（或天然水驱）开发过程中累积产水量或累积产液量与累积产油量之间的某种关系曲线。水驱特征曲线的主要用途之一是预测水驱油藏可采储量与地质储量。由于 TK404 井有明显的水体侵入，水驱特征明显，故该方法适用于该井动态地质储量的计算。

采用甲型水驱曲线进行计算拟合（图 6-4），通过计算得出 TK404 井水驱动态地质储量为 46.96×10^4 t。

通过对比 3 种方法可知，物质平衡法和水驱特征曲线法受开发过程中各种动态因素影响较大，虽然已经优选出适合 TK404 井的动态法进行计算，但是仍存在一定的误差。相比动态法，静态法所需静态资料更全，且受动态开发因素的影响较小，因此经综合考虑选取容积法所计算的地质储量结果作为该井的地质储量，即 TK404 井地质储量为 51.40×10^4 t（表 6-4）。

（4）可采储量标定。

主要采用 Arps 指数递减法与水驱特征曲线法计算单井单元的可采储量。考虑到当前油井都已进入人工水驱阶段，Arps 指数递减法已经不适合该阶段的可采储量的计算，水驱特征曲线法更能反映出当前的采收率，故选取水驱特征曲线法计算结果作为该井的可采储量。经计算，TK404 井可采储量为 23.80×10^4 t（图 6-4），采收率为 46.3%。

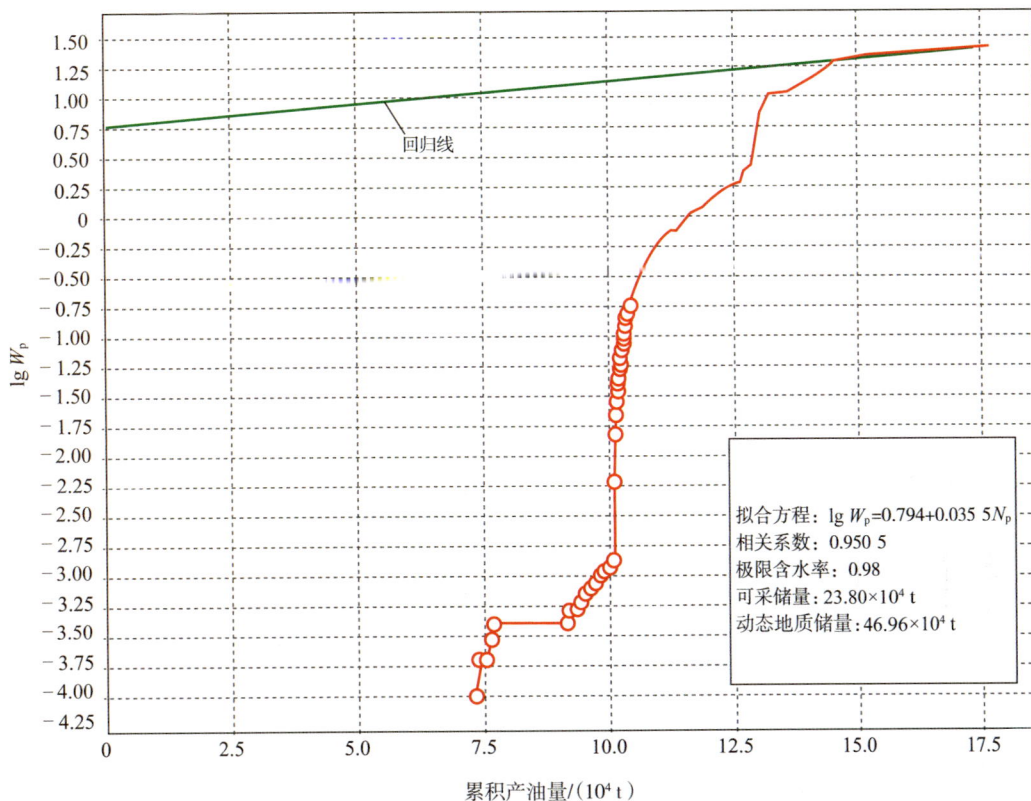

图 6-4　TK404 井可采储量计算

表 6-4　TK404 井不同方法计算地质储量结果对比表

方　法	容积法	物质平衡法	水驱特征曲线法	综合取值
地质储量/(10^4 t)	51.40	—	46.96	51.40

（5）剩余可采储量计算。

剩余可采储量即标定的可采储量与当前油井的累积采出量的差值。截至 2011 年 11 月，TK404 井累计采油 17.60×10^4 t，采出程度 34.24%，剩余可采储量达 6.2×10^4 t，具有较大的剩余油开发潜力。

6.1.2　先导注气方案设计

由于塔河油田碳酸盐岩缝洞型油藏的特殊性，国内外尚无成熟的针对此类油藏的注气技术政策可以借鉴，主要参考已形成的汪水替油开发技术政策进行注气方案设计，设计原则如下：

（1）选择多周期注水替油失效或效果变差的油井进行注气试验；

（2）优先选择井周围高部位存有大量剩余油的油井；

（3）考虑注气的经济性和可行性，采用先注适量液氮，后注油田水的注入方式；

（4）根据已有的注水替油技术政策设计液氮和油田水的注入量及相关参数。

注气目的:

(1)提高储量的动用程度,有效驱替高部位剩余油,提高油藏采收率;

(2)补充地层能量,减缓产量递减,恢复油井产能;

(3)抑制水体锥进,控制含水上升。

1）注入量设计

注气试验以"短周期、快见效、高效益"为目的,采用液氮＋油田水混合注入方式,即首先注液氮,然后注油田水。首轮注入量(液氮＋油田水)主要依据前期周期合理注水量的1/2进行设计,后期根据实际情况及实施效果进行调整。

由统计分析可知,TK404 井合理的周期注水量为 10 000 m^3(表 6-5)。根据设计原则,TK404 井首轮注气试验设计液氮注入量为 470 m^3,油田水注入量为 4 000 m^3。

表 6-5　TK404 井前期周期注水参数表

统计周期	注水时间/h	周期注入量/m^3	注入速度/($m^3 \cdot h^{-1}$)	注入压力/MPa	焖井时间/h	生产工作制度		日产液量/($m^3 \cdot d^{-1}$)	周期产油量/t	备注
						泵深/m	冲程/m×冲次/(次·min^{-1})			
1	579	52 533	91	0～1.6	5 474	1 608.97	5×4	62	5 791	
2	757	20 437	27	6～8.9	1 389	1 608.97	5×5	76	3 997	
3	666	5 000	8	7.8～19.8	1 418	1 608.97	5×5	92	14 795	酸化
4	508	10 845	21	0.5～3.2	209	1 594.94	5×5	77	7 491	
5	361	10 208	28	0～1.5	774	1 594.94	5×5	90	767	

2）注入速度设计

注入速度的设计主要依据前期合理的注入速度,考虑气液滑脱对注入速度的要求,在施工允许的条件下,适当增大注油田水的速度,以减小气液滑脱效应造成的不利影响。经综合考虑,TK404 井液氮注入速度设计为 25 m^3/h,油田水注入速度设计为 30 m^3/h。

3）焖井时间设计

考虑油气密度比明显大于油水密度比,油气重力分异速度快于油水重力分异速度,焖井时间应适当小于前期周期注水替油的焖井时间。经综合考虑,设计焖井时间为 6～8 d,同时在注气试验过程中根据井口压力变化进行调整。

4）开井后生产工作制度设计

依据前期注水替油效果与油井当前能量情况,以达到最大化油井产能为目的,设计TK404 井冲程×冲次为 5 m×5 次/min,日产液量为 80 m^3/d。

5）注气替油试验压力预测

地层吸气能力的计算及预测可采用经验方程进行。目前应用的经验方程如下:

$$\lg q_{xq} = \lg \frac{Kh}{12.7 T \mu_g Z \left(\ln \frac{0.472}{r_e} + S \right)} + n \lg (p_{wf} + p_{tp}) \tag{6-3}$$

式中　q_{xq}——地层吸气指数,$10^4 \ m^3/d$;

　　　K——储层综合渗透率,$10^{-3} \ \mu m^2$;

h——油藏深度，m；

T——油藏温度，K；

μ_g——气体黏度，MPa·s；

Z——氮气压缩因子；

r_e——泄油半径，m；

S——表皮系数；

p_{wf}——井底流压，MPa；

p_{ψ}——注气启动压差，MPa。

塔河油田碳酸盐岩缝洞型油藏储层裂缝孔洞发育，渗透率确定较难，无法通过储层物性参数确定地层吸气能力，只能通过试注气求取地层的吸气指数等参数。但目前塔河区块碳酸盐岩缝洞型油藏没有进行过注气吸气指数测试试验，难以精确预测注气井的注气压力及注气量。为了准确预测注气压力，为地面注气设备的选择提供可靠的依据，采用注气启动压差法预测注气压力（注气启动压差按照 2～5 MPa 进行取值设计），进而求取不同注气量和注气压力下的吸气指数。

根据预测结果（表 6-6），油藏深度按照 5 400 m 计算，当地层压力为 50 MPa 时，大约需要的地面注气压力为 38 MPa（取上限）；当地层压力为 55 MPa 时，大约需要的地面注气压力为 45 MPa（取上限）。

表 6-6　塔河油田碳酸盐岩缝洞型油藏注气替油注气压力预测

油藏深度/m	地层压力/MPa	地面注气压力/MPa	地面注气压力/MPa			
			5×10^4 m³/d	10×10^4 m³/d	15×10^4 m³/d	20×10^4 m³/d
5 400	50	52	37.8	37.9	38	38.1
	50	55	40.16	40.25	40.4	40.5
	55	57	42.1	42.2	42.3	42.4
	55	60	44.7	44.8	44.9	45

6）注气替油试验井口选择

采用 KQ70/78-65 型采气井口进行注气，要求严格按操作规程安装井口并试压。井口在安装前应通过相应安全检测及试压，并提供合格证。

7）注气替油试验管柱选择

注气替油试验井均是经过多轮次注水的机采生产井，油井本身已经不能自喷生产，生产方式为有杆泵抽油机生产。为了提高生产时效，降低成本，实现注水、注气、生产的一体化操作和管理，采用注水、注气、机抽生产一体化管柱：

ϕ89 mm 油管×1 600 m＋ϕ70/44 mmTH 抽稠泵筒＋ϕ73 mm 油管×3 500 m＋常规封隔器＋坐封球座＋ϕ73 mm 油管×20 m＋喇叭口（表 6-7、图 6-5）。

表 6-7　完井管柱数据表

入井管串(自上而下)					
序号	工具名称	外径/mm	内径/mm	长度/m	下深/m
1	油补距				
2	油管挂	175	76	0.23	
3	$3\frac{1}{2}$ in FOX 公×$3\frac{1}{2}$ in TP-JC 公	88.9	76	0.39	
4	$3\frac{1}{2}$ in TP-JC 扣 P110S 油管 160 根	88.9	76	1 600	1 600
5	$3\frac{1}{2}$ in TP-JC 母×$2\frac{7}{8}$ in TP-JC 公	114	62	0.1	
6	70/44 mm TH 抽稠泵筒(TP-JC 扣)	114	74	8	1 608
7	$2\frac{7}{8}$ in TP-JC 扣 P110S 油管 350 根	73	62	3 500	5 100
8	$2\frac{7}{8}$ in TP-JC 母×$2\frac{7}{8}$ in FOX 公	73	62	0.1	
9	7 in 液压封隔器	146	62	1.5	5 100
10	球　座	95	32/58		
11	$2\frac{7}{8}$ in P110S×EUE 油管 2 根	73	62	9.6	5 120
12	坐挂短节	84	59	0.5	
13	$2\frac{7}{8}$ in P110S×EUE 油管 2 根	73	62	9.6	5 140
14	喇叭口	93	62	0.14	

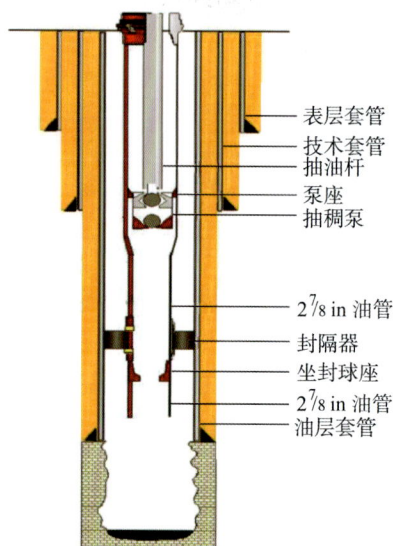

图 6-5　注气替油生产一体化管柱图

管柱特点及要求如下:

(1)为了确保管柱的气密封性能,在下井前务必做好管柱检测,下井过程中涂好密封脂,避免黏扣、脱扣,且要求采用新油管;

(2)泵座采用气密封扣(抽稠泵),注气焖井结束后,直接下放泵转抽生产;

(3)封隔器工作压差大于 50 MPa,要有较好的密封性能,采用气密封扣连接;

(4)注气时油套环空内充满液体,如果套压升高超过 35 MPa,应及时进行放气;

（5）泵座抗拉强度 60 t。

8）配套监测设计

为了评价注气试验方案的实施效果，掌握油藏动态变化规律，达到提高采收率的目的，注气试验对资料的详细录取以及动态监测的要求主要包括：

（1）注气之前，进行一次工程测井，检查固井质量、套管损坏及管外窜槽等井况；

（2）注气之前，进行吸水剖面测试，弄清分层吸水状况，同时也为今后评价注气效果提供可对比的资料；

（3）注气之前，进行一次原油组分、伴生气组分分析，建立原始资料档案，为今后评价注气效果提供依据；

（4）注气之前，录取地层静压、流压资料；

（5）注气之前，录取生产动态参数，包括油压、套压、动液面、日产液量、日产油量、日产水量、日产气量、含水率、气油比；

（6）注气过程中，监测井底压力，详细记录泵压、排量、注气量，以及录取压力曲线和吸气指示曲线；

（7）焖井期间，每天记录油压、套压，监测静液面，按小时进行参数录取；

（8）注气过程中，进行吸气剖面测试；

（9）注气之后，录取地层静压、流压资料；

（10）注气之后，取油样、气样进行原油组分、伴生气组分分析；

（11）注气之后，录取生产动态参数，包括油压、套压、动液面、日产液量、日产油量、日产水量、日产气量、含水率、气油比；

（12）进行注入气质量监测，保证注入气的质量达到提高采收率的目的。

9）方案现场实施要求

（1）必须严格要求注气工具、井口、管柱质量，严格操作规程，安全实施高压注气；

（2）注气时，由于井筒液柱压力加上压缩机注入压力远远大于转注前压力，注入压力过大可能导致注入井压力波动及注入量突变，伤害地层，因此在转注气时应逐步提高压缩机压力，避免压力突变；

（3）注气时，做好防地面窜气、防井口漏气、防火灾、防井喷、防煤气中毒、防冻等工作。

6.1.3　先导试验实施效果及认识

塔河油田 TK404 先导试验井于 2012 年 4 月 9 日正式实施矿场先导试验，2012 年 4 月 9 日至 2012 年 4 月 17 日正式注入液氮 728.94 m^3、油田水 360 m^3，焖井 10 d。先导试验阶段，最高日产油量达 50 t/d。截至 2020 年，TK404 井仍保持较好的注气增产效果，表现出较好的氮气有效埋存和置换剩余油的效果。随着注气轮次的增加，该井的有效生产周期逐步提高，从初期的 173 d 逐步提高至 450 d（图 6-6）。截至 2020 年，该井已累计实施注气 8 轮次，累积注气量 494×10^4 m^3，按塔河油田碳酸盐岩缝洞型油藏条件计算氮气地下体积 1.62×10^4 m^3，累计产液 7.6×10^4 t，累计增油 1.93×10^4 t，整体累积方气换油率达到 1.19 t/m^3（表 6-8）。

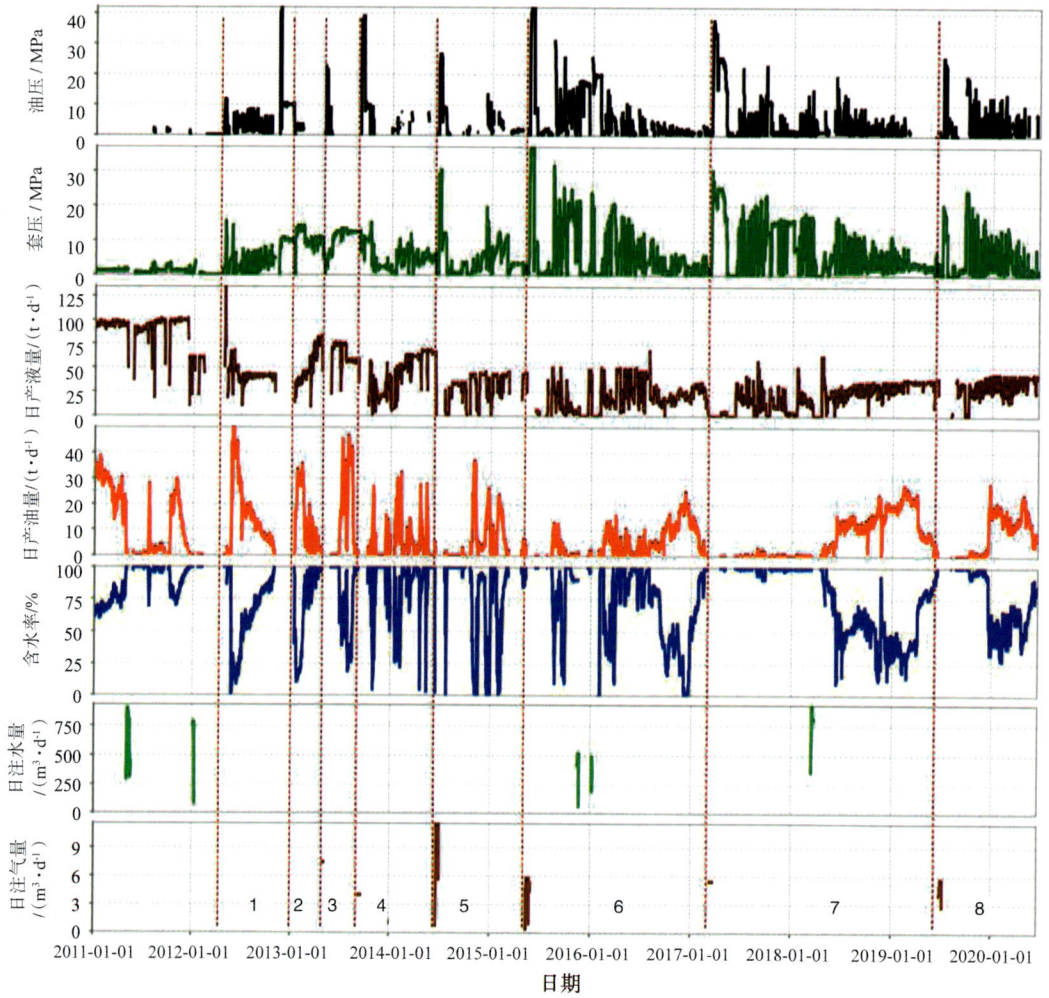

图 6-6 TK404 井多轮次注氮气开发效果

表 6-8 TK404 先导试验轮次注气效果

轮　次	轮次注气/(10^4 m^3)	轮次增油/t	单轮次方气换油率/(t·m^{-3})	累积方气换油率/(t·m^{-3})
1	50	2 659	1.60	1.60
2	54	1 286	0.73	1.15
3	50	1 457	0.88	1.07
4	50	1 269	0.77	0.99
5	100	1 495	0.45	0.82
6	70	2 954	1.28	0.90
7	70	5 545	2.41	1.14
8	50	2 691	1.64	1.19

TK404 井作为塔河油田碳酸盐岩缝洞型油藏单井注氮气先导试验井,注氮气取得的突破效果证实了缝洞型油藏单井注氮气二次动用的可行性,因此这次先导试验取得成功是塔河油田碳酸盐岩缝洞型油藏注氮气稳产技术形成与发展的里程碑。

1) TK404 井产能恢复,证明了缝洞型油藏注氮气的可行性

(1) 注水失效,油井高含水,通过注气改善了开发效果,恢复产能明显。

TK404 井最后一轮注水 5 353 m³ 后,累计产液 1 205 m³,含水率高达 99%。通过注气方案的实施,油井焕发"二次青春",累计产液 1 869 m³ 后形成自喷,初期日产油能力达 50 t/d,之后稳定在 41.8 t/d,表明注气恢复了注水失效井产能。

(2) 前期注水替油含水率最低下降至 25%～50%,注气替油见效后含水率最低下降至 3%。

注气可以使油井含水率下降比前期注水更明显,油井形成自喷后含水率最低降至 3%,且相对稳定。

(3) 注气后排液见油时间缩短至 20 d,产液量明显减少。

通过对比分析注气前后油井的评价周期及评价产液量可知,通过注气可以使油井排液见油时间缩短至 20 d,产液量由注水初期的 2 200 m³ 下降至 1 218 m³,注气效果非常明显。

2) 注入氮气在缝洞型油藏中埋存率极高,起到了置换驱替作用

(1) 注气施工压力 44.5～49.9 MPa,最高施工排量 21.7 m³/h,注液氮 758 m³。施工过程中多次出现压力突降,表明沟通缝洞体。

(2) 注入液氮 758 m³,井筒内剩余氮气约 5 m³,绝大部分氮气进入地层。

开井前距井口 1 200 m 井筒内为气体(约 5 m³ 氮气),1 200～1 500 m 为油或油气混合段。这表明注气后仅有少量气体回吐至井口,绝大部分气体在井底扩散到地层中。综合分析得出 10 d 的注气焖井时间合理,氮气可有效扩散至地层。

(3) 注气后产气量较注水生产过程略微有所增加,氮气随着原油的采出呈现出上升趋势。

(4) 氮气含量在 25%～82% 范围内波动变化,未形成连续相,表现出"段塞驱替"的特征。

(5) 累计注入液氮 758 m³,地层条件下折算到地下体积为 1 650 m³,累计产出氮气 5.30×10⁴ m³,相当于约 81.2 m³ 液氮,表明绝大部分氮气仍扩散到油藏中。

(6) 氮气方气换油率高,阶段增产原油 2 497 t,方气换油率达 3.21 t/m³。

3) 先导试验阶段 TK404 井油藏亏空较大,需要通过多轮次注气逐步补充能量

先导试验阶段 TK404 井累计产液 44.57×10⁴ t,累计注水 10.12×10⁴ t,地层亏空 34.45×10⁴ t,注入氮气在地层条件下形成的气顶仅 1 650 m³;注气后井口压力上升至 12 MPa,开井泄压回落至零,无产液,未形成自喷;从地层压力监测来看,地层压力上升仅 0.1 MPa,地层能量基本没有恢复,后期通过 7 轮次的周期注气补充,单轮次有效生产周期从最短 105 d 提高至 582 d,逐步延长了有效生产周期(表 6-9)。

表 6-9　TK404 井氮气埋存量与有效生产周期

轮　次	累积注气量/(10^4 m³)	折算地下体积/(10^4 m³)	有效生产周期/d
1	50	1 659	183
2	104	3 419	116
3	154	5 065	105
4	204	6 710	272
5	304	10 001	343
6	374	12 304	582
7	444	14 606	510
8	494	16 252	285（周期未完）

4）注入氮气波及范围小，仍存在未有效动用区

TK404 井注气后排液 1 218 m³ 并见油，随即氮气含量突升，估算得出氮气的波及半径为 68～4 193 m，与数值模拟结果基本吻合。氮气的波及半径计算公式为 $r=\sqrt{(Q\times360°)/(3.14h\Phi n)}$，其中油藏深度 $h=4$ m，平均孔隙度 $\phi=2\%$，注气波及角度 n 为 45°～360°，Q 为周期产油量（m³）。通过增大顶替液的注入量至 2 000～3 000 m³，实现了氮气的最大平面波及。

5）缝洞型油藏首轮次注氮气开井生产后需要控制采液强度，以确保氮气的埋存与扩散

TK404 井水体相对活跃，注气主要起平衡水体的作用，油井抽喷见油后一直采用 4 mm 油嘴、采液速度大于 40 t/d 的工作制度生产，导致含水率快速上升（3%→16%→59%），产油量快速递减（47 t→17 t），自喷时间由初期的 4 d 下降至 1 d，液氮采出约 73 m³，使氮气驱替体积受限，平衡水体作用减弱，油井含水率为 70%。建议根据氮气的产出量适当优化工作制度，稳定生产，最大化注气效果，控制采液速度在 40 t/d 以内，确保氮气的有效埋存、扩散和稳定驱替。

6）先导试验结论

（1）缝洞型油藏单井注氮气先导试验取得了阶段性成功，表明注气提高采收率技术在缝洞型油藏具有一定的可行性，为缝洞型油藏提高采收率指明了方向。

（2）注气后油井恢复产能，日产油量最高达到 50 t/d，含水率最低降至 3%，证明缝洞型油藏注水替油后期油井井周残丘高部位富集剩余油。

（3）静压恢复及氮气回吐监测情况分析表明，轮次注氮气量控制在合理范围内，在油藏中埋存和扩散充分，提高了注入气的利用率，恢复了油井产能。

（4）通过油井生产情况动态变化分析可知，为了使注入气的平面波及达到最大化，顶替液有待进一步优化。根据氮气监测量对工作制度进行实时优化，可以最优化注气效果。

6.2　单井注氮气扩大试验及认识

6.2.1　扩大试验阶段选井

为了进一步明确不同剩余油类型油井的注氮气效果和注氮气技术在塔河油田碳酸盐岩缝洞型油藏中的矿场应用效果,在塔河四区开展了单井注氮气扩大试验,在 TK404 井注氮气效果的认识和单井注氮气机理完善的基础上制定了包括油井开发效果、剩余油规模、储集体特征、储集体深度和构造特征等选井要素在内的 4 项选井原则。

1) 扩大试验阶段选井原则

(1) 针对注水替油效果变差或失效井,以多种类型、多种组合选择试验井,优先选择井周剩余油富集的油井实施注氮气替油;

(2) 选择串珠状、杂乱弱、杂乱强 3 种不同地震反射特征的油井,用于开展不同储集体类型油井的注气效果分析;

(3) 选择不同构造部位的油井,用于对比井储关系差异化的注氮气效果;

(4) 选择储集体发育深度差异化的油井,对比不同储集体发育深度的注氮气效果。

2) 注气替油单井选择

根据注气方案设计原则,结合单井生产现状,优选单井单元注气井。截至 2012 年底,塔河四区共有 15 个单井单元,注水替油效果失效井 7 口,优选具有较大剩余油潜力井 9 口进行注氮气开发。这 9 口井的剩余油类型有残丘高剩余油、底水未波及剩余油、水平井上部剩余油和裂缝型剩余油(表 6-10)。

表 6-10　塔河四区单井单元基本数据表

井　名	完井方式	剩余油类型	井周地震特征	漏失量/m³	漏失井段(垂深)/m	生产层段距 T₇⁴距离(垂深)/m	累积产油量/(10⁴ t)	累积产水量/(10⁴ t)	注水轮次	累积注水量/(10⁴ m³)	累积增油量/(10⁴ t)	地质储量/(10⁴ t)	原油密度/(g·cm⁻³)
TK404	套管酸压	残丘高	串珠+残丘	0	0	0~10	17.73	27.66	8	10.66	1.68	51.43	0.96
T416	套管酸压	残丘高	串珠+残丘	0	0	41~283	5.92	6.74	18	16.97	4.03	16.24	0.97
TK485	裸眼酸压	底水未波及	杂乱弱+残丘	0	0	0~61	3.41	6.29	7	3.51	1	12	0.95
TK473	裸眼酸压	底水未波及	斜坡+杂乱强	0	0	0~11.5	4.7	2.22	4	16.87	0.13	12.3	0.97
T415CH	裸眼自然	水平井上部	杂乱弱+残丘	2 754	5 630.18~5 669.27	38.58~60	3.89	4.21	8	5	3.45	16.6	0.96

下面的 T_7^4 表示生产层段距。

续表 6-10

井　名	完井方式	剩余油类型	井周地震特征	漏失量/m³	漏失井段(垂深)/m	生产层段距 T₄⁶距离(垂深)/m	累积产油量/(10⁴ t)	累积产水量/(10⁴ t)	注水轮次	累积注水量/(10⁴ m³)	累积增油量/(10⁴ t)	地质储量/(10⁴ t)	原油密度/(g·cm⁻³)
TK4 70CH	裸眼自然	水平井上部	串珠+残丘	65.5	5 688~5 703 5 722~5 739	112~113	1.94	2.76	6	2.52	1.69	4.1	0.95
T417CH	裸眼酸压	水平井上部	杂乱强+残丘	0	0	0~4.93	4.81	5.29	2	1.56	1.45	7.65	0.95
TK407	裸眼酸压	裂缝	杂乱弱+残丘	0	0	0~26.59	36.95	17.32	1	0.57	0	130.8	0.96
TK489	裸眼酸压	裂缝	表层弱+杂乱弱	0	0	0~16	2.59	3.28	11	5.45	2.11	10.3	0.94

6.2.2　扩大试验方案设计

按照"整体部署、分批实施,边研究、边实践、边评价、边完善"的原则开展缝洞型油藏注氮气扩大试验方案设计。根据前期油井注水替油开发技术政策,结合 TK404 井注气替油现场试验效果,进行扩大试验阶段注气参数设计(表 6-11)。

1)注气量设计

首轮注气量主要依据前期周期合理注水量的 1/2 进行设计,后期根据实际情况及实施效果进行调整。

塔河四区单井注水替油的周期注水量范围为 3 600~6 000 m³,注气设计为 $26×10^4$~$97×10^4$ m³氮气+1 000~2 000 m³ 油田水。后续轮次注气量主要依据前期注入量的 0.8~0.9 倍注入。

2)注入速度设计

注入速度主要依据前期合理的注入速度设计,考虑气液滑脱对注入速度的要求,液氮注入速度设计为 $4.8×10^4$ m³/d,油田水注入速度设计为 30 m³/h。

3)焖井时间设计

考虑油气密度比明显大于油水密度比,焖井时间应适当小于前期周期注水替油的焖井时间,故焖井时间拟定为溶洞型油井 10 d,裂缝孔洞型油井 15 d,且在注气试验过程中根据井口压力变化进行调整。

4)开井后生产工作制度设计

生产工作制度主要依据前期注水替油效果与油井目前能量情况确定,以达到最大化油井产能的目的。拟定能量充足的油井自喷生产,能量不足的油井机抽生产,日产液能力控制在 60 m³/d 以内。

表 6-11 塔河四区注氮气扩大试验方案设计

序号	井号	地质储量/(10⁴ t)	剩余可采储量/(10⁴ t)	2013年 第一周期 注气量/(10⁴ m³)	注水量/m³	注气时间/d	焖井时间/d	第二周期 注气量/(10⁴ m³)	注水量/m³	注气时间/d	焖井时间/d	第三周期 注气量/(10⁴ m³)	注水量/m³	注气时间/d	焖井时间/d	2014年 第四周期 注气量/(10⁴ m³)	注水量/m³	注气时间/d	焖井时间/d	2015年 第五周期 注气量/(10⁴ m³)	注水量/m³	注气时间/d	焖井时间/d	第六周期 注气量/(10⁴ m³)	注水量/m³	注气时间/d	焖井时间/d	总注气量/(10⁴ m³)	注气总轮次
1	TK404	51.43	6.07	50	360	3	10	54	1 000	5	10	45	1 000	9	10	39	1 000	8	10	32	1 000	7	10	32	1 000	7	12	253	6
2	T416	16.24	2.55	97	1 100	9	15	39	1 500	8	15	32	1 500	7	15	26	1 500	5	15									195	4
3	T415CH	16.6	4.47	45	1 500	9	10	39	2 000	8	10	32	2 000	7	10	26	2 000	5	10	26	2 000	5	10	19	2 000	4	12	188	6
4	TK489	10.3	1.61	44	2 000	9	15	39	2 000	8	15	32	2 000	7	15	26	2 000	5	15									141	4
5	TK470CH	4.1	1.05	39	1 000	8	10	32	1 000	7	10	32	1 000	7	10	26	1 000	5	10	26	1 000	5	10	19	1 000	4	12	175	6
6	T417CH	7.65	0.89	32	2 000	7	15	26	2 000	5	15	26	2 000	5	15	13	2 000	3	15									97	4
7	TK473	12.3	0.51	26	1 000	5	15	19	2 000	4	15	19	2 000	4	15	13	2 000	3	15									78	4
8	TK407	32.7	3.55	45	1 000	9	10	39	2 000	5	10	32	2 000	7	10	26	2 000	5	10	26	2 000	5	10	19	2 000	4	12	188	6
9	TK485	21.3	7.62	45	1 000	9	15	39	1 500	8	15	32	1 500	7	15	26	1 500	5	15									143	4
小计:四区 单井9口		172.62	28.27	423	10 950			326	15 000			282	15 000			221	15 000			110	6 000			89	6 000			1 458	

5）注入轮次设计

根据 9 口扩大试验井地质储量与可采储量情况，设计单井注入氮气 4～6 轮次。

6.2.3 扩大试验阶段整体效果及认识

缝洞型油藏注氮气扩大试验阶段选井 9 口，其中实际实施 8 口，这 8 口井均取得了良好的矿场试验效果，由此确定了注氮气技术在缝洞型油藏中具有全面推广的潜力。矿场试验阶段取得的突破为注氮气技术的全面推广奠定了基础。

注氮气扩大试验阶段实施的 8 口井中，累计注气 54 轮次，累积注气量（地面）$3\,498 \times 10^4\ m^3$，累积增油量 $9.45 \times 10^4\ t$，累积方气换油率 $0.82\ t/m^3$（表 6-12）。

表 6-12 塔河四区单井注氮气扩大试验效果统计

井　号	完成轮次	累积注气量（地面）/($10^4\ m^3$)	累积注气量（地下）/($10^4\ m^3$)	累积增油量/t	累积方气换油率/($t \cdot m^{-3}$)
TK404	8	494	1.62	19 362	1.19
T416	6	351	1.15	13 561	1.18
TK485	10	600	1.97	11 684	0.59
T415CH	5	310	1.02	9 565	0.94
TK470CH	10	762	2.50	11 154	0.45
T417CH	2	62	0.20	5 061	2.47
TK407	7	525	1.72	16 458	0.95
TK489	6	394	1.29	7 664	0.59
合　计	54	3 498	11.47	94 509	0.82

2013—2014 年是注氮气扩大试验阶段，也是注氮气全面推广阶段的攻坚期。从 8 口注氮气扩大试验井开发效果（图 6-7）可以看出，2013 年日产液量、日产油量呈波动上升趋势，含水率呈波动下降趋势，2014 年经过优化单井注气量，最高日产油量达到 111 t/d，整个扩大试验阶段平均日产油量维持在 30～60 t/d。

扩大试验阶段，矿场应用效果存在很大差异性。通过对 8 口实施扩大试验油井剩余油模式划分后的注气效果统计可以看出，残丘高剩余油类型的油井注氮气效果要优于其他 3 种剩余油类型的油井（表 6-13）。

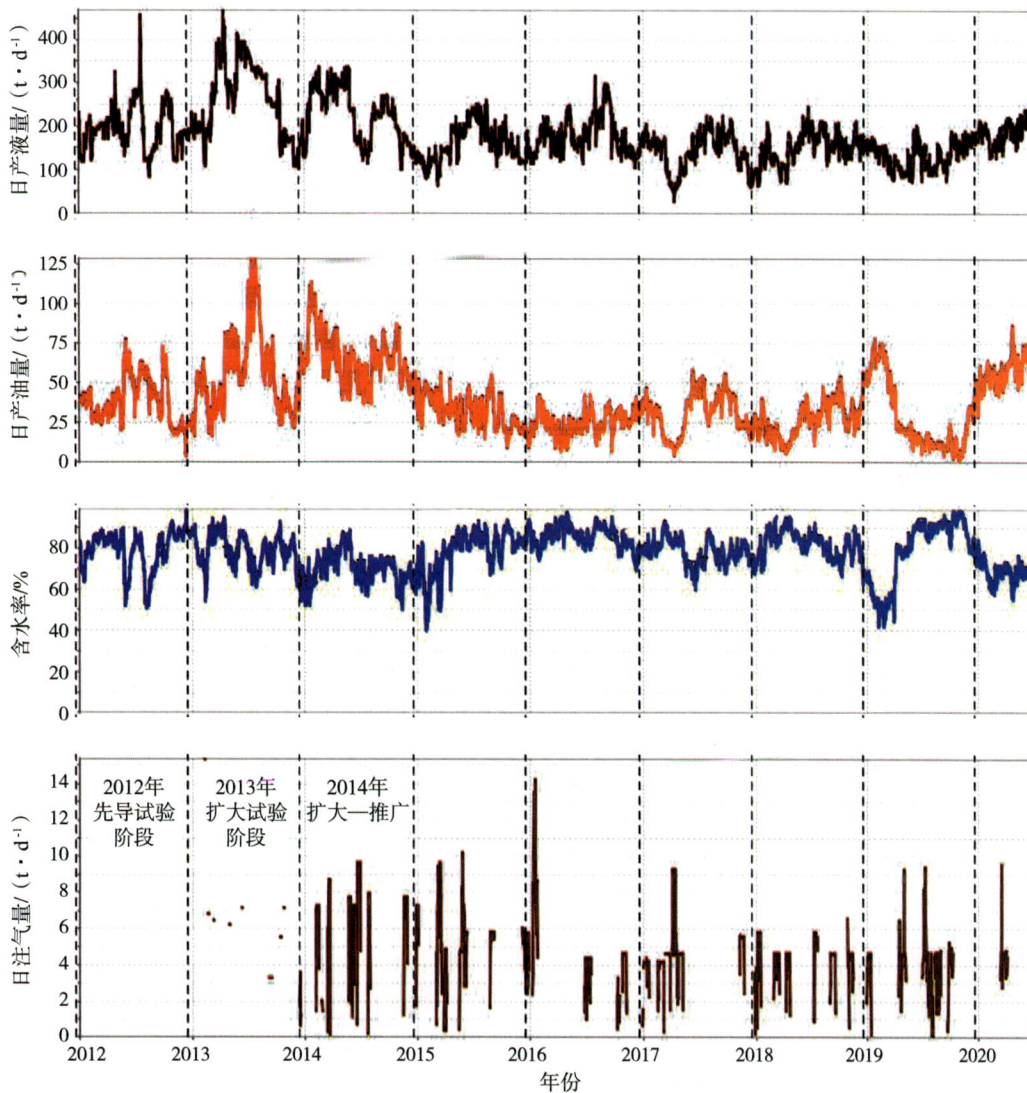

图 6-7　8 口井注氮气扩大试验开发效果

表 6-13　注氮气扩大试验阶段 4 种剩余油类型对应的注气效果统计

剩余油类型	试验井数/口	完成轮次	累积注气量（地面）/（10^4 m^3）	累积注气量（地下）/（10^4 m^3）	累积增油量/t	累积方气换油率/（$t \cdot m^{-3}$）
残丘高剩余油	2	14	845	2.77	32 923	1.19
底水未波及剩余油	1	10	600	1.97	11 684	0.59
水平井上部剩余油	3	17	1 134	3.72	25 780	0.69
裂缝型剩余油	2	13	919	3.01	24 122	0.80
合　计	8	54	3 498	11.47	94 509	0.82

1）残丘高剩余油注氮气认识

以扩大试验井 TK404 和 T416 井为例。此类油井钻遇残丘翼部,井点部位的地震反射特征表现为表层强+串珠或表层强+杂乱弱反射特征,井周存在构造高点,地震反射特征主要表现为串珠状或杂乱反射特征,预测储集体发育。结合实钻储集体类型以及完井、生产动态资料,可以将剩余油类型细分为溶洞型残丘高剩余油和裂缝孔洞型残丘高剩余油两类。残丘高剩余油类型的油井通常是多周期注水替油以后,局部构造高部位富集剩余油,即"阁楼油"。气体注入以后,一方面在压力的作用下向下压水锥,平衡底水能量,使油水界面降低;另一方面由于气体的扩散逸散作用,注入气向井周顶部聚集,驱替"阁楼油",达到增加可动用储量,提高采收率的目的。

（1）溶洞型残丘高剩余油注氮气分析。

TK404 井是扩大试验区塔河四区的一口开发井,生产井段距一间房顶面 10 m,通过酸压完井方式沟通井周溶洞型储集体,位于局部残丘构造斜坡部位,地震反射呈串珠状反射特征（图 6-8）。

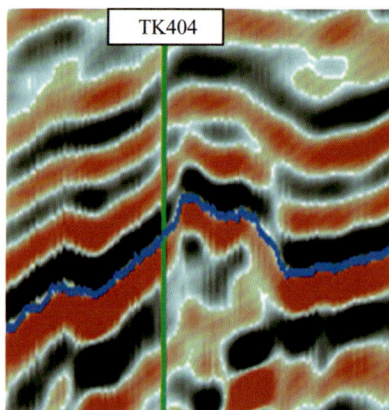

图 6-8　TK404 井地震剖面

TK404 井自 2012 年至今,经历了先导试验、扩大试验、规模推广 3 个阶段,已累计实施注氮气 8 轮次,累计注入氮气 494×10^4 m^3,折算地下体积 1.62×10^4 m^3,累计增油 1.94×10^4 t,累积方气换油率 1.19 t/m^3,表现出较好的周期性稳产效果（图 6-9）。

由 TK404 井 1～8 轮次注氮气开发效果对比（图 6-10）可以看出,1 轮次注氮气增油 2 659 t,方气换油率达到 1.60 t/m^3,分析认为 1 轮次注入氮气有效降低了近井的油水界面,残丘高剩余油得到有效释放;2～5 轮次注入的氮气开始向远井的多套储集体埋存和波及;6～8 轮次对远井储集体的剩余油形成了有效动用,这也是 TK404 井方气换油率大于 1 t/m^3 的主要原因。

（2）裂缝孔洞型残丘高剩余油注氮气分析。

T416 井生产井段距一间房顶面 0～13 m,该井通过酸压完井方式沟通井周裂缝孔洞型储集体,位于局部残丘构造斜坡部位,地震反射呈杂乱反射特征（图 6-11）,以裂缝沟通孔洞的残丘高剩余油为主。

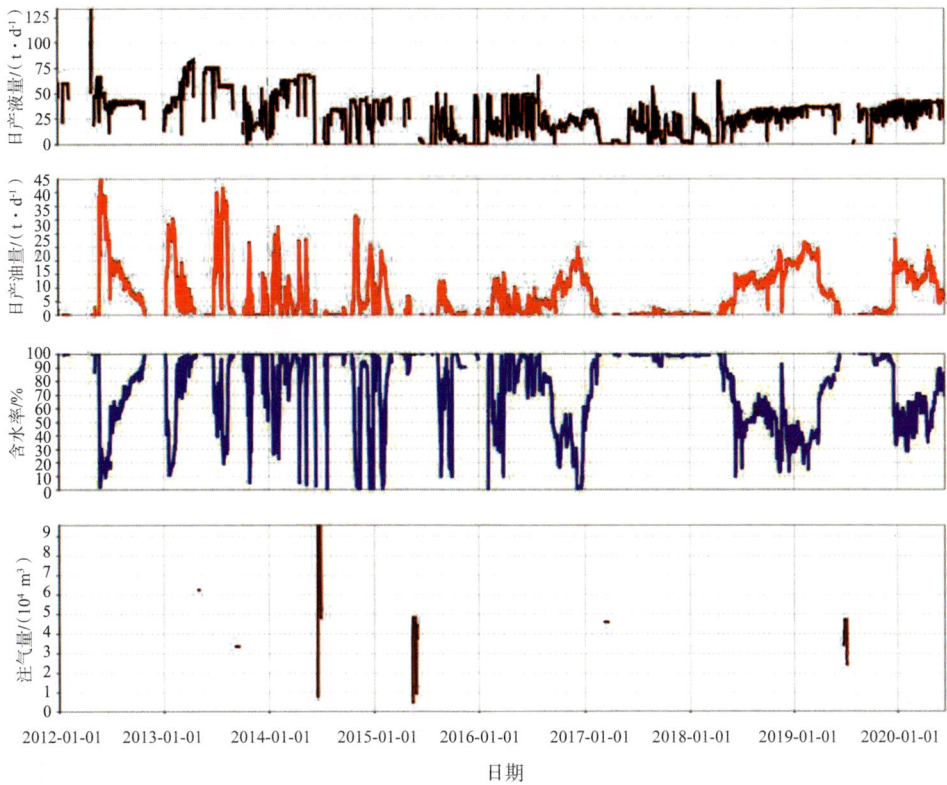

图 6-9　TK404 井注氮气开发效果

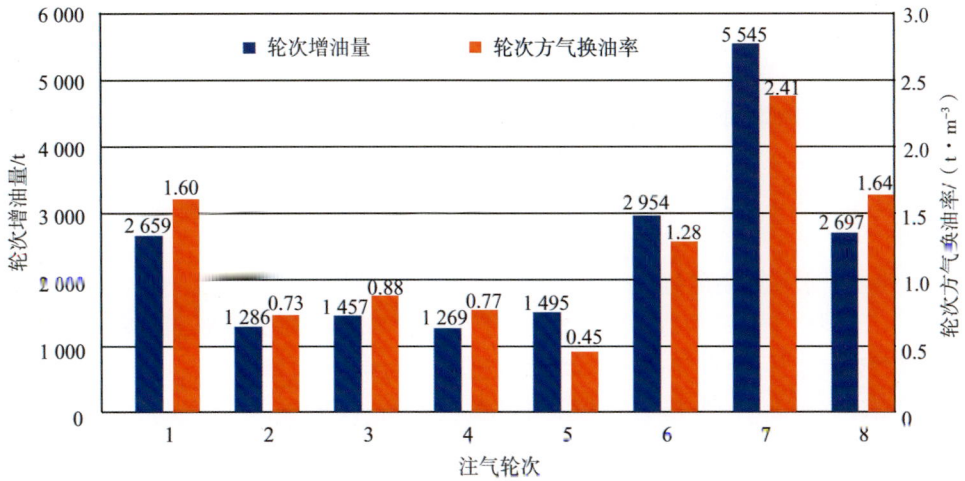

图 6-10　TK404 井 1~8 轮次注氮气开发效果对比

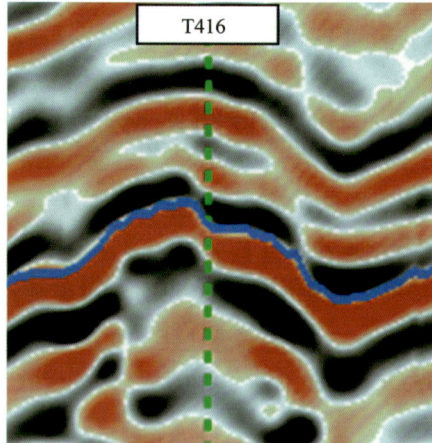

图 6-11　T416 井地震剖面

T416 井作为扩大试验新增注氮气井，自 2012 年至今累计实施注氮气 6 轮次，累计注入氮气 $351×10^4$ m^3，折算地下体积 $1.15×10^4$ m^3，累计增油 $1.36×10^4$ t，累积方气换油率 1.15 t/m^3，每轮次注入氮气均能够很好地沿酸压裂缝进入高部位储集体置换剩余油，从而降低油水界面，使轮次含水率呈波动下降趋势（图 6-12）。

由 T416 井 1～6 轮次注氮气开发效果对比（图 6-13）可以看出，1 轮次注氮气增油 4 778 t，方气换油率达到 2.90 t/m^3，分析认为 1 轮次注入的 $50×10^4$ m^3 氮气沿着裂缝进入井周孔洞型储集体，形成了有效置换，对残丘高剩余油进行了动用；2～6 轮次注入的氮气开始向远井的多套储集体扩散、波及和动用，表现出多轮次注气效果提升的趋势。

2）水平井上部剩余油注氮气认识

对于河四区水平井上部剩余油类型的油井，其实钻轨迹通常距离风化壳表面（T_7^4 顶面）以下 50 m，水平段之上存在未动用的有效储层，侧钻井高含水后导致井轨迹之上剩余油富集，通过天然能量和注水开发不能动用。这种剩余油可以利用注气替油的方式开采。扩大试验阶段优选的 3 口水平井分别是 T415CH 井、T417CH 井、TK470CH 井。其中，T415CH 井存在残丘＋水平井高部位剩余油，T417CH 井存在水平段上部裂缝剩余油，TK470CH 井存在水平段上部溶洞剩余油。

（1）残丘＋水平井高部位剩余油注氮气分析。

T415CH 井位于局部构造斜坡部位，水平生产井段距一间房顶面 38.08 m，钻遇较大规模的溶洞型储集体，自然完井建产，地震反射呈杂乱弱反射特征（图 6-14）。

T415CH 井于 2012 年 12 月开始单井注氮气开发，截至 2020 年 6 月已累计实施注氮气 5 轮次，累计注入氮气 $310×10^4$ m^3，折算地下体积 $1.02×10^4$ m^3，累计增油 $0.96×10^4$ t，累积方气换油率 0.94 t/m^3，注气效果相对较好（图 6-15）。

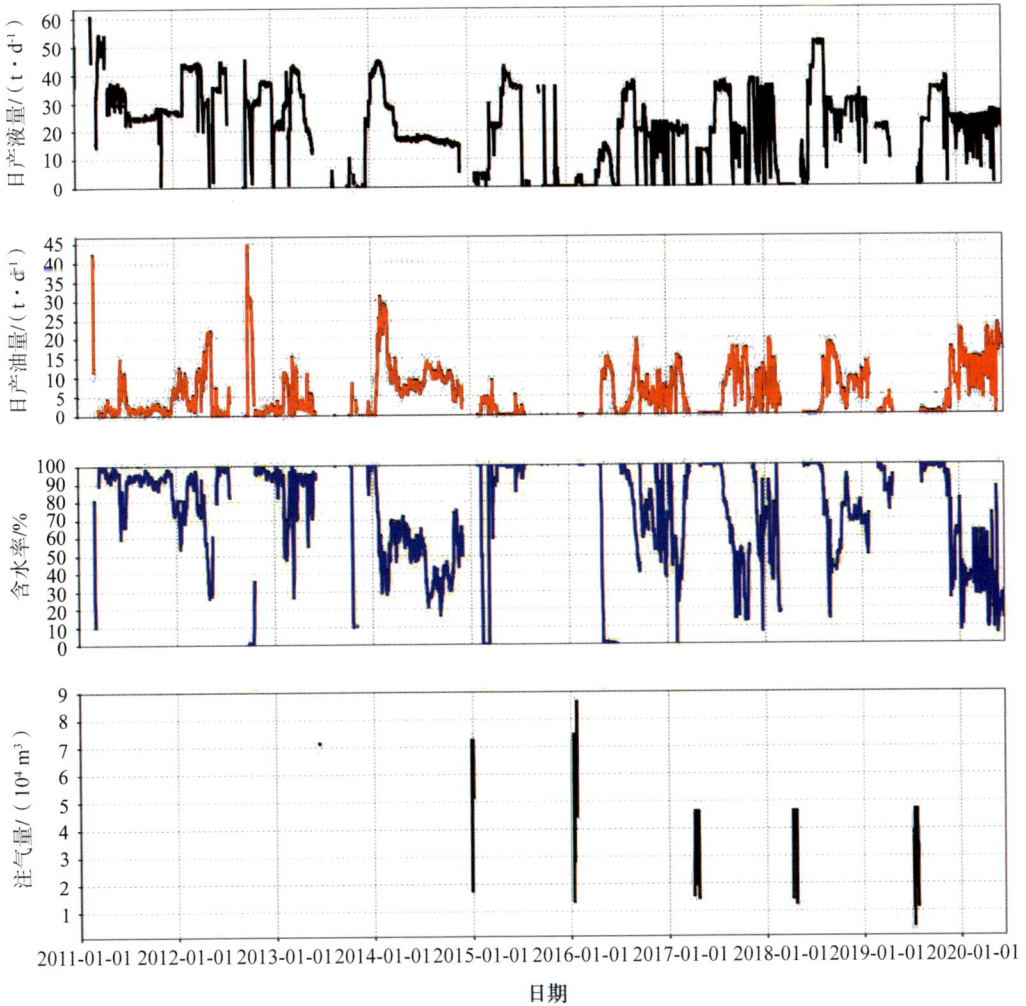

图 6-12　T416 井注氮气开发效果

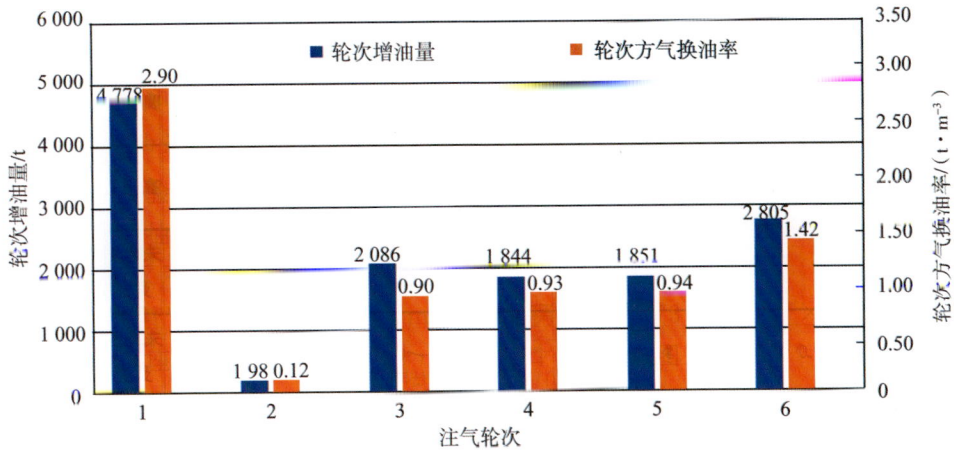

图 6-13　T416 井 1~6 轮次注氮气开发效果对比

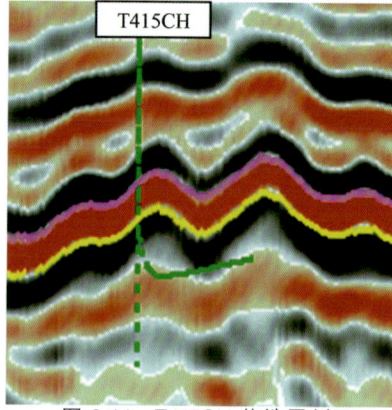

图 6-14 T415CH 井地震剖面

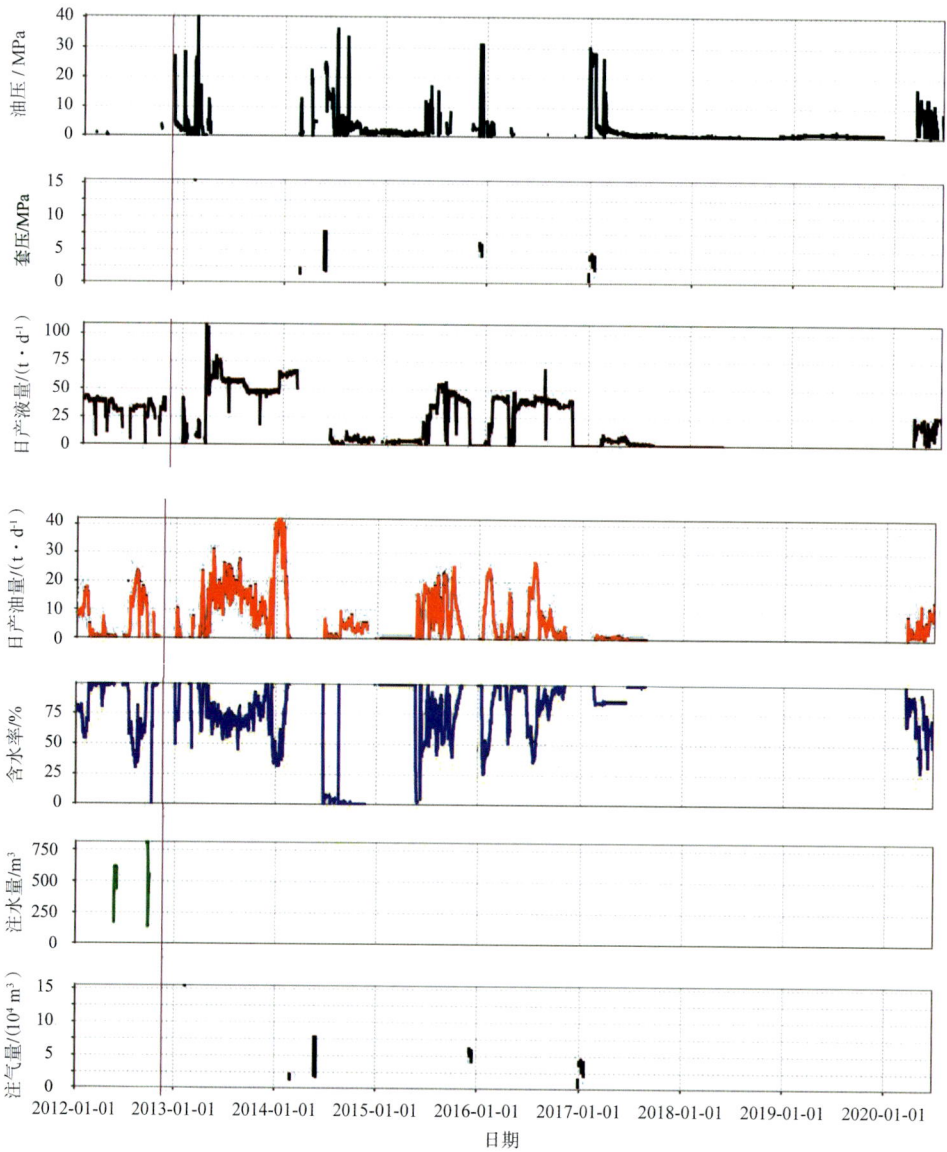

图 6-15 T415CH 井注氮气开发效果

由 T415CH 井 1～5 轮次注氮气开发效果对比（图 6-16）可以看出，1 轮次注入 50×10^4 m³ 氮气无效，分析认为注入的氮气进入残丘内的溶洞进行埋存，降低了油水界面，但未达到水平产出段；随即进行了 2 轮次注入氮气 77×10^4 m³，对进入残丘的水平段上部溶洞内剩余油进行了有效置换；3～4 轮次注入氮气 111×10^4 m³，均有较好的动用剩余油的作用；5 轮次注氮气无效，分析认为该井深部强底水能量持续抬升、推进至产出段，油藏埋存的氮气形成的气顶能量已不能抑制该井井周底水抬升的趋势。

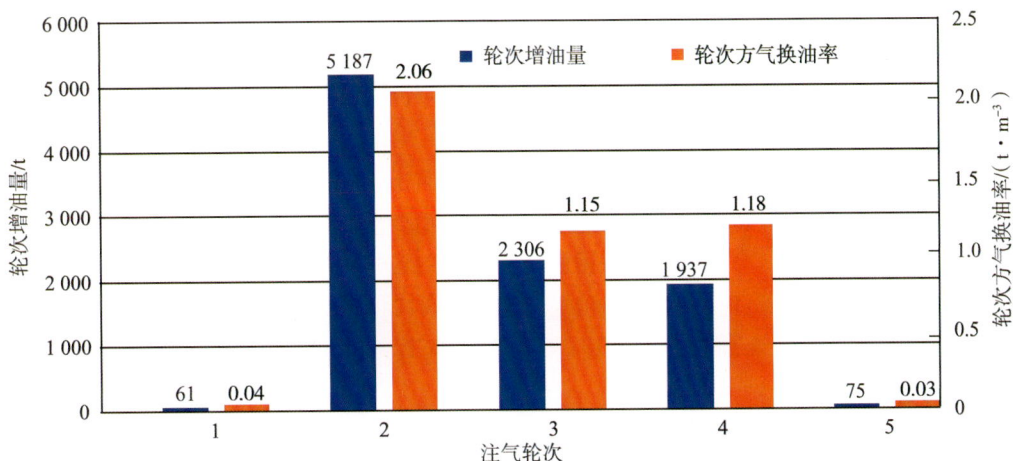

图 6-16 T415CH 井 1～5 轮次注氮气开发效果对比

（2）水平段上部裂缝剩余油注氮气分析。

T417CH 井水平生产井段距一间房顶面 4.93 m，通过酸压完井方式沟通井周溶洞型储集体，地震反射呈杂乱强反射特征（图 6-17）。

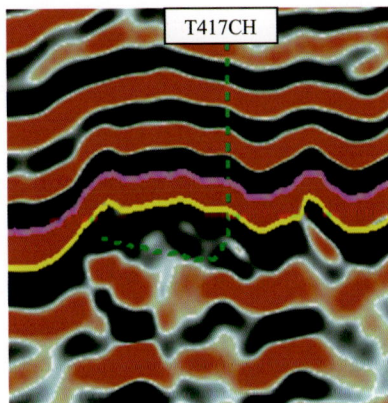

图 6-17 T417CH 井地震剖面

T417CH 井于 2016 年 10 月开始单井注氮气开发，截至 2020 年 6 月已累计实施注氮气 2 轮次，累计注入氮气 62×10^4 m³，折算地下体积 0.2×10^4 m³，累计增油 0.51×10^4 t，累积方气换油率 2.47 t/m³，注气效果较好（图 6-18）。

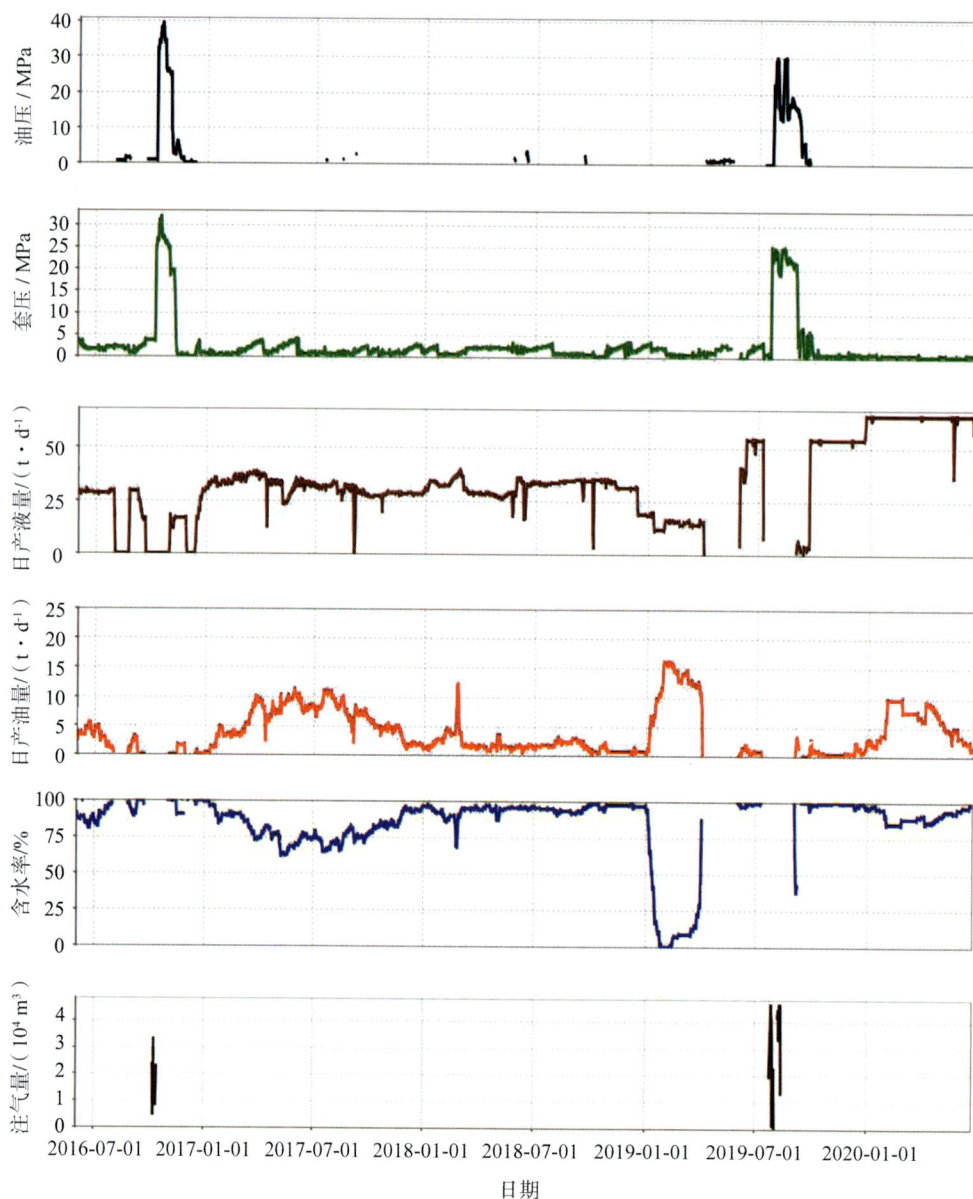

图 6-18　T417CH 井注氮气开发效果

　　T417CH 井生产井段进入一间房组较浅,注入井段和产出井段各 3 m,注气压力较高。为了保证井控安全,优化该井的注气间隔周期:1 轮次注气 12.15×10⁴ m³,轮次增油 3 963 t;2 轮次注气 50×10⁴ m³,轮次增油 1 098 t(图 6-19)。截至 2020 年,注气 2 轮次均能够保持较长的生产周期。该井水平井上部存在大量可动用剩余油。

　　(3)水平段上部溶洞剩余油注氮气分析。

　　TK470CH 井位于局部残丘构造斜坡部位,水平生产井段距一间房顶面 113.39 m,通过钻遇溶洞型储集体放空漏失自然完井,地震反射呈串珠状反射特征(图 6-20)。

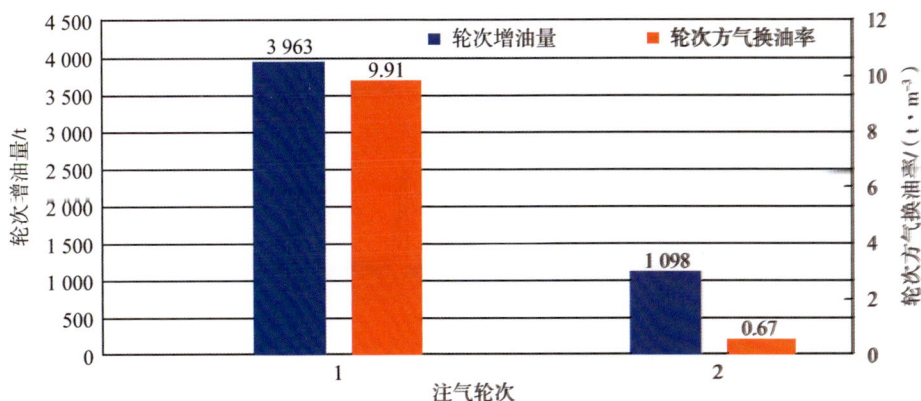

图 6-19　T417CH 井 1~2 轮次注氮气开发效果对比

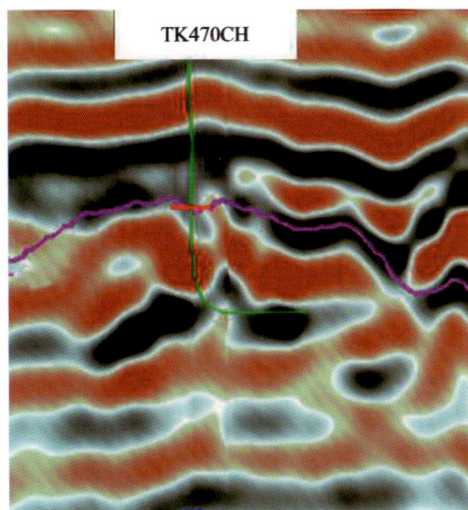

图 6-20　TK470CH 井地震剖面

　　TK470CH 井于 2013 年 2 月开始单井注氮气开发,截至 2020 年 6 月已累计实施注氮气 10 轮次,累计注入氮气 761.68×10^4 m^3,折算地下体积 2.50×10^4 m^3,累计增油 1.12×10^4 t,累积方气换油率 0.45 t/m^3,表明氮气对水平井段上部的剩余油置换效果较好(图 6-21)。

　　由 TK470CH 井 1~10 轮次注氮气开发效果对比(图 6-22)可以看出,1~3 轮次保持了非常高的注气增油效果和方气换油率,5 轮次方气换油率有下降趋势,6~10 轮次整体开发效果开始恢复。分析认为,该井 1~4 轮次对水平井段上部溶洞内的剩余油进行了 1 次置换,置换后氮气、地层原油和底水进行了局部的重新分布;6 轮次注入的氮气对埋存量进行了有效补充,开始逐步对重新分布后的地层原油进行再次动用,从而使开发效果得到恢复。

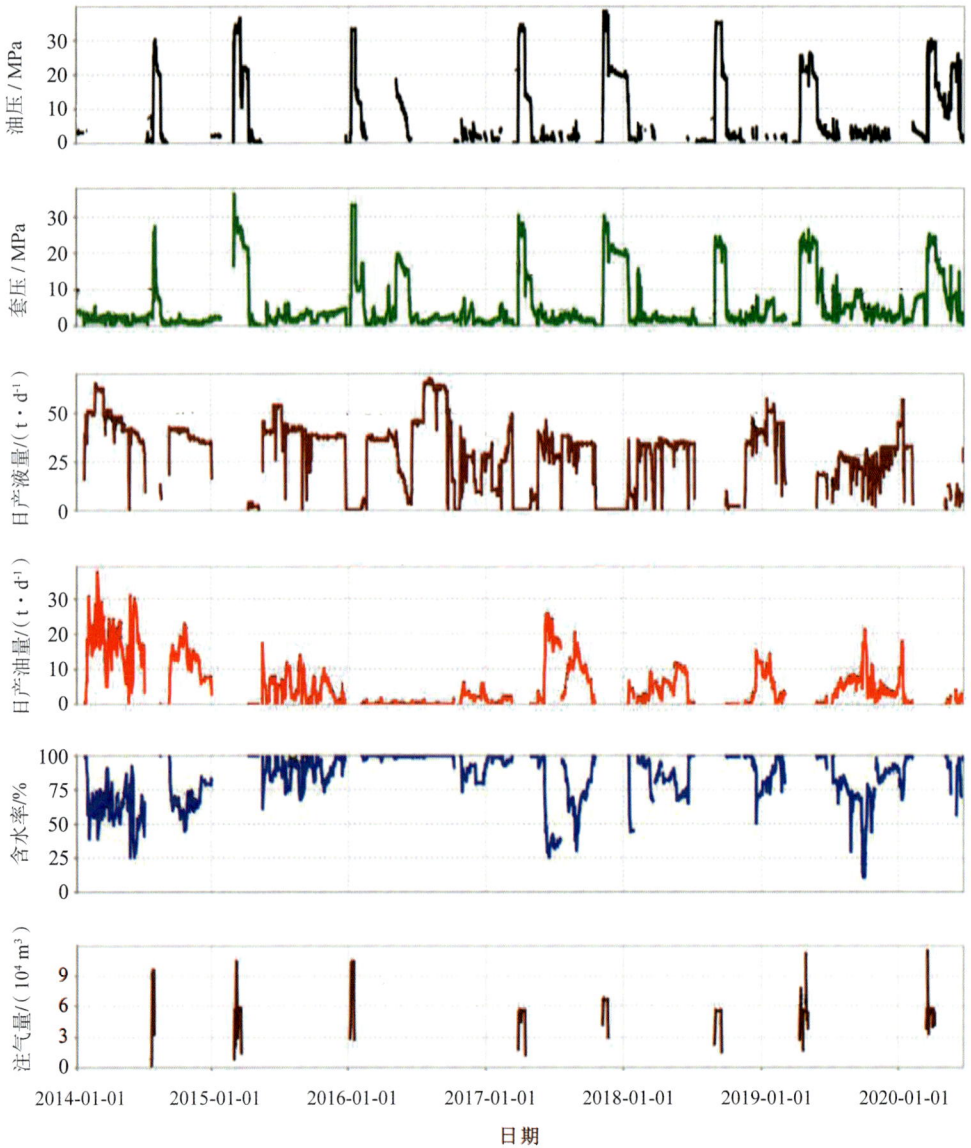

图 6-21　TK470CH 井注氮气开发效果

3）底水未波及剩余油注氮气认识

此类油井井周发育多套储集体，部分油井井周高角度裂缝也较为发育。根据储集体的展布关系可以将底水未波及剩余油细分为分隔溶洞型和底水窜进封挡型 2 种。分隔溶洞型剩余油主要是由井周发育多套储集体，在生产过程中单套储集体被水淹所致。通过后期的堵水、关井、注水等措施，能够将其他储集体内的剩余油有效动用。对于底水窜进封挡型剩余油，主要是由于高角度裂缝发育，油井含水快速上升，任何措施效果都不明显。对于这种剩余油，通过注气可以在有效形成人工气顶驱替和平衡水体能量的同时，扩大水驱平面波及，提高油井采收率。

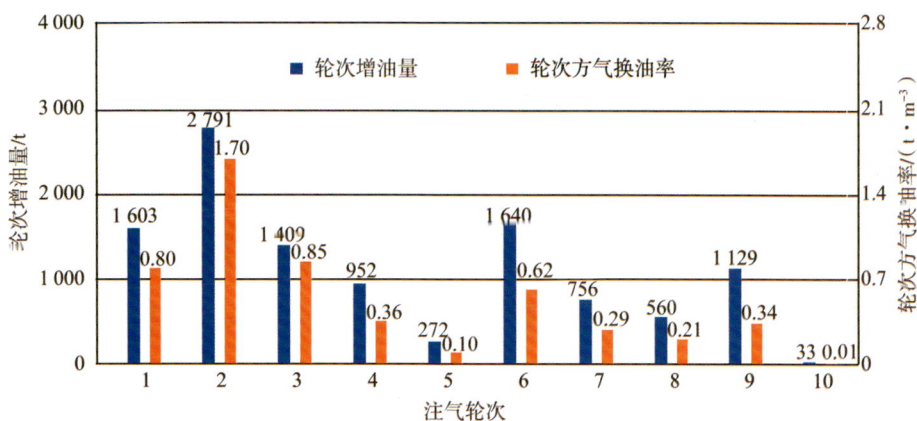

图 6-22　TK470CH 井 1~10 轮次注氮气开发效果对比

　　TK485 井高含水后通过注水压锥,开发效果明显,存在分隔溶洞型剩余油。该井实施扩大试验的目的是通过注氮气压水锥,动用封隔溶洞内的剩余油。该井位于构造斜坡部位,完井深度距一间房顶面 61 m,通过酸压造缝沟通井周溶洞型储集体,地震反射呈杂乱弱反射特征(图 6-23)。

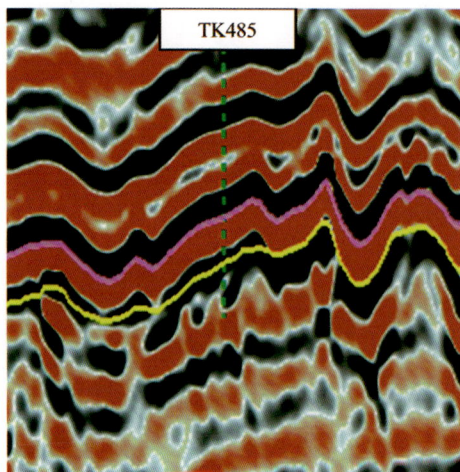

图 6-23　TK485 井地震剖面

　　TK485 井于 2013 年 10 月开始单井注氮气开发,截至 2020 年 6 月已累计实施注氮气10 轮次,累计注入氮气 600×10^4 m³,折算地下体积 1.97×10^4 m³,累计增油 1.17×10^4 t,累积方气换油率 0.59 t/m³,开发效果较好(图 6-24)。

　　由 TK485 井 1~10 轮次注氮气井发效果对比(图 6-25)可以看出,1 轮次注入 50×10^4 m³氮气有效,分析认为注入的氮气进入该井储集体内形成气顶,对底水锥进造成的底水未波及剩余油形成了有效动用,整体 1~10 轮次注入的氮气形成了累计埋存,整体动用有效。

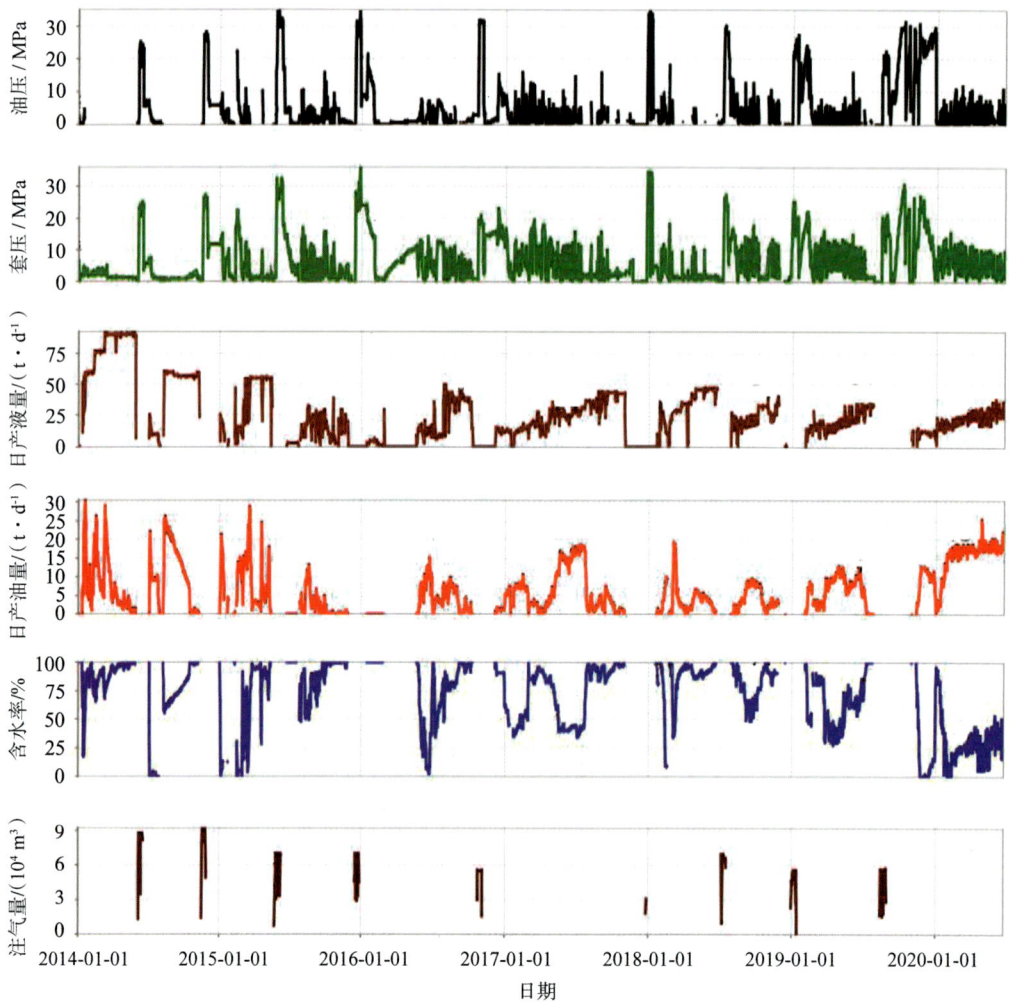

图 6-24   TK485 井注氮气开发效果

4）裂缝型剩余油注氮气认识

此类油井在溶洞发育的同时，井周裂缝孔洞型储集体也较为发育，且具有一定的储集能力，但是通过注水不能把储集体中的原油完全替换出来，导致裂缝孔洞中的剩余油富集，可通过注气补充地层能量，使井周被水封闭的原油重新流动。优选 TK489 井和 TK407 井实施注氮气扩大试验。

（1）TK489 井注氮气分析。

TK489 井通过酸压完井，沟通井周储集体，深部底水沿断裂/裂缝抬升至井周，关井压锥无效，存在断裂/网状裂缝内剩余油。该井实施扩大试验的目的是通过注氮气降低井周油水界面，释放裂缝通道内的剩余油。该井位于构造平缓部位，进入一间房组 16.2 m，地震反射呈杂乱弱反射特征（图 6-26）。

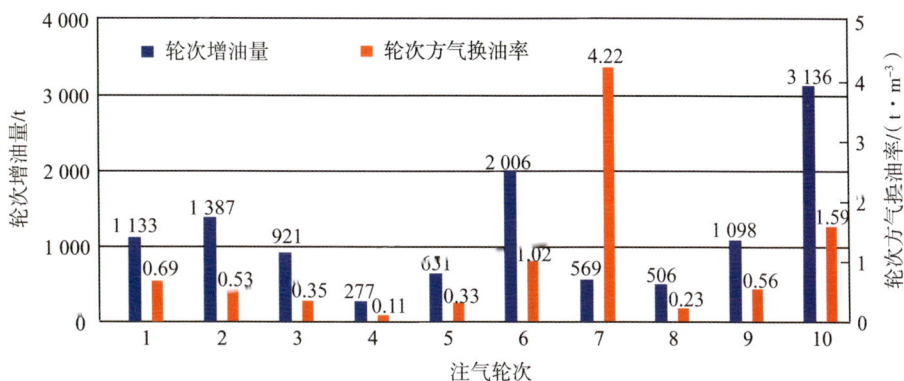

图 6-25　TK485 井 1~10 轮次注氮气开发效果对比

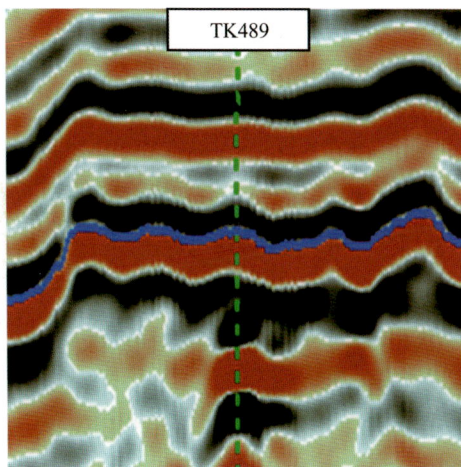

图 6-26　TK489 井地震剖面

　　TK489 井于 2012 年 11 月开始单井注氮气开发,截至 2020 年 6 月已累计实施注氮气 6 轮次,累计注入氮气 394×10^4 m³,折算地下体积 1.29×10^4 m³,累计增油 0.77×10^4 t,累积方气换油率 0.59 t/m³,开发效果较好(图 6-27)。

　　由 TK489 井 1~6 轮次注氮气开发效果对比(图 6-28)可以看出,1~2 轮次注入 94×10^4 m³氮气有效,分析认为注入的氮气沿裂缝在井周缝网系统内不断埋存,对强底水能量形成抑制,对裂缝型底水封堵剩余油形成了有效动用;该井轮次增油量在 3 轮次开始出现较大的递减幅度。截至 2020 年,该井已完成 6 轮次注氮气,轮次增油 151 t。

　　(2) TK407 井注氮气分析。

　　TK407 井钻遇放空漏失后自然完井,由于底部水体沿断裂/裂缝抬升至井周,致使该井很快以大于 90% 的含水率间开生产,关井压锥无效,井周存在断裂/网状裂缝/溶洞型剩余油。该井实施扩大试验的目的是通过注氮气压锥和埋存,置换断裂/网状裂缝/溶洞内的剩余油。该井位于局部残丘高点,进入一间房组 26.59 m,地震反射呈杂乱弱反射特征(图 6-29)。

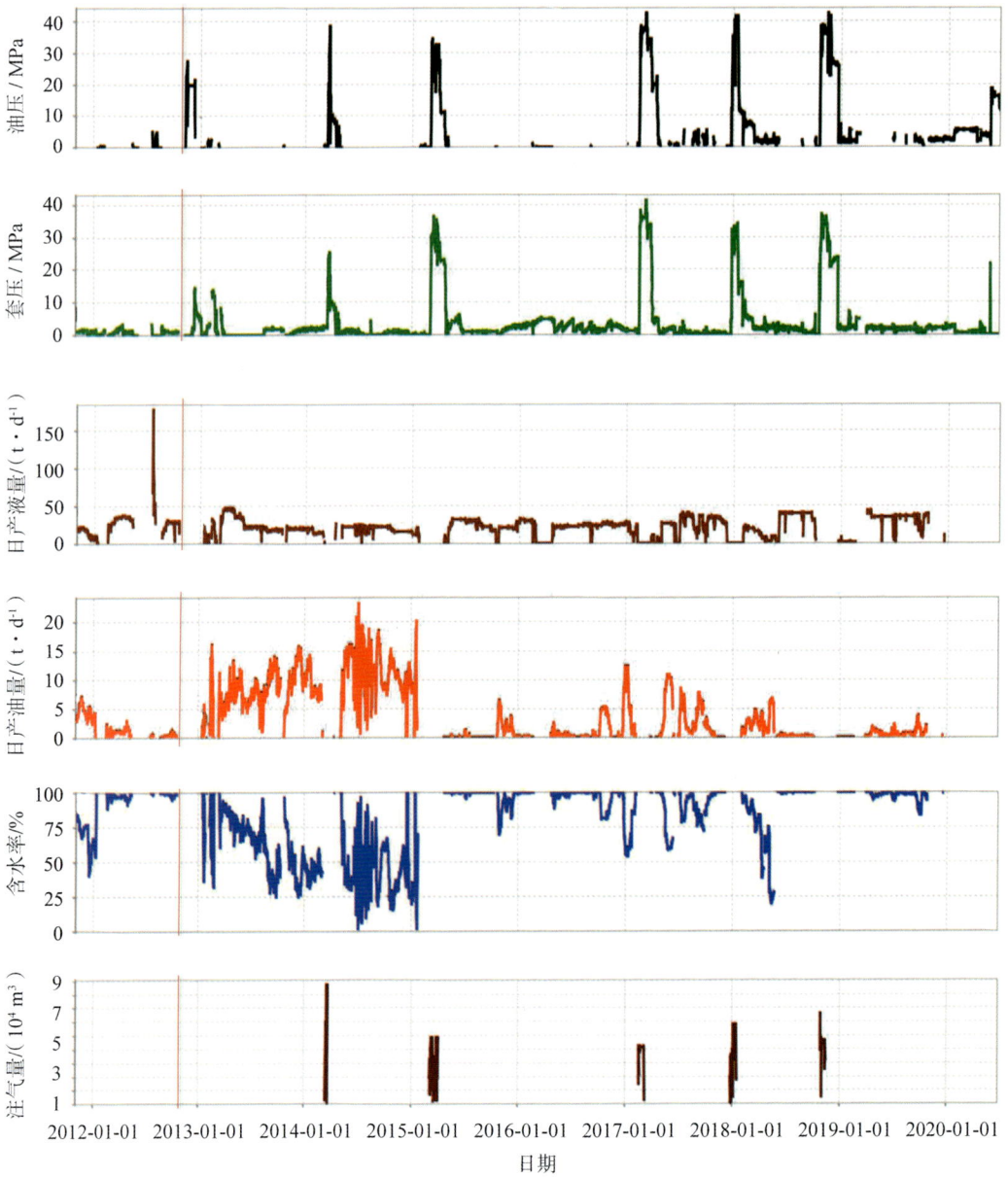

图 6-27　TK489 井注氮气开发效果

　　TK407 井于 2013 年 3 月开始单井注氮气开发，截至 2020 年 6 月已累计实施注氮气 7 轮次，累计注入氮气 $525×10^4$ m³，折算地下体积 $1.72×10^4$ m³，累计增油 $1.65×10^4$ t，累积方气换油率 0.95 t/m³，开发效果较好(图 6-30)。

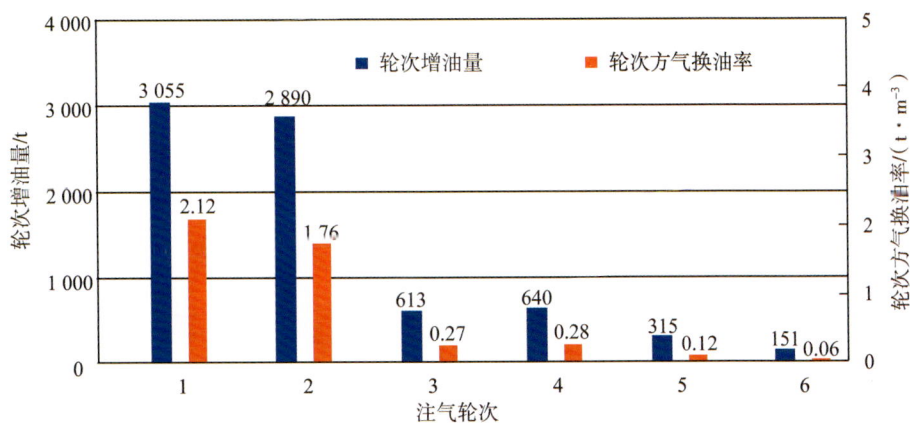

图 6-28　TK489 井 1~6 轮次注氮气开发效果对比

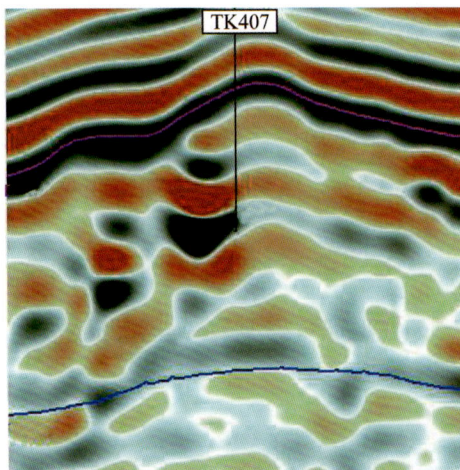

图 6-29　TK407 井地震剖面

由 TK407 井 1～7 轮次注氮气开发效果对比(图 6-31)可以看出,TK407 井注氮气整体表现为 2 个阶段:

第 1 个阶段是 1～4 轮次,累计注入氮气 284×10^4 m^3,阶段增油 9 577 t。该阶段属于氮气累积埋存阶段,轮次效果呈现出逐步递减特征。

第 2 个阶段是 5～7 轮次,累计注入氮气 240×10^4 m^3,阶段增油 6 882 t。该阶段 5～6 轮次是在 1～4 轮次有效埋存后进一步扩大了氮气的地下埋存量和波及体积,呈现出多轮次高效开发,而 7 轮次仍保持较高的增油效果,轮次评价尚未结束。

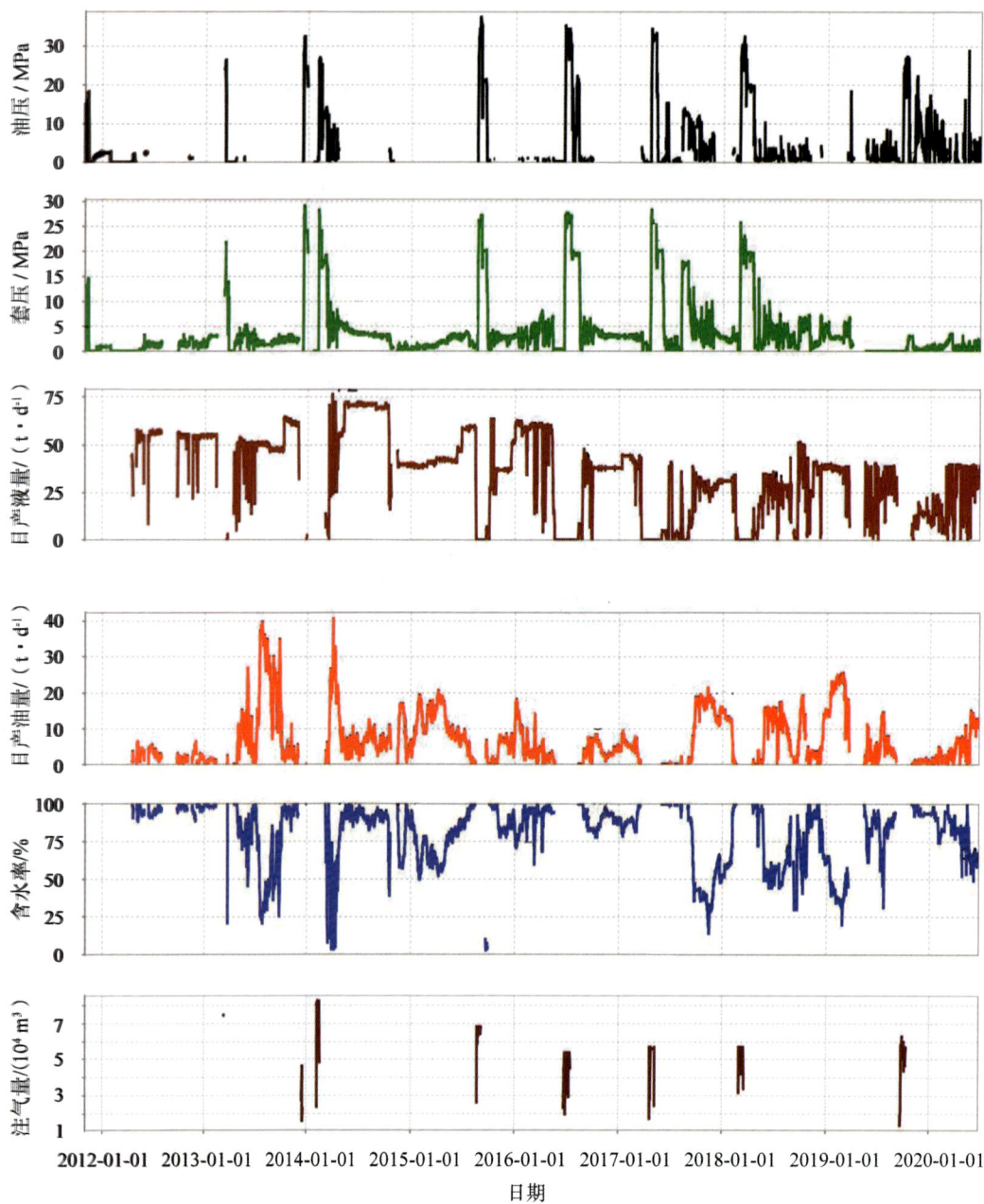

图 6-30　TK407 井注氮气开发效果

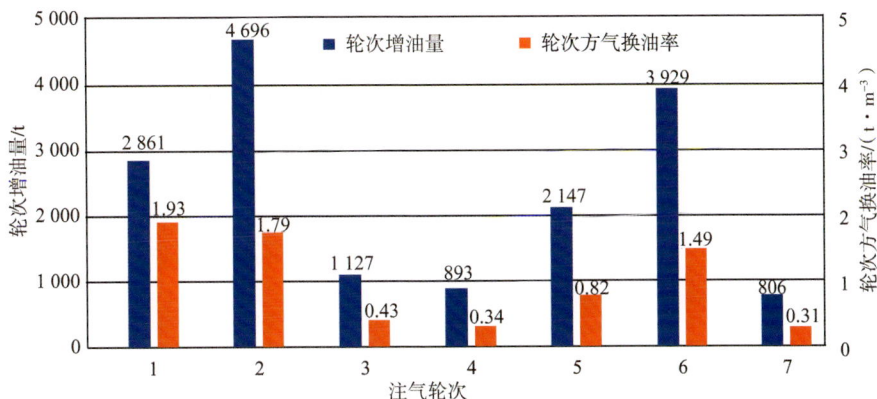

图 6-31　TK407 井 1~7 轮次注氮气开发效果对比

6.3　单井注氮气推广应用成果

截至 2019 年 12 月，单井注氮气累计实施 580 口井，控制地质储量 1.33×10^8 t，注气 9.3×10^8 m^3，增油 274×10^4 t，方气换油率 0.89 t/m^3，注气井数占比 36.9%（总油气井数为 1 573 口）。2019 年新增注气井 82 口，年注气 2.26×10^8 m^3，年增油 63.0×10^4 t（图 6-32）。

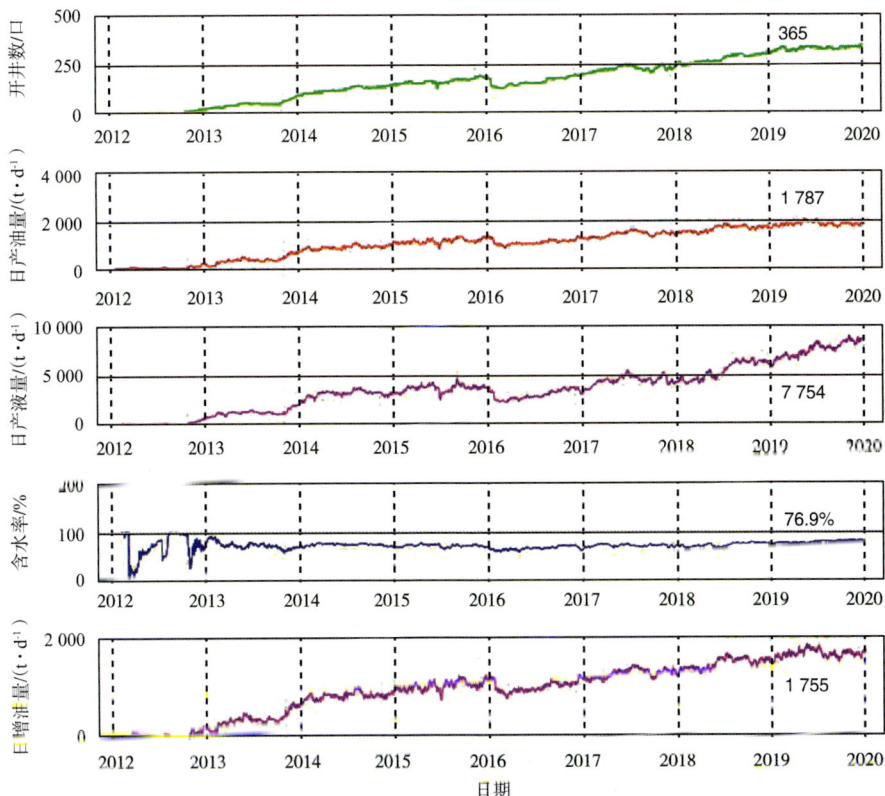

图 6-32　单井注氮气综合开发效果

通过建立完善的单井注氮气选井原则、岩溶差异化注氮气技术政策,持续优化单井注氮气地面和井下配套工艺技术,形成了塔河油田独有的缝洞型油藏注氮气技术体系,保障了单井注氮气技术在塔河油田的规模推广,保证了历年注氮气技术有效率、增油量、方气换油率和新增可采储量的稳定增长趋势。

1)单井注氮气历年有效率

依托塔河油田碳酸盐岩缝洞型油藏单井注氮气选井原则,选取储集体类型、生产井段距一间房顶面距离、岩溶特征、储量规模和剩余可采储量等参数进行优化选井,使有效率从2012年的50.0%上升到2019年底的85.7%(图6-33),保障了经济有效注气。

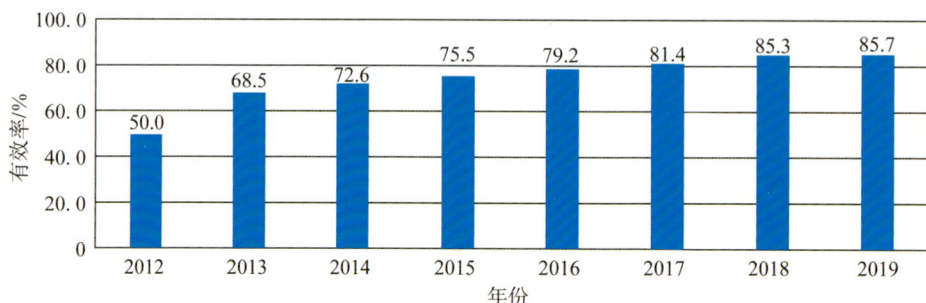

图6-33 缝洞型油藏单井注氮气历年有效率

2)单井注氮气历年增油量

自2012年单井注氮气先导试验取得突破后,单井注氮气技术在塔河油田11个开发区块逐渐得到推广,取得了良好的增油效果。截至2019年底,塔河油田碳酸盐岩缝洞型油藏单井注氮气技术年增油量达到 55.9×10^4 t/a(图6-34),累计增油 266.9×10^4 t。

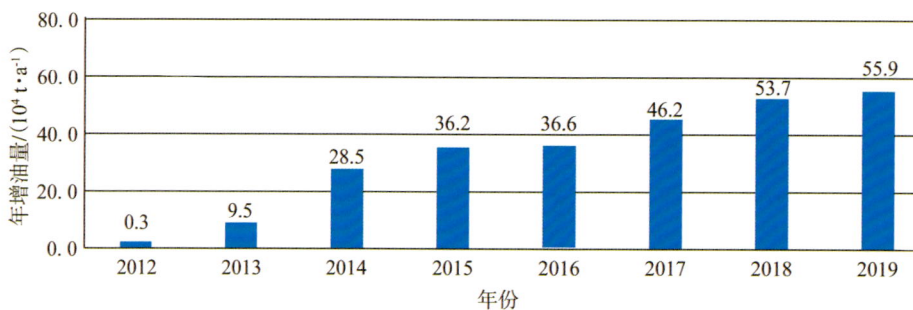

图6-34 缝洞型油藏单井注氮气历年增油量

3)单井注氮气历年方气换油率

通过深化单井注氮气技术在岩溶系统中的机理认识,建立并完善了单井注氮气选井原则、技术政策,制定了差异化的注气参数,保证了氮气在油藏中具有较好的置换效果。截至2019年底,塔河油田碳酸盐岩缝洞型油藏整体单井注氮气方气换油率达到了 0.94 t/m³(图6-35),保持了较高的方气换油率水平。

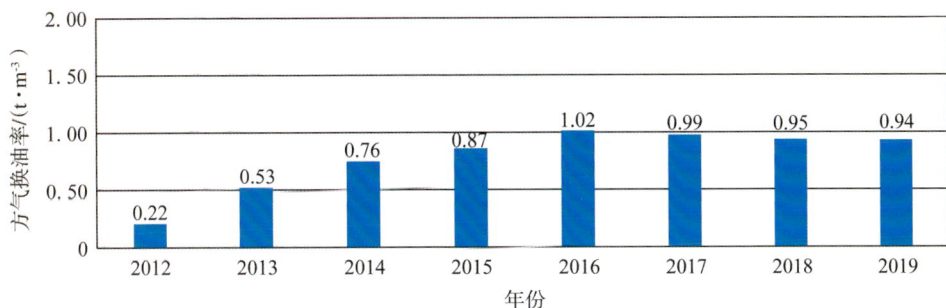

图 6-35　缝洞型油藏单井注氮气历年方气换油率

4）单井注氮气历年新增可采储量

通过建立塔河油田碳酸盐岩缝洞型油藏单井注氮气技术系列,将机理研究认识与矿场实践认识相结合,持续完善注氮气技术体系,从优化新增注气选井、岩溶差异化注气政策、地面与井下配套工艺和生产运行等多个方面,保障了单井注氮气技术在塔河油田的持续推广与扩大,新增可采储量从 2012 年的 2.2×10^4 t/a 提高至 2019 年的 56.8×10^4 t/a(图 6-36)。截至 2019 年底,单井注氮气累计新增可采储量达到 346.5×10^4 t。

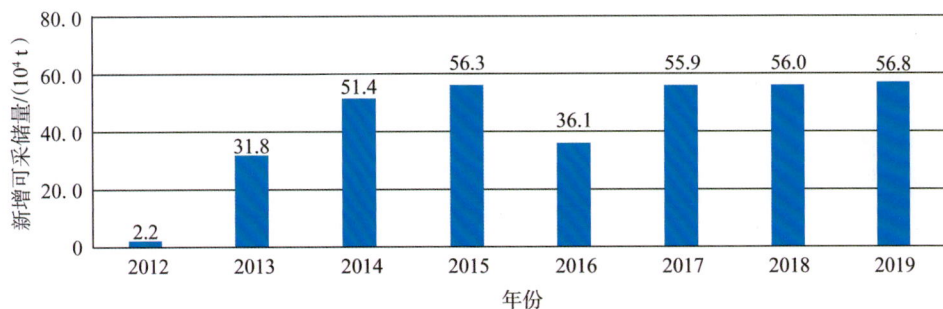

图 6-36　缝洞型油藏单井注氮气历年新增可采储量

参 考 文 献

[1] 窦之林,等.塔河油田碳酸盐岩缝洞型油藏开发技术[M].北京:石油工业出版社,2012.

[2] 李阳,等.碳酸盐岩缝洞型油藏开发理论与方法[M].北京:中国石化出版社,2014.

[3] 李士伦,郭平,王仲林,等.中低渗透油藏注气提高采收率理论及应用[M].北京:石油工业出版社,2007.

[4] 史文权.无机化学[M].武汉:武汉大学出版社,2011.

[5] 叶仲斌,等.提高采收率原理[M].2版.北京:石油工业出版社,2007.

[6] 刘钰铭.侯加根.缝洞型碳酸盐岩油藏三维地质建模——以塔河油田奥陶系油藏为例[M].北京:石油工业出版社,2016.

[7] 庞彦明,郭洪岩,杨知盛,等.国外油田注气开发实例[M].北京:石油工业出版社,2001.

[8] 闫长辉,胡文革,周文,等.塔河缝洞型油藏特征及开发技术对策[M].北京:科学出版社,2016.

[9] 康志江,赵艳艳,张冬丽,等.缝洞型碳酸盐岩油藏数值模拟理论与方法[M].北京:地质出版社,2015.

[10] 王招明,张丽娟,杨海军,等.超深缝洞型海相碳酸盐岩油气藏开发技术[M].北京:石油工业出版社,2017.

[11] 刘国强,肖承文,武宏亮.缝洞型碳酸盐岩储层测井刻画与评价新方法[M].北京:石油工业出版社,2019.

[12] 窦之林.碳酸盐岩缝洞型油藏描述与储量计算[J].石油实验地质,2014,36(1):9-15.

[13] 袁士义,刘尚奇,张义堂,等.热水添加氮气泡沫驱提高稠油采收率研究[J].石油学报,2004,25(1):57-61,65.

[14] 刘学利,翟晓先,杨坚,等.塔河油田缝洞型碳酸盐岩油藏等效数值模拟[J].新疆石油地质,2006,27(1):76-78.

[15] 刘学利,焦方正,翟晓先,等.塔河油田奥陶系缝洞型油藏储量计算方法[J].特种油气藏,2005,12(6):22-24,36.

[16] 胡向阳,李阳,王友启,等.三维地质模型概率法在碳酸盐岩缝洞型油藏石油地质储

量研究中的应用——以塔河油田四区为例[J].油气地质与采收率,2013,20(4):46-48,61.

[17] 杨敏,靳佩.塔河油田奥陶系缝洞型油藏储量分类评价技术[J].石油与天然气地质,2011,32(4):625-630.

[18] 刘学利,鲁新便.塔河油田缝洞储集体储集空间计算方法[J].新疆石油地质,2010,31(6):593-595.

[19] 朱桂良,孙建芳,刘中春.塔河油田缝洞型油藏气驱动用储量计算方法[J].石油与天然气地质,2019,40(2):436-442,450.

[20] 郑松青,刘东,刘中春,等.塔河油田碳酸盐岩缝洞型油藏井控储量计算[J].新疆石油地质,2015,36(1):78-81.

[21] 马立平,李允.缝洞型油藏物质平衡方程计算方法研究[J].西南石油大学学报,2007,29(5):66-68.

[22] 刘学利,汪彦.塔河缝洞型油藏溶洞相多点统计学建模方法[J].西南石油大学学报(自然科学版),2012,34(6):53-58.

[23] 惠健,刘学利,汪洋,等.塔河油田缝洞型油藏注气替油机理研究[J].钻采工艺,2013,36(2):55-57.

[24] 白凤瀚,申友青,孟庆春,等.雁翎油田注氮气提高采收率现场试验[J].石油学报,1998,19(4):73-80.

[25] 马志宏,郭勇义,吴世跃.注入二氧化碳及氮气驱替煤层气机理的实验研究[J].太原理工大学学报,2001,32(4):335-338.

[26] 惠健,刘学利,汪洋,等.塔河油田缝洞型油藏单井注氮气采油机理及实践[J].新疆石油地质,2015,36(1):75-77.

[27] 高永荣,刘尚奇,沈德煌,等.超稠油氮气、溶剂辅助蒸汽吞吐开采技术研究[J].石油勘探与开发,2003,30(2):73-75.

[28] 吴永超,黄广涛,胡向阳,等.塔河缝洞型碳酸盐岩油藏剩余油分布特征及影响因素[J].石油地质与工程,2014,28(3):74-77.

[29] 柳洲,康志宏,周磊,等.缝洞型碳酸盐岩油藏剩余油分布模式——以塔河油田六七区为例[J].现代地质,2014,28(2):369-378.

[30] 张宏方,刘慧卿,刘中春.缝洞型油藏剩余油形成机制及改善开发效果研究[J].科学技术与工程,2013,13(35):10470-10474.

[31] 解慧,李璐,杨占红,等.塔河油田缝洞型油藏单井注氮气影响因素研究[J].石油地质与工程,2015,29(4):134-135,138.

[32] 吕铁,刘中春.缝洞型油藏注氮气吞吐效果影响因素分析[J].特种油气藏,2015,22(6):114-117.

[33] 陈勇,郭臣,解慧.缝洞型油藏单井注氮气效果评价研究[J].内蒙古石油化工,2017,43(11):140-143.

[34] 张艳玉,王康月,李洪君,等.气顶油藏顶部注氮气重力驱数值模拟研究[J].中国石油大学学报(自然科学版),2006,30(4):58-62.

[35] 张冬丽,李江龙.缝洞型油藏流体流动数学模型及应用进展[J].西南石油大学学报

（自然科学版），2009,31(6):66-70.

[36] 崔书岳,邸元.缝洞型油藏基于重力分异假定的数值模拟[J].应用基础与工程科学学报,2020,28(2):331-341.

[37] 康志江,李阳,计秉玉,等.碳酸盐岩缝洞型油藏提高采收率关键技术[J].石油与天然气地质,2020,41(2):434-441.

[38] 黄朝琴,周旭,刘礼军,等.缝洞型碳酸盐岩油藏流固耦合数值模拟[J].中国石油大学学报(自然科学版),2020,44(1):96-105.

[39] 张冬丽,张允,崔书岳.缝洞型油藏分区变重介质模拟方法[J].水动力学研究与进展,2019,34(5):674-681.

[40] 赵艳艳,崔书岳,张允.基于流线数值模拟精细历史拟合的缝洞型油藏剩余油潜力评价[J].西安石油大学学报(自然科学版),2019,34(5):45-51,56.

[41] 邵仁杰,邸元,崔书岳,等.油藏数值模拟的裂缝/溶洞嵌入式计算模型[J].东北石油大学学报,2019,43(4):99-106,124.

[42] 张冬丽,崔书岳,张允.缝洞型油藏多尺度裂缝模拟方法[J].水动力学研究与进展(A辑),2019,34(1):13-20.

[43] 吕心瑞,韩东,李红凯.缝洞型油藏储集体分类建模方法研究[J].西南石油大学学报(自然科学版),2018,40(1):68-77.

[44] 梁尚斌,邓媛,周薇.塔河油田缝洞型油藏单井注 N_2 替油的注气量优选[J].钻采工艺,2016,39(4):60-62.

[45] 高艳霞,李小波,彭小龙,等.缝洞型油藏大尺度缝洞体等效模拟方法研究[J].长江大学学报(自然科学版),2016,13(14):66-69.

[46] 张娜,姚军,黄朝琴,等.基于离散缝洞网络模型的缝洞型油藏混合多尺度有限元数值模拟[J].计算力学学报,2015,32(4):473-478.

[47] 张宏方.碳酸盐岩油藏缝洞单元离散数值模拟方法研究[J].石油钻探技术,2015,43(2):71-77.

[48] 邸元,彭浪,WU Y S,等.缝洞型多孔介质中多相流的有限体积法数值模拟[J].计算力学学报,2013,30(S1):144-149.

[49] 李隆新,吴锋,张烈辉,等.缝洞型底水油藏开发动态数值模拟方法研究[J].特种油气藏,2013,20(3):104-107.

[50] 王兆峰,方甲中,唐资昌,等.缝洞型碳酸盐岩油藏地质建模和油藏数值模拟研究[J].石油天然气学报,2012,34(9):1-5.

[51] 杨景斌,侯吉瑞.缝洞型碳酸盐岩油藏岩溶储集体注氮气提高采收率实验[J].油气地质与采收率,2019,26(6):107-114.

[52] 郑松青,杨敏,康志江,等.塔河油田缝洞型碳酸盐岩油藏水驱后剩余油分布主控因素与提高采收率途径[J].石油勘探与开发,2019,46(4):746-754.

[53] 王嘉新,周彦.塔河4区缝洞型碳酸盐岩油藏剩余油分布研究[J].石化技术,2019,26(9):302-303,356.

[54] 吕心瑞,胡向阳,张慧,等.塔河4区油藏分析技术研究与应用[J].石油地质与工程,2012,26(3):60-62,65.

[55] 刘薇薇,土力那,唐怀轶,等.南堡潜山油藏剩余油分布模式及挖潜对策[J].复杂油气藏,2019,12(4):46-51.

[56] 廉培庆,李琳琳,段太忠.孔隙型碳酸盐岩油藏高含水期剩余油挖潜对策研究[J].中国科技论文,2019,14(1):61-65,84.

[57] 赵凤兰,席园园,侯吉瑞,等.缝洞型碳酸盐岩油藏注气吞吐生产动态及注入介质优选[J].油田化学,2017,34(3):469-474.

[58] 廖小漫,秦雪源,张准行.塔河油田缝洞型油藏注气吞吐选井认识[J].内蒙古石油化工,2015(2):29-30.

[59] 宋传真,朱桂良,刘中春.缝洞型油藏氮气扩散系数测定及影响因素[J].西南石油大学学报(自然科学版),2020,42(4):95-103.

[60] 赵元.塔河油田缝洞型油藏注氮气替油井异常分析及对策[J].石油和化工设备,2020,23(8):126-128.

[61] 戴彩丽,方吉超,焦保雷,等.中国碳酸盐岩缝洞型油藏提高采收率研究进展[J].中国石油大学学报(自然科学版),2018,42(6):67-78.

[62] 蒙凯,白旭,王小梅,等.吴420区长6油藏水驱影响因素分析[J].价值工程,2014(5):309-311.

[63] 刘育才.研究油田注水开发效果评价方法[J].科技创业家,2013(24):195.

[64] 缪飞飞,张宏友,张言辉,等.一种水驱油田递减率指标开发效果评价的新方法[J].断块油气田,2015,22(3):353-355.

[65] 邹存友,王国辉,窦宏恩,等.油田开发效果评价方法与关键技术[J].石油天然气学报,2014,36(4):125-130,147.

[66] 邵娜,郭帅.油田注水指标趋势预测方法及开发效果评价研究[J].化学工程与装备,2015(12):176-178.

[67] 房育金,王茂显.运用存水率和水驱指数评价油田注水开发效果[J].吐哈油气,2005,10(1):37-39.

[68] 王怒涛,罗兴旺,张艳梅,等.注水开发效果评价中单因素评价向量的确定新方法[J].大庆石油地质与开发,2008,27(1):61-62,66.

[69] 付长春.注水油藏开发效果指标评价方法研究[J].重庆石油高等专科学校学报,2001,3(2):23-27.

[70] 邓思哲,马文礼.注水油田开发效果评价指标体系应用研究[J].内蒙古石油化工,2015,28(12):130-133.

[71] 李武广,杨胜来,邵先杰,等.注水油田开发指标优选体系与方法研究[J].岩性油气藏,2011,23(3):110-114.